电子信息类规划教材

模拟电子线路

（二）

郑应光

东南大学出版社
·南京·

内 容 提 要

本书为原电子工业部“九五”规划教材，根据原电子工业部《〈模拟电子线路〉教学大纲》编写的，并经全国电子技术类专业教学指导委员会组织的审稿会审定通过。

《模拟电子线路》分为两册出版，其中《模拟电子线路(一)》为低频电子线路，《模拟电子线路(二)》为高频电子线路，它们之间既相对地独立，又有机地联系在一起。

《模拟电子线路(二)》内容分为 8 章，分别叙述高频小信号放大器，高频功率放大器，正弦波振荡器，频率变换和模拟乘法器，调幅、检波与变频，调角与解调，锁相环路，数字调制与解调。每章末都有小结和习题，书末附有部分习题答案，便于读者自学。

本书在 2000 年第一版的基础上进行了修订。在修订过程中，编者充分听取了有关教师的建议，力图既要保持“通俗易懂、好教好学、内容精炼、有所创新”的特色，并保留原有的成熟体系，又要适应当前的教学要求。

本书可作为高职高专或普通本科院校电子信息类专业的教材，也可供有关电子技术人员参考。

图书在版编目(CIP)数据

模拟电子线路(二)/郑应光编. —南京：东南大学出版社，2000.8(2009.1 修订重印)

ISBN 978-7-81050-589-5

Ⅰ.模… Ⅱ.郑… Ⅲ.模拟电路—高等学校—教材 Ⅳ.TN710

中国版本图书馆 CIP 数据核字(2000)第 39688 号

东南大学出版社出版发行
(南京四牌楼 2 号 邮编 210096)
出版人：江 汉
江苏省新华书店经销 扬中市印刷有限公司印刷
开本：787mm×1 092mm 1/16 印张：28.5 字数：711 千字
2000 年 8 月第 1 版 2009 年 1 月第 12 次修订印刷
ISBN 978-7-81050-589-5/TN・34
印数：34001—37000 册 总定价：52.00 元(共 2 册)

修订前言

为了适应电子技术的飞速发展，满足蓬勃发展的高等职业教育的需要，2004 年 4 月全国职业教育电子信息类专业教材编委会在山西太原召开了会议，对《模拟电子线路》的修订进行了详细的讨论，参加会议的有来自北京、上海、四川、辽宁、黑龙江、湖南、湖北、山西、贵州、内蒙古、河南、江苏等省市院校的有关教师。根据这次会议的精神和具体意见，编者在原书的基础上，总结了多年的教学经验与教训，对本书的内容进行了修订。

在本书的修订过程中，编者力图既要保持“通俗易懂、好教好学、内容精炼、有所创新”的特色，并保留原有的成熟体系，又要适应当前的教学要求。本次修订主要做了如下的变动：

(1) 压缩半导体器件的内容，以讲清楚器件的基本工作原理和理解器件参数的意义为原则，删去过细、过多的部分。

(2) 出于教学上连贯性的需要，把三极管的微变等效电路由第 1 章移至第 2 章。

(3) 放大电路频率特性的难度较大，为适应不同院校和同一院校不同层次学生的需要，对这一部分内容重新编写，在保证基本概念完整的前提下，把某些较难理解的内容用星号(*)标出，教师可根据实际情况进行处理。

(4) 适当介绍新器件和新电路。

应当指出，作为一门实用性很强的课程，“模拟电子线路”应有综合读图练习这方面的内容。但考虑到本课程的课时有限，而各院校都有相关的实践性教学安排(如课程设计等)，且各院校的实践性教学安排差异很大，则编写综合读图练习的意义不大，因此本书不含上述内容。建议任课教师可根据本院校的具体情况，结合实践性教学安排的要求，编写补充讲义。

东南大学谢嘉奎教授生前对本书的修订极为关心，曾亲自组织座谈会，并提出具体的修订建议。在本书的修订出版之际，编者对谢嘉奎教授充满了深深的怀念和敬意。

参加本书修订工作的有来自河南、四川、山西、内蒙古、贵阳等院校的教师易培林、吕强、陈立平、刘英、杨清山等。本书的修订工作得到了南京信息职业技术学院领导的大力支持和鼓励，编者在此表示衷心的感谢。

由于编者学识有限，本书的不当之处在所难免，敬请广大读者批评指正。

编　者

2009 年 1 月于南京

出 版 说 明

为做好全国电子信息类专业“九五”教材的规划和出版工作，根据国家教委《关于“九五”期间普通高等教育教材建设与改革的意见》和《普通高等教育“九五”国家级重点教材立项、管理办法》，我们组织各有关高等学校、中等专业学校、出版社，各专业教学指导委员会，在总结前四轮规划教材编审、出版工作的基础上，根据当代电子信息科学技术的发展和面向21世纪教学内容和课程体系改革的要求，编制了《1996—2000年全国电子信息类专业教材编审出版规划》。

本轮规划教材是由个人申报，经各学校、出版社推荐，由各专业教学指导委员会评选，并由我部教材办商各专指委、出版社后，审核确定的。本轮规划教材的编制，注意了将教学改革力度较大、有创新精神、特色风格的教材和质量较高、教学适用性较好、需要修订的教材以及教学急需，尚无正式教材的选题优先列入规划。在重点规划本科、专科和中专教材的同时，选择了一批对学科发展具有重要意义，反映学科前沿的选修课、研究生课教材列入规划，以适应高层次专门人才培养的需要。

限于我们的水平和经验，这批教材的编审、出版工作还可能存在不少缺点和不足，希望使用教材的学校、教师、同学和广大读者积极提出批评和建议，以不断提高教材的编写、出版质量，共同为电子信息类专业教材建设服务。

电子工业部教材办公室

目　　录

绪 论

电子技术最早应用于通信(Communication)。虽然随着电子技术的发展,其应用几乎遍及各个科学领域和国民经济的各个部门,但是通信仍是电子技术应用的重要领域。通信是信息的传输和处理的过程,而本书为模拟电子线路的高频部分,它所涉及的单元电路都与信息的传输和处理有关,因此有必要对通信系统作一简单的介绍,使读者对本书所要讨论的主要内容以及它们之间的关系有个初步的了解。

广义地说,**通信**是将信息从发送者传送到接收者的过程,而实现这种信息传送过程的系统称为**通信系统**。一个完整的通信系统应包括信号源、发送设备、传输媒质、接收设备和终端装置五个部分,如图 0.1 所示。

图 0.1　通信系统的组成方框图

信号源是指待传送的信息(例如声音或图像)通过换能器(例如话筒或摄像机)转换成的电信号,它与待传送信息的变化规律相同。这种电信号一般较微弱,必须利用电子线路进行放大。终端装置将接收到并经一定处理的电信号转换为原来的信息,它可以是扬声器、显像管等。

传输媒质是发送设备和接收设备之间信号传送的通道,又称为**信道**,它可以是导线(架空明线或电缆)或光导纤维(简称光纤),也可以是传输电磁波的自由空间。利用导线或光纤传送信号的系统称为有线通信系统,其中利用光纤传送信号的系统又称为光纤通信系统;利用电磁波在自由空间传送信号的系统称为无线通信系统。下面以无线通信系统为例,对其发送设备和接收设备的基本原理和组成作一简单的介绍。

0.1　发送设备的基本原理和组成

1) 调制(Modulation)

无线通信系统是用电磁波辐射的方式传送信号的,这些信号包括语言、音乐、电码或电视图像等。一般说来,它们的频率较低或频带较宽,例如,音频信号(包括语言、音乐)的频率约为 20 Hz～20 kHz,图像信号的频率约为0～6 MHz。虽然交变的电振荡可以利用天线向空间辐射电磁波,但是若把上述信号直接以电磁波形式从天线辐射出去,则存在下述两个问题:

(1) 无法制造合适尺寸的天线　由电磁场理论知,只有当天线的尺寸可与被辐射信号的波长相比拟时(波长 λ 的 1/10～1),信号才能被天线有效地辐射出去。对于频率 f 为 20 Hz～20 kHz的音频信号,由 $\lambda=c/f$ 知(c 为光速),相应的波长 λ 为15 000～15 km。若采用$\lambda/4$天线，则天线的长度应在3.75 km以上。显然，这么长天线的制造与安装实际上是做不到的。

(2) 接收者无法选择所要接收的信号　即使上述信号能发射出去，由于不同的发送设备（即电台）发射信号的频率大致相同，它们在空间混在一起，因此接收设备将同时接收到不同电台的信号，无法加以区分，接收者也就无法选择所要接收的信号。

为了解决上述问题，我们可以让各电台发射频率不同的高频电磁波，同时让所要传送的信号"装载"到这些频率不同的高频信号上。这样，既缩短了天线尺寸，使其便于制造和安装，又使接收者可以选择所需接收的信号，避免互相干扰。实现上述设想的措施就是采用"调制"。

把要传送的信号"装载"到高频振荡信号上的过程，称为**调制**。所谓"装载"，是指由携有信息的电信号去控制高频振荡信号的某一参数，使该参数按照电信号的规律变化。通常将携有信息的电信号称为**调制信号**（Modulation Signal）或**基带信号**；未调制的高频振荡信号称为载波信号，简称**载波**（Carrier），其频率称为**载频**或**射频**（Radio Frequency）；经过调制后的高频振荡信号称为**已调波信号**（Modulated Signal）或**频带信号**。一个正弦载波电压信号可表示为

$$u_c(t) = U_{cm}\cos(\omega_c t + \varphi_0)$$

它有三个参数可以改变，即振幅、频率和相位。如果受控的参数是载波的振幅，则这种调制称为振幅调制（Amplitude Modulation，AM），简称**调幅**，相应的已调波信号称为调幅波信号；如果受控的参数分别是载波的频率和相位，则这种调制分别称为频率调制（Frequency Modulation，FM）和相位调制（Phase Modulation，PM），简称为**调频**和**调相**，相应的已调波信号分别称为调频波信号和调相波信号①。由于一个信号的频率和相位有着密切的联系，无论是调频或调相，都会使载波的相角变化，因此二者统称为角度调制（Angle Modulation），简称为**调角**，相应的调频波和调相波信号统称为调角波信号。

上述三种调制的载波都是连续的高频正弦波，因此统称为**连续波调制**。另一大类调制是**脉冲调制**，这种调制的载波是脉冲序列信号，它有两种，第一种使脉冲的幅度或宽度、位置等按照调制信号的规律变化，分别称为**脉幅调制**（Pulse Amplitude Modulation，PAM）、**脉宽调制**（Pulse Width Modulation，PWM）和**脉位调制**（Pulse Position Modulation，PPM）；第二种称为**脉冲编码调制**（Pulse Code Modulation，PCM）和**增量调制**（Delta Modulation，DM或ΔM）。连续波调制和脉冲调制的调制信号都是模拟信号，故统称为**模拟调制**（Analog Modulation）。值得注意的是，上述的脉冲已调信号往往还要对正弦载波进行调制，这就是所谓的双重调制。如果调制信号为数字信号（如PCM信号），则它对正弦载波的调制称为**数字调制**（Digital Modulation），又称为**键控**（Keying），它有**移幅键控**（Amplitude Shift Keying，ASK）、**移频键控**（Frequency Shift Keying，FSK）和**移相键控**（Phase Shift Keying，PSK）等。本书主要讨论连续波的调制，对数字调制只作简单的介绍。

2) 发送设备的组成

图0.2为采用调幅方式的无线模拟通信发送设备（也称发射机，Transmitter）的组成方框图。下面简述各部分的作用。

---

① AM、FM和PM将在后面章节中详细介绍。

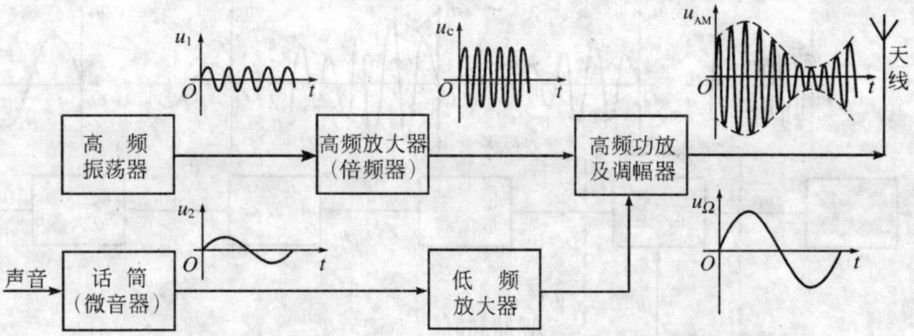

图 0.2　采用调幅方式的无线模拟通信发送设备的组成方框图

高频振荡器用来产生频率稳定的高频振荡信号。高频放大器用来放大振荡器产生的高频振荡信号，它通常是由多级谐振放大器组成的。由于高频振荡的频率有时还不够高，所以这时还应通过倍频器，使高频振荡的频率倍增到载波频率 f_c 上，最后输出的是幅度足够大的载波 u_c。

低频放大器又称为调制信号放大器，用来放大话筒变换来的电信号，最后输出足够强的调制信号（即音频信号），它由几级小信号低频放大器和低频功率放大器组成。

高频功放及调幅器将载波信号的功率放大到足够大，同时用调制信号对载波进行调幅，得到功率足够大的调幅波信号，最后由天线（Antenna）发射出去。

为了形象地说明上述工作原理，在图 0.2 中还画出了各部分的波形图。

0.2　接收设备的基本原理和组成

1）解调（Demodulation）

无线通信接收设备（也称接收机，Receiver）的工作过程恰好与发送设备相反，它的任务是把空间传来的电磁波接收下来，选出所需的已调波信号，并把它还原为原来的调制信号，以推动终端装置。从高频已调波信号中"取出"调制信号的过程，称为**解调**，又称为**检波**（Detection）。在连续波调制中，由于已调波的调制方式有三种，因此解调也有三种方式，其中调幅波的解调称为振幅检波，简称**检波**；调频波的解调称为频率检波，简称**鉴频**（Frequency Detection）；调相波的解调称为相位检波，简称**鉴相**（Phase Detection）。

2）接收设备的组成

无线模拟通信的接收机有直接放大式和超外差式两种。前者由于灵敏度不高已很少使用，因此下面仍以调幅方式为例，简单介绍无线模拟通信超外差式（Superheterodyne）接收机，其组成方框图如图0.3所示。

图中，接收天线接收从空间传来的电磁波并感生出微小的高频信号，高频放大器（它也可以省略不用）从中选择出所需的信号并进行放大，得到高频调幅波信号 $u_1(t)$，高频放大器常由一级或多级具有选频特性的小信号谐振放大器组成。本地振荡器（又称本机振荡器，Local Oscillator）产生高频等幅振荡信号 $u_2(t)$，它比 $u_1(t)$ 的载频高一个中间频率，简称**中频**。调幅波信号 $u_1(t)$ 和本振信号 $u_2(t)$ 同时送至混频器进行混合，输出电压 $u_3(t)$。$u_3(t)$ 与 $u_1(t)$ 相比，其包络线的形状不变（后文将看到，这表明 $u_3(t)$ 仍携有原来调制信号的信

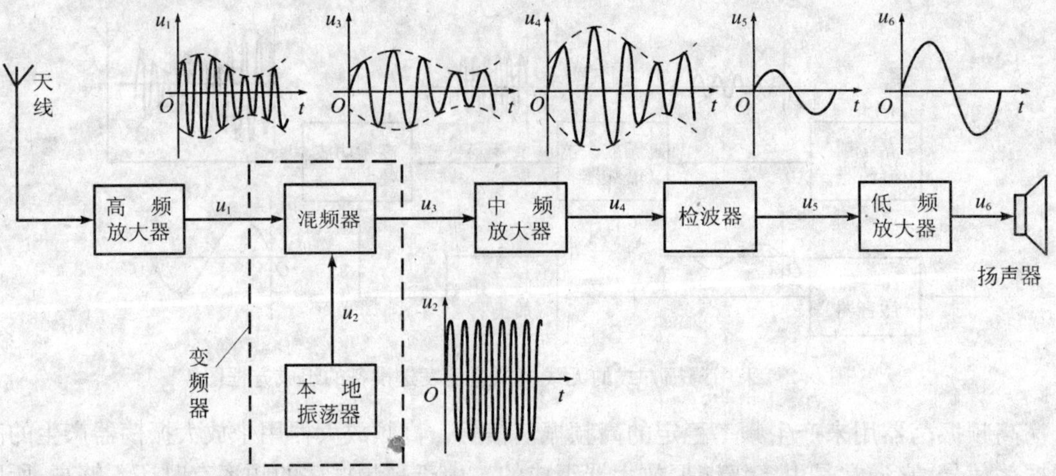

图 0.3 采用调幅方式的无线模拟通信超外差式接收机的组成方框图

息)，但载波频率则转换为 $u_2(t)$ 的频率与 $u_1(t)$ 的载频之差(有时为和)，即转换为中频，因此 $u_3(t)$ 为中频调幅波信号。$u_3(t)$ 经中频放大器放大为 $u_4(t)$，再送到检波器。检波器从中频调幅信号 $u_4(t)$ 中取出反映传送信息的调制信号 $u_5(t)$，再经低频放大器放大为 $u_6(t)$，送到扬声器中转变为声音信号。

超外差式接收机的核心是**混频器**，其作用是将接收到的不同载波频率转变为固定的中频[①]，这种作用就是所谓的外差作用，也是超外差式接收机名称的由来(没有中频放大器的称为外差式接收机)。由于中频是固定的，因此中频放大器的选择性和增益都可以较高，从而使整机的灵敏度和选择性等性能较好。混频器和本地振荡器如果共用一个电子器件，则它们将合并为一个电路，称为**变频器**。

应当指出，对于调频等其他调制形式信号的接收，也采用超外差式接收机，只是解调器不是采用检波器，而是采用鉴频器等其他形式。

0.3 无线电波波段的划分

由于频率不同时，电子器件、电路的特性和无线电波传播的特点差异很大，因此我们有必要简单介绍无线电波波段的划分及其主要用途。

习惯上，人们把频率 f 在3 kHz到 10^3 GHz 范围内的电磁波叫做无线电波。对于频率范围如此宽的无线电波，为了分析和应用方便，人们按照习惯把它划分为若干波段或频段，如表 0-1 所示。表中的集总参数元件通常指电阻、电容、电感等，分布参数元件指同轴线、波导、微带线等。其中，较低频段的无线电波(超长波、长波和中波)主要采用地波方式传播，较高频段的无线电波(短波)主要采用天波(电离层反射)方式传播，而更高频段的无线电波则以直线传播为主。

① 显然，本振信号的频率应能跟踪高频调幅波的载波频率变化。

表 0-1　无线电波波段划分表

波　段	波长范围	频率范围	频　段	主要用途	附　注
超长波	10～100 km	30～3 kHz	甚低频(VLF)	高功率、长距离、点与点间的通信	现已很少用
长　波	1～10 km	300～30 kHz	低频(LF)	长距离点与点间的通信，如船舶助航	
中　波	100～1 000 m	3 000～300 kHz	中频(MF)	广播、船舶通信、飞行通信、船港电话	其中 535～1 605 kHz 为广播波段
短　波	10～100 m	30～3 MHz	高频(HF)	中距离及远距离的各种通信与广播	中波、短波和米波采用集总参数的元件和一般电子器件
米　波	1～10 m	300～30 MHz	甚高频(VHF)	短距离通信、电视、调频、雷达、导航	其中 88～108 MHz 为调频广播波段
分米波	10～100 cm	3 000～300 MHz	特高频(UHF)	短距离通信、雷达、电视、散射通信	分米波以上采用分布参数元件和速调管等电子器件
厘米波	1～10 cm	30～3 GHz	超高频(SHF)	短距离通信、波导通信、雷达、卫星通信	$\lambda<30$ cm 的分米波和厘米波又称为微波
毫米波	1～10 mm	300～30 GHz	极高频(EHF)	短距离通信、高分辨力雷达、飞行导航、遥感遥测、光通信	亚毫米波包括自红外线至紫外线的光波，其传输媒质常采用光纤
亚毫米波	<1 mm	>300 GHz			

0.4　本课程的内容和特点

根据前面的介绍，《模拟电子线路(二)》应包括下述内容：宽带放大器、小信号谐振放大器、高频功率放大器、正弦波振荡器、调幅器、检波器、变频器、倍频器、调频器、鉴频器等。由于在调幅、检波等电路中广泛采用模拟乘法器，所以本书还将介绍模拟乘法器；在调频、鉴相和同步检波等电路中锁相环应用很广，所以本书还包括锁相环路的有关内容。此外，由于数字通信技术的应用日益广泛，故本书还对数字调制与解调进行简单的介绍。

本书的内容与《模拟电子线路(一)》最大的不同点，在于许多电路输出信号的频率与输入信号的频率不同，如调幅器、检波器、变频器和倍频器等，这些电路称为**频率**(或频谱)**变换电路**。在《模拟电子线路(一)》中，各种放大器的输出信号与输入信号的频率相同，因此都属于**线性电路**，其中的电子器件虽然都是非线性器件，但在一定条件下其非线性特性可忽略不计，这时可把它看成线性器件。在频率变换电路中，因为有新的频率产生，因此必须采用非线性器件，如工作在非线性区的三极管、模拟乘法器等。由于采用非线性器件，给电路分析带来很大的困难，故在工程上往往根据实际情况对器件的数学模型和电路的工作条件进行合理的近似，以便用简单的分析方法获得具有实用意义的结果。应该指出，《模拟电子线路(一)》所介绍的低频时电路的估算方法和某些等效在高频时也同样适用。

此外，虽然本书所涉及的电路很多，但它们都是在一些基本电路基础上发展起来的。因此，在学习本课程时不但要掌握各种单元电路的组成、工作原理和分析方法，而且要深入了解它们之间的内在联系，培养分析和解决电子技术问题的能力。由于本课程的实践性很强，因此在学好理论课的同时，一定要坚持理论联系实际，重视动手能力和创新能力的培养。

1 高频小信号放大器

放大高频小信号(中心频率在几百千赫到几百兆赫)的放大器称为高频小信号放大器。根据工作频带的宽窄不同,高频小信号放大器有宽带型和窄带型两大类。所谓频带的宽窄,指的不是绝对频带,而是相对频带,即通频带与其中心频率的比值。**宽带放大器**的相对频带较宽(往往在 0.1 以上),**窄带放大器**的相对频带较窄(往往小到 0.01)。本章首先介绍宽带放大器的特点、分析方法和扩展放大器通频带的方法,然后简单分析一种重要的窄带放大器——小信号谐振放大器,最后简单介绍具有集中选频功能的滤波器及其组成的小信号谐振放大器——集中选频放大器。

1.1 宽带放大器的特点和分析方法

随着电子技术的发展及其应用的日益广泛,被处理信号的频带越来越宽。例如,模拟电视接收机中的图像信号所占频率范围为 0～6 MHz,而雷达系统中信号的频带可达几千兆赫 。要放大如此宽的频带的信号,以前所介绍的许多放大器是不能胜任的,而必须采用宽带放大器(Wideband Amplifier)。按照放大信号的强弱,可分为小信号和大信号宽带放大器。本章讨论的是小信号宽带放大器。大信号宽带放大器又称宽带功放,将在第 2 章中讨论。

1.1.1 宽带放大器的主要特点

宽带放大器由于待放大的信号频率很高,频带又很宽,因此有着下述与低频放大器和窄带谐振放大器不同的特点:

(1) 三极管采用 f_T 很高的高频管,分析电路时必须考虑三极管的高频特性。

(2) 对电路的技术指标要求高。例如,视频放大器放大的是图像信号,它被送到显像管显示,由于人的眼睛对图像信号的相位失真很敏感,因此对视频放大器的相位失真提出较严格的要求。而音频(低频)放大器放大的是音频信号,它被送到扬声器发声,由于耳朵对相位失真不敏感,故不必考虑音频放大器的相位失真问题。

宽带放大器的主要技术指标有通频带、增益(或 GB 值)和失真(包括线性失真和非线性失真)等,不再一一说明。

(3) 负载为非谐振的。由于谐振回路的带宽较窄,所以不能作为宽带放大器的负载,即它的负载只能是非谐振的。

1.1.2 宽带放大器的分析方法

宽带放大器的上述特点决定了它的分析方法和小信号的低频放大器有所不同。通常,可用稳态法或暂态法来分析宽带放大器的特性。

1) 稳态法

稳态法即稳态分析法,它是在频域内分析放大器特性的方法,又称频域分析法。

我们知道，任何复杂信号都可看成是由许多不同频率、不同幅度的正弦信号叠加而成的，例如，视频信号(即图像信号)就是包含从零到很高频率分量的多频信号。因此，我们可以通过分析或测量宽带放大器对不同频率正弦波的响应，得到电路的幅频特性和相频特性，据此就可分析出该放大器的放大倍数、带宽、相移和失真的情况，这就是稳态法。测试放大器频率特性常用的仪器是扫频仪，在实际运用时还可利用扫频仪对宽带放大器进行调试。

2）暂态法

暂态法是在时域内分析放大器特性的方法，又称时域分析法。

由于任一信号也可看成由许多不同起始时间、不同幅度的矩形脉冲的叠加，因此，我们可以通过观察矩形脉冲(为了便于在示波器上观察，实际上采用的是周期性矩形脉冲)经宽带放大器放大后波形的失真情况，来判断该放大器的特性。要求观察波形的示波器的高、低频特性要好，且与被测放大器之间应有良好的阻抗匹配。

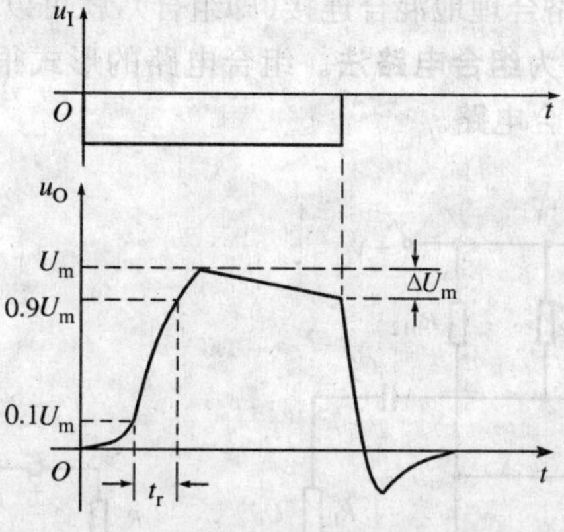

图 1.1　被测放大器的矩形脉冲输入波形与输出波形

假设被测放大器的矩形脉冲输入波形 $u_I(t)$ 与输出波形 $u_O(t)$ 如图 1.1 所示，则 $u_O(t)$ 的失真程度可用脉冲上升时间 t_r 和平顶降落 ΔU_m 来表示。t_r 又称为建立时间，它是指输出电压从 $0.1U_m$ 上升到 $0.9U_m$ 所需要的时间，ΔU_m 表示输出电压的上升沿顶点与下降沿拐点处脉冲值之差的绝对值①。

如果上升时间 t_r 越短，则输出脉冲波形的前沿就越陡峭，说明宽带放大器的高频特性越好；如果平顶降落越小，则说明宽带放大器的低频特性越好。因此，宽带放大器的高频特性影响输出脉冲前沿的陡峭程度，而低频特性则影响其平顶部分，我们根据输出脉冲的波形就可判断宽带放大器的特性。应该指出，利用暂态法也可对宽带放大器进行调整，使输出脉冲的波形尽量与输入的矩形脉冲波形相似，使之满足我们的要求。

稳态法和暂态法分别是从频域和时域分析放大器特性的方法，它们在本质上是一致的。稳态法适合于定量计算，暂态法比较直观，适合于电路的调整。

① 为了比较降落的程度，常用平顶降落的相对值 δ 表示，$\delta=\Delta U_m/U_m$。

1.2 扩展放大器通频带的方法

要得到频带较宽的放大器，必须提高其上限截止频率。为此，除了选择 f_T 足够高的管子和高速宽带的电流模集成运放等器件外，还广泛采用组合电路和负反馈等方法。

1.2.1 组合电路法

影响放大器的高频特性除器件参数和电路参数外，还与三极管的组态有关。

我们知道，不同组态的电路具有不同的特点。共射电路的电压增益高，但上限截止频率（与 f_β 有关）最低，输入、输出阻抗适中。共基电路的电流增益最低，但上限截止频率（与 f_α 有关）较高，而且输入阻抗低、输出阻抗高。共集电路的电压增益最低，但上限截止频率最高（由于是全电压负反馈），而且输入阻抗高、输出阻抗低。

因此，如果我们将不同组态电路合理地混合连接（即组合），就可以提高放大器的上限截止频率，扩展其通频带，这种方法称为**组合电路法**。组合电路的形式很多，下面介绍常用的“共射-共基”和“共集-共射”两种组合电路。

1）共射-共基组合电路

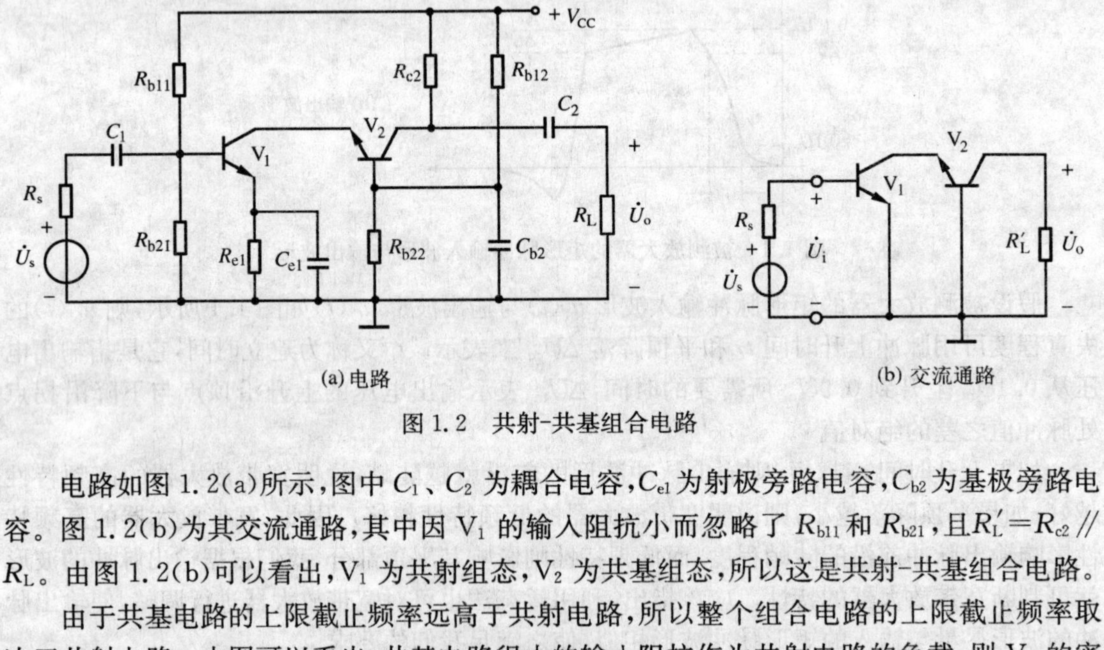

图 1.2 共射-共基组合电路

电路如图 1.2(a)所示，图中 C_1、C_2 为耦合电容，C_{e1} 为射极旁路电容，C_{b2} 为基极旁路电容。图 1.2(b)为其交流通路，其中因 V_1 的输入阻抗小而忽略了 R_{b11} 和 R_{b21}，且 $R'_L = R_{c2} // R_L$。由图 1.2(b)可以看出，V_1 为共射组态，V_2 为共基组态，所以这是共射-共基组合电路。

由于共基电路的上限截止频率远高于共射电路，所以整个组合电路的上限截止频率取决于共射电路。由图可以看出，共基电路很小的输入阻抗作为共射电路的负载，则 V_1 的密勒电容很小，从而提高了共射电路的上限截止频率，因此整个组合电路的上限截止频率也提高了。当然，负载的减小会使共射电路的电压增益下降，但后级共基电路的电压增益会给予补偿，使整个组合电路的电压增益与单个共射电路的电压增益基本相同。此外，因 V_2 的输入阻抗小，故组合电路不易自激。

应当指出，由于共基电路的输出阻抗大，所以负载电容 C_L（图中未画出，它与 R'_L 并联）对 V_2 的影响较大，因此共射-共基组合电路适用于 C_L 小的场合。

2）共集-共射组合电路

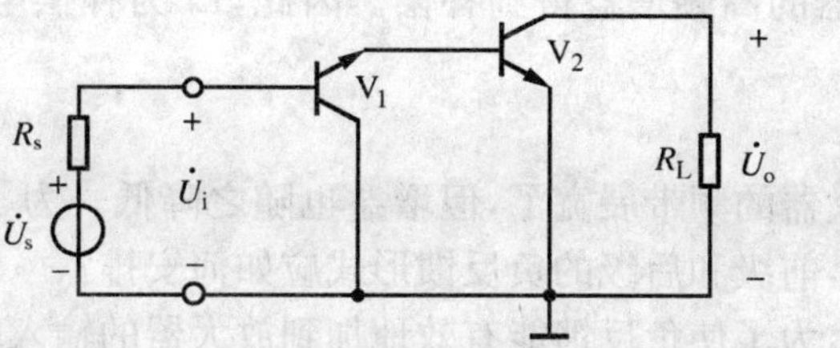

图 1.3　共集-共射组合电路（交流通路）

电路如图 1.3 所示（为简单起见，只画出它的交流通路），其中 V_1 为共集组态，V_2 为共射组态，故为共集-共射组合电路。由于 V_1 的很小的输出阻抗就是 V_2 的信号源的内阻抗，因此可以证明，这将有效地扩展 V_2 的上限截止频率，则整个组合电路的通频带大大扩展了。

1.2.2　负反馈法

我们知道，引入负反馈可扩展放大器的通频带，而且反馈越深，通频带扩展得越宽。利用负反馈技术来扩展放大器的通频带，被广泛应用于宽带放大器。但是，引入负反馈（尤其是深度负反馈）容易造成放大器工作的不稳定，甚至出现自激振荡，这是必须注意的问题。

1）单级负反馈电路

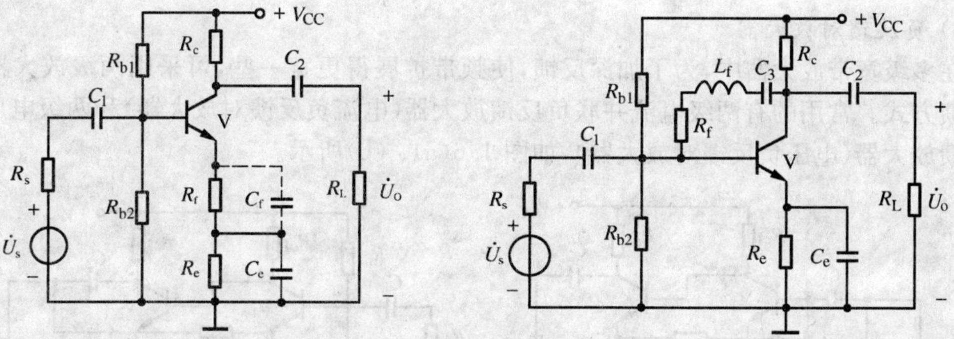

(a) 电流串联负反馈　　(b) 电压并联负反馈

图 1.4　单级负反馈电路

常用的单级负反馈是电流串联负反馈和电压并联负反馈，如图 1.4(a)、(b) 所示。

在图 1.4(a)中，C_1、C_2 和 C_e 皆可视为交流短路，在不考虑 C_f（即 C_f 开路）时，电路引入电流串联负反馈以扩展通频带，反馈元件为 R_f。当接入小电容 C_f 后，由于在中、低频时其容抗很大可视为开路，故对电路的影响可忽略；高频时一方面放大器的增益下降，另一方面由于 C_f 容抗的减小使负反馈的作用减弱，故高频增益得到补偿。因此，C_f 为补偿电容，它可进一步展宽负反馈放大器的通频带。

在图 1.4(b)中，C_1、C_2、C_3 和 C_e 皆可视为交流短路，在不考虑 L_f（即 L_f 短路）时，电路引入电压并联负反馈以扩展通频带，反馈元件为 R_f。当接入小电感 L_f 后，它在中、低频时因感抗很小可视为短路，故对电路的影响可忽略；高频时由于 L_f 感抗的增大使负反馈的作用减弱，使放大器的高频增益得到补偿。因此，L_f 为补偿电感，它也可进一步展宽放大器的通频带。

2）交替负反馈电路

引入负反馈后，放大器的频带展宽了，但增益也随之降低。为了保证足够大的增益，往往需要增加级数。那么，前级和后级的负反馈形式应如何安排？

由负反馈的理论知，为了使负反馈能有效地加到放大器的输入端，电流串联负反馈要求的信号源是电压源，电压并联负反馈要求的信号源是电流源；同时对于负载或后一级电路而言，前者相当于一个电流源，后者相当于一个电压源。可见，电流串联负反馈电路正适合作为电压并联负反馈电路的信号源或负载；同样，电压并联负反馈电路也适合作为电流串联负反馈电路的信号源或负载。因此，由单级负反馈电路组成多级宽带放大器时，若前级采用电流串联负反馈，则后级应采用电压并联负反馈；反之，若前级采用电压并联负反馈，则后级应采用电流串联负反馈。这种前、后级的负反馈形式称为**交替负反馈**，其框图如图 1.5 所示。

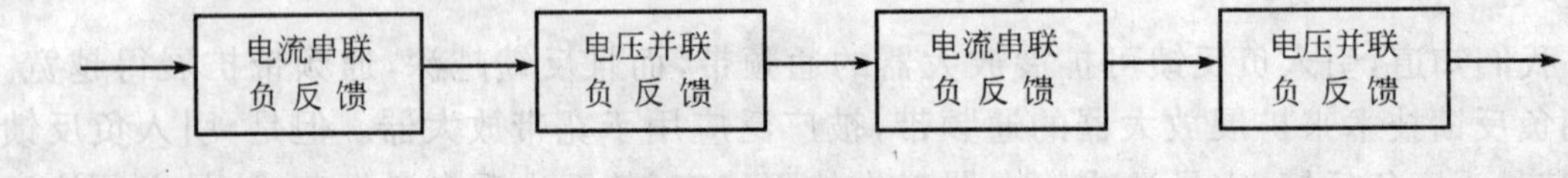

图 1.5　交替负反馈的框图

由于采用交替负反馈，多级放大器中各级均可引入深度负反馈，因此它在宽带放大器中得到广泛的应用。

3）负反馈对放大器

在多级宽带放大器中，为了加深反馈，使频带扩展得更宽一些，可采用两级放大器的级间反馈方式。常用的有两级电流并联负反馈放大器（电流负反馈对放大器）和两级电压串联负反馈放大器（电压负反馈对放大器），如图 1.6(a)、(b)所示。

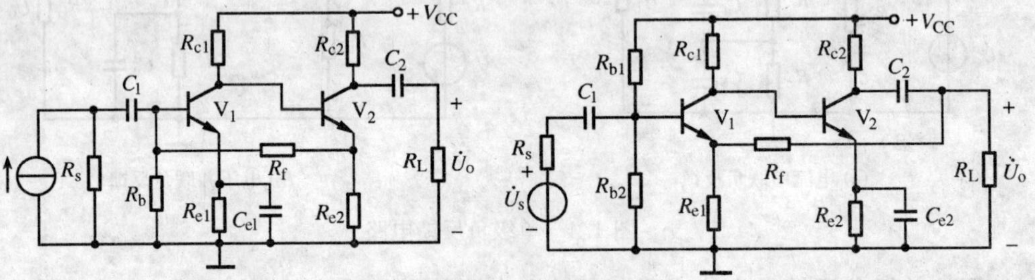

(a) 电流负反馈对放大器　　(b) 电压负反馈对放大器

图 1.6　两级负反馈放大器

不难判断，图 1.6(a)的电路引入电流并联负反馈，则它要求的信号源为电流源，对后级相当于一个电流源，两级组成一个单元，因此称为电流负反馈对放大器。同样也可判断，图 1.6(b)的电路引入电压串联负反馈，则它要求的信号源为电压源，对后级相当于一个电压源，两级组成一个单元，因此称为电压负反馈对放大器。显然，电流负反馈对放大器适宜用作电流放大，电压负反馈对放大器适宜用作电压放大。

1.2.3 集成宽带放大器

随着电子技术的发展，宽带放大器已实现集成化。集成宽带放大器性能优良，使用方便，已得到广泛的应用。下面以 L1590 为例，简单介绍集成宽带放大器，其内部电路如图 1.7 所示。

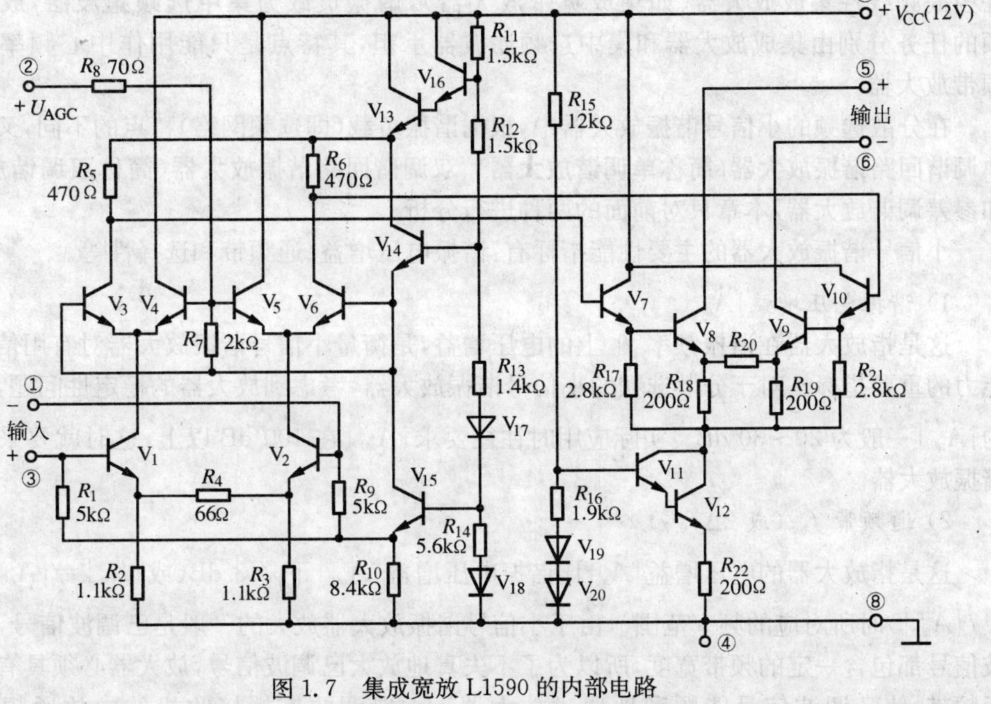

图 1.7 集成宽放 L1590 的内部电路

图中，三极管 V_{11}～V_{16}、二极管 V_{17}～V_{20} 和有关电阻构成偏置电路。第一级由 V_1、V_2、V_3 和 V_6 构成，其中 V_1、V_3 和 V_2、V_6 均为共射-共基组合电路，它们共同构成共射-共基差动放大器，这种电路形式不仅具有较宽的频带，而且还提供了较高的增益。同时，R_2、R_3 和 R_4 引入的负反馈可扩展该级的频带。V_3、V_6 集电极输出的信号分别送到 V_7、V_{10} 的基极。第二级由 V_7～V_{10} 构成，其中 V_7、V_8 和 V_9、V_{10} 均为共集-共射组合电路，它们共同构成共集-共射差动放大器，R_{18}、R_{19} 和 R_{20} 引入负反馈，这些都使该级具有很宽的频带，改变 R_{20} 可调节增益。应该指出，V_7、V_{10} 的共集组态可将第一级和后面电路隔离。由于采取了上述措施，使 L1590 的工作频带可达 0～150 MHz。

图中的 V_4、V_5 起自动增益控制(AGC)作用，其中 2 脚接的是 AGC 电压。有关 AGC 的内容，将在第 5 章中介绍。

1.3 小信号谐振放大器的分类和主要性能指标

采用具有谐振性质的元件(例如谐振回路)作为负载的放大器称为**谐振放大器**(Resonant Amplifier)，又称调谐放大器。按照待放大信号的强弱，它可分为小信号谐振放大器和大信号谐振放大器。本章讨论的是小信号谐振放大器，其放大器件工作在甲类状态。大信号谐振放大器又称谐振功放，将在第 2 章中讨论。由于谐振负载的特性，小信号谐振放大器不但具有放大作用，而且具有选频或滤波的作用，因此广泛应用于广播、电视、通信和雷达等接收设备中。

小信号谐振放大器有分散选频和集中选频两大类。前者的每级放大器都接入谐振负载，为分立元件电路，其特点是可工作在频率较高或谐振频率可调的场合；后者的放大器件为高频线性集成放大器（如集成宽带放大器），谐振负载为**集中选频滤波器**，放大和选频的任务分别由集成放大器和集中选频滤波器承担，其特点是只能用作中心频率不变的频带放大器。

在分散选频的小信号谐振放大器中，根据谐振负载（即选频网络）特点的不同，又可分为单调谐回路谐振放大器（简称**单调谐放大器**）、双调谐回路谐振放大器（简称**双调谐放大器**）和参差调谐放大器，本章只对前面的两种进行分析。

小信号谐振放大器的主要性能指标有：谐振电压增益、通频带和选择性等。

1）谐振电压增益 $|\dot{A}_{u0}|$

这是指放大器在谐振频率 f_0 上的电压增益，是衡量小信号谐振放大器对有用信号放大能力的重要指标。对于分散选频的小信号谐振放大器，考虑到放大器的稳定性问题，其单级的 $|\dot{A}_{u0}|$ 一般为 20～30 dB。实际应用时往往要求 $|\dot{A}_{u0}|$ 在 100 dB 以上，这时就要采用多级谐振放大器。

2）通频带 f_{bw}（或 $2\Delta f_{0.7}$）

这是指放大器的电压增益 $|\dot{A}_u|$ 比谐振电压增益 $|\dot{A}_{u0}|$ 下降 3 dB（或 $|\dot{A}_u|=|\dot{A}_{u0}|/\sqrt{2}\approx 0.7|\dot{A}_{u0}|$）时所对应的频率范围。由于小信号谐振放大器放大的一般是已调波信号，而已调波信号都包含一定的频带宽度，所以为了不失真地放大已调波信号，放大器必须具有一定的通频带，使已调波信号能顺利地通过放大器。一般调幅广播接收机的中放通频带约为 8 kHz，调频广播接收机的中放通频带约为200 kHz，模拟电视接收机的高放和中放通频带约为6～8 MHz。

3）选择性

这是指放大器从各种不同频率的信号（包括有用信号和干扰信号）中选出有用信号、抑制干扰信号的能力。衡量放大器选择性的好坏有两个基本指标：矩形系数和抑制比。

（1）矩形系数

理想的小信号谐振放大器的谐振曲线（即幅频特性曲线）应是矩形，即对通频带内的各频率信号有同样的放大作用，而对通频带外的各频率信号则完全抑制。但是，实际的小信号谐振放大器的谐振曲线如图 1.8 所示，它与理想的矩形有较大的差异。

为了衡量实际的谐振曲线偏离（或接近）理想的矩形曲线的程度，引入**矩形系数** $K_{r0.1}$①这个参数，它定义为

$$K_{r0.1}=\frac{f_{bw0.1}}{f_{bw}} \tag{1-1}$$

① 类似的参数还有 $K_{r0.01}$。$K_{r0.01}=f_{bw0.01}/f_{bw}$，其中 $f_{bw0.01}$ 为 $|\dot{A}_u/\dot{A}_{u0}|=0.01$ 时所确定的带宽。

式中，$f_{bw0.1}$（又记作 $2\Delta f_{0.1}$）为相对电压增益$|\dot{A}_u/\dot{A}_{u0}|$下降到 0.1 时所确定的带宽，如图 1.8 所示。显然，理想的谐振放大器的 $K_{r0.1}=1$，实际的谐振放大器的 $K_{r0.1}>1$，而 $K_{r0.1}$ 愈接近 1，放大器的选择性愈好。

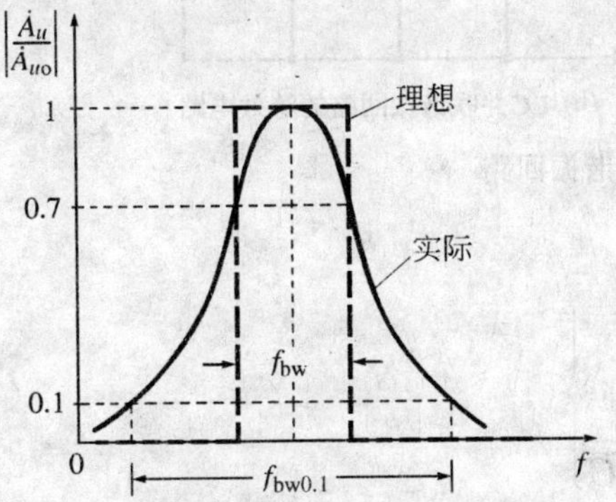

图 1.8　理想与实际的谐振曲线

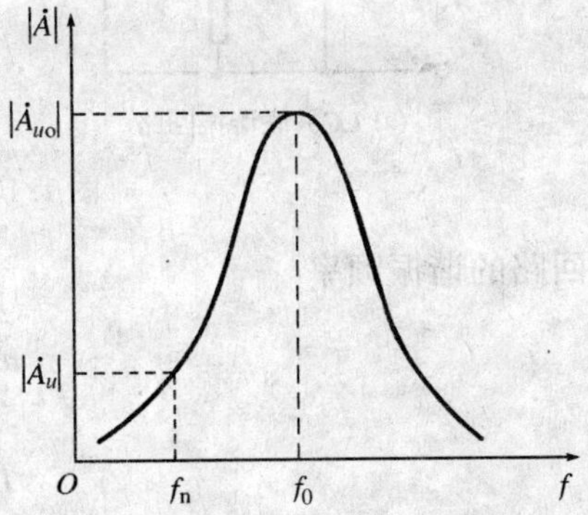

图 1.9　小信号谐振放大器的抑制比

（2）抑制比

在实际测试时，我们常用对某一处于通频带外的特定频率干扰信号的抑制能力来衡量小信号谐振放大器的选择性。图 1.9 所示的谐振曲线中，输入信号的频率等于其谐振频率 f_0，此时放大器的电压增益为$|\dot{A}_{u0}|$，而干扰信号的频率为 f_n，其电压增益为$|\dot{A}_u|$，则定义

$$d=\left|\frac{\dot{A}_{u0}}{\dot{A}_u}\right| \tag{1-2}$$

或

$$d=20\lg\left|\frac{\dot{A}_{u0}}{\dot{A}_u}\right|(\mathrm{dB}) \tag{1-3}$$

称 d 为谐振放大器对干扰 f_n 的**抑制比**。显然，d 愈大，放大器的选择性愈好。例如，广播调幅收音机常用偏调±10 kHz 时的抑制比来衡量它的选择性，即对邻台的抑制能力。

1.4　调谐回路谐振放大器

本节将简单介绍单调谐放大器和双调谐放大器。

1.4.1　单调谐放大器

单调谐放大器中作为负载的谐振回路是单回路，由于放大器的性能主要取决于 LC 并联谐振回路，故先讨论该回路的基本特性。

*1）LC 并联谐振回路的基本特性

图 1.10(a)为 LC 并联谐振回路，其中 r 为串联损耗电阻。一般回路的损耗很小，满足 $\omega L\gg r$，此时可求得回路的阻抗

$$Z\approx\frac{L/Cr}{1+\mathrm{j}\,\dfrac{1}{r}\left(\omega L-\dfrac{1}{\omega C}\right)} \tag{1-4}$$

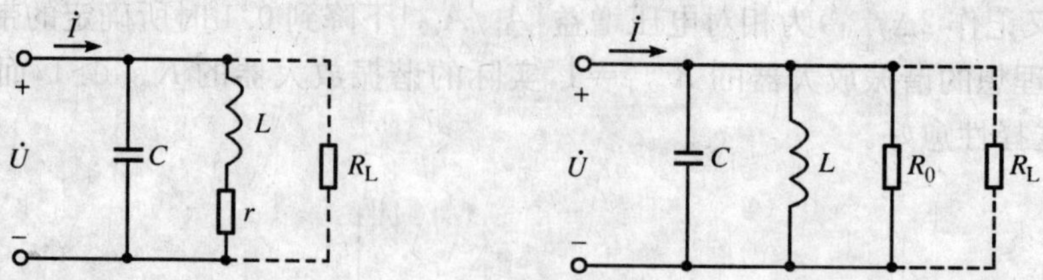

(a) LC并联谐振回路　　(b) LC并联谐振回路的等效电路

图 1.10　LC 并联谐振回路

显然，回路的谐振频率

$$\left.\begin{aligned}\omega_0 &\approx \frac{1}{\sqrt{LC}}\\ \text{或}\quad f_0 &\approx \frac{1}{2\pi\sqrt{LC}}\end{aligned}\right\} \tag{1-5}$$

于是

$$Z \approx \frac{L/Cr}{1+\mathrm{j}\dfrac{\omega_0 L}{r}\left(\dfrac{\omega}{\omega_0}-\dfrac{\omega_0}{\omega}\right)} = \frac{L/Cr}{1+\mathrm{j}Q_0\left(\dfrac{\omega}{\omega_0}-\dfrac{\omega_0}{\omega}\right)}$$

式中，$Q_0=\omega_0 L/r$ 称为回路的**空载品质因数**。谐振时 $\omega=\omega_0$，此时 Z 为一纯阻，即**谐振电阻** R_0，其表达式为

$$R_0=\frac{L}{Cr}=Q_0^2 r \tag{1-6}$$

故

$$Z \approx \frac{R_0}{1+\mathrm{j}Q_0\left(\dfrac{\omega}{\omega_0}-\dfrac{\omega_0}{\omega}\right)} = \frac{R_0}{1+\mathrm{j}Q_0\left(\dfrac{f}{f_0}-\dfrac{f_0}{f}\right)} \tag{1-7}$$

而

$$Q_0=\frac{\omega_0 L}{r}=\frac{1}{\omega_0 Cr}=\frac{R_0}{\omega_0 L}=\omega_0 CR_0=\frac{1}{r}\sqrt{\frac{L}{C}} \tag{1-8}$$

$Q_0 \gg 1$ 的回路称为高 Q 回路，它表明回路的损耗很小。上述各式均是在高 Q 情况下导出的。在高 Q 情况下，图 1.10(a)可用图 1.10(b)来等效，即用并联损耗电阻 R_0 来取代串联损耗电阻 r，因为图 1.10(b)的阻抗 Z 仍如式(1-7)所示。

由式(1-7)可得到高 Q 的 LC 并联谐振回路阻抗的幅频特性和相频特性分别为

$$\left.\begin{aligned}|Z| &= \frac{R_0}{\sqrt{1+Q_0^2\left(\dfrac{f}{f_0}-\dfrac{f_0}{f}\right)^2}}\\ \varphi &= -\arctan Q_0\left(\frac{f}{f_0}-\frac{f_0}{f}\right)\end{aligned}\right\} \tag{1-9}$$

由式(1-9)可画出相应的幅频特性和相频特性曲线，如图 1.11 所示。由图可以看出，LC 并联谐振回路具有选频或滤波的特性，Q 值越大，曲线越陡峭，其选频或滤波能力越强。此外，若 $f>f_0$，C 起主要作用，回路呈容性；若 $f<f_0$，L 起主要作用，回路呈感性。

令

$$\xi = Q_0\left(\frac{f}{f_0}-\frac{f_0}{f}\right)$$

称 ξ 为**一般失谐**，以区别于**相对失谐** $\Delta f/f_0=(f-f_0)/f_0$，则

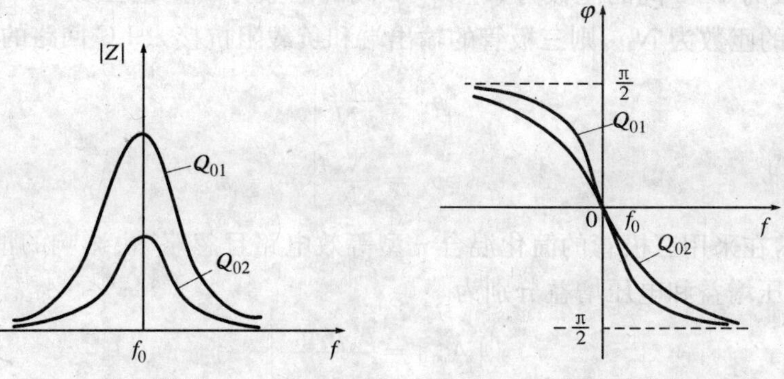

(a) 幅频特性　　(b) 相频特性

图 1.11　LC 并联谐振回路的阻抗频率特性($Q_{01}>Q_{02}$)

$$Z=\frac{R_0}{1+\mathrm{j}\xi} \tag{1-10}$$

当 f 很接近 f_0 或 $\Delta f=f-f_0$ 很小时，有

$$\xi=Q_0\left(\frac{f}{f_0}-\frac{f_0}{f}\right)\approx Q_0\frac{2\Delta f}{f_0} \tag{1-11}$$

若回路两端并接负载 R_L，如图 1.10 中虚线所示，则并联损耗电阻(或回路谐振电阻)变为 $R_0'=R_0/\!/R_L$，此时回路 Q 值为**有载品质因数**，用 Q_e 表示。显然

$$Q_e=\frac{R_0'}{\omega_0 L}=\omega_0 CR_0' \tag{1-12}$$

用 Q_e、R_0'分别代替式(1-9)、(1-10)、(1-11)中的 Q_0、R_0，就分别得到考虑 R_L 时的 $|Z|$、φ、Z 和 ξ。

2) 单调谐放大器的电路组成和性能指标

单调谐放大器的电路如图 1.12(a)所示，其直流通路和交流通路分别如图 1.12(b)、(c)所示。图中，R_{b1}、R_{b2} 和 R_e 组成稳定工作点的分压式偏置电路，C_b、C_e 为高频旁路电容，Z_L 为负载阻抗(或下级输入阻抗)，T_{r1}、T_{r2} 为高频变压器，其中 T_{r2} 的初级电感 L 和电容 C 组成的并联谐振回路作为放大器的集电极负载。由图1.12(c)可以看出，三极管的输出端和负载阻抗都采用了部分接入的方式与 LC 回路相连，以减小它们的接入对回路 Q 值和谐振频率的影响(其影响是使 Q 值下降，增益减小，谐振频率变化)，从而提高了电路的稳定性，且使前后级的阻抗匹配。

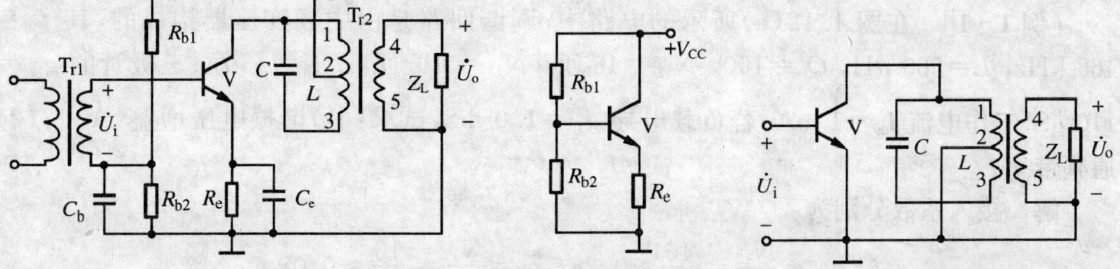

(a) 电路　　(b) 直流通路　　(c) 交流通路

图 1.12　单调谐放大器

若 T_{r2} 初级的 1－2 间的匝数为 N_{12}，2－3 间的匝数为 N_{23}，总匝数 $N=N_{13}=N_{12}+N_{23}$，次级的4－5间的匝数为 N_{45}，则三极管的输出端和负载阻抗接入 LC 回路的接入系数分别为

$$\left.\begin{aligned} p_1 &= \frac{N_{12}}{N} \\ p_2 &= \frac{N_{45}}{N} \end{aligned}\right\} \tag{1-13}$$

可以求得，在采用三极管的简化混合 π 型等效电路且忽略 $r_{bb'}$ 影响的情况下，单调谐放大器的谐振电压增益和电压增益分别为

$$\left.\begin{aligned} |\dot{A}_{u0}| &= \frac{p_1 p_2 g_m}{g_\Sigma} \\ |\dot{A}_u| &= \frac{|\dot{A}_{u0}|}{\sqrt{1+\xi^2}} \end{aligned}\right\} \tag{1-14}$$

式中，g_Σ 为回路总的电导，ξ 为一般失谐，见式(1-11)。若 $g_0=1/R_0$ 为 LC 回路的自损耗电导，$g_L=1/R_L$ 为负载电导（R_L 为负载阻抗 Z_L 的电阻部分），g_{oe} 为三极管的输出电导，则

$$g_\Sigma = g_0 + p_1^2 g_{oe} + p_2^2 g_L \tag{1-15}$$

单调谐放大器的通频带

$$f_{bw} = 2\Delta f_{0.7} = \frac{f_0}{Q_e} \tag{1-16}$$

式中，f_0 和 Q_e 分别为回路的谐振频率和有载品质因数。若 C_Σ 表示回路的总电容，则

$$f_0 = \frac{1}{2\pi\sqrt{LC_\Sigma}} \tag{1-17}$$

$$Q_e = \frac{1}{\omega_0 L g_\Sigma} = \frac{\omega_0 C_\Sigma}{g_\Sigma} \tag{1-18}$$

若 C_{oe} 为三极管的输出电容，C_L 为负载电容（即 Z_L 中的电容部分），则

$$C_\Sigma = C + p_1^2 C_{oe} + p_2^2 C_L \tag{1-19}$$

式(1-16)表明，单调谐放大器的通频带取决于回路的谐振频率 f_0 和有载品质因数 Q_e。当 f_0 确定时，Q_e 越高，f_{bw} 越窄；反之就越宽。还可求得，单调谐放大器的矩形系数

$$K_{r0.1} = \frac{f_{bw0.1}}{f_{bw}} \approx 9.95 \tag{1-20}$$

$K_{r0.1} \gg 1$，表明单调谐放大器的谐振曲线与理想的矩形曲线相差甚远，即选择性较差。至于抑制比，它可由 $|\dot{A}_{u0}|$ 与 $|\dot{A}_u|$ 之比得到，这里不再赘述。

［**例 1－1**］ 在图 1.12(a)所示的电路中，调谐回路是由中频变压器构成的，其 $f_0=465$ kHz，$L=560\ \mu$H，$Q_0=100$，$N_{12}=46$ 匝，$N_{13}=162$ 匝，$N_{45}=13$ 匝；三极管的 $g_{oe}=110\ \mu$S，工作电流 $I_E=1$ mA。若负载电导 $g_L=1.0$ mS，试求：(1)谐振电压增益 $|\dot{A}_{u0}|$；(2)通频带 f_{bw}。

解 接入系数分别为

$$p_1 = \frac{N_{12}}{N_{13}} = \frac{46}{162} \approx 0.28,\quad p_2 = \frac{N_{45}}{N_{13}} = \frac{13}{162} \approx 0.08$$

回路的自损耗电导

$$g_0=\frac{1}{Q_0\omega_0 L}=\frac{1}{100\times6.28\times465\times10^3\times560\times10^{-6}}\approx6.12\times10^{-6}(\mathrm{S})=6.12\ \mu\mathrm{S}$$

（1）三极管的跨导

$$g_m=\frac{I_E}{26}=\frac{1}{26}(\mathrm{S})\approx38.5\ \mathrm{mS}$$

又 $g_\Sigma=g_0+p_1^2 g_{oe}+p_2^2 g_L=6.12+0.28^2\times110+0.08^2\times1.0\times10^3\approx21.1\ (\mu\mathrm{S})$

则谐振电压增益

$$|\dot{A}_{u0}|=\frac{p_1 p_2 g_m}{g_\Sigma}=\frac{0.28\times0.08\times38.5}{21.1\times10^{-3}}\approx40.9$$

（2）$Q_e=\dfrac{1}{\omega_0 L g_\Sigma}=\dfrac{1}{6.28\times465\times10^3\times560\times10^{-6}\times21.1\times10^{-6}}\approx29$

则
$$f_{bw}=\frac{f_0}{Q_e}=\frac{465}{29}\approx16\ (\mathrm{kHz})$$

*1.4.2 双调谐放大器

双调谐放大器中作为负载的谐振回路是双回路，由于放大器的性能主要取决于双调谐耦合回路，故先讨论该回路的基本特性。

1）双调谐耦合回路的基本特性

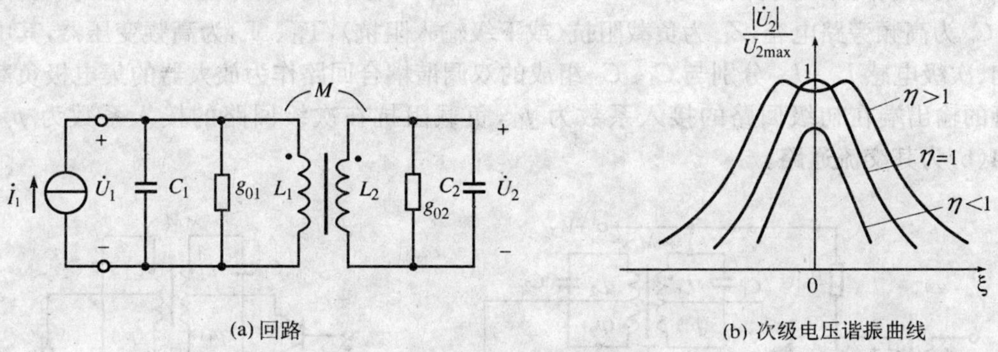

(a) 回路　　(b) 次级电压谐振曲线

图 1.13　互感耦合双调谐回路

双调谐耦合回路有电容耦合和互感耦合两种类型，这里只讨论后者。互感耦合双调谐回路如图 1.13(a)所示。其中，g_{01}、g_{02} 分别为初、次级回路的并联自损耗电导，M 为互感系数。为了简化分析，设初、次级回路元件的参数相同，即 $L_1=L_2=L$，$C_1=C_2=C$，$g_{01}=g_{02}=g_0$。初、次级回路之间的**耦合系数**

$$k=\frac{M}{\sqrt{L_1L_2}}=\frac{M}{L}$$

初、次级回路的谐振频率

$$\left.\begin{aligned}\omega_0&=\frac{1}{\sqrt{LC}}\\ f_0&=\frac{1}{2\pi\sqrt{LC}}\end{aligned}\right\}\quad(1-21)$$

或

定义**耦合因数**

$$\eta = kQ_0 \tag{1-22}$$

式中,$Q_0=\omega_0 C/g_0=1/\omega_0 L g_0$ 为空载品质因数。若 $\eta=1$,则称为**临界耦合**状态,而 $\eta>1$、$\eta<1$ 分别称为强耦合和弱耦合状态。由图 1.13(a),根据耦合回路理论可推出

$$\dot{U}_2 \approx \frac{\mathrm{j}\eta \dot{I}_1}{g_0[(1-\xi^2+\eta^2)+\mathrm{j}2\xi]} \tag{1-23}$$

而

$$|\dot{U}_2|=\frac{\eta|\dot{I}_1|}{g_0\sqrt{(1-\xi^2+\eta^2)^2+4\xi^2}} \tag{1-24}$$

式中 ξ 为一般失谐。当 $\xi=0$、$\eta=1$ 时,$|\dot{U}_2|$ 取得最大值 $U_{2\max}$,显然

$$U_{2\max}=\frac{|\dot{I}_1|}{2g_0}$$

则

$$\frac{|\dot{U}_2|}{U_{2\max}}=\frac{2\eta}{\sqrt{(1-\xi^2+\eta^2)^2+4\xi^2}} \tag{1-25}$$

由上式可画出互感耦合双调谐回路的次级电压谐振曲线,如图 1.13(b)所示。可以看出,强耦合时曲线出现双峰,中心下凹;弱耦合时曲线为单峰,但峰值较小。比较理想的是临界耦合时的情况,不但谐振曲线为单峰,而且峰值又大。

2) 双调谐放大器的电路组成和性能指标

双调谐放大器的电路如图 1.14(a)所示。图中,R_{b1}、R_{b2} 和 R_e 组成分压式偏置电路,C_b、C_e 为高频旁路电容,Z_L 为负载阻抗(或下级输入阻抗),T_{r1}、T_{r2} 为高频变压器,其中 T_{r2} 的初、次级电感 L_1、L_2 分别与 C_1、C_2 组成的双调谐耦合回路作为放大器的集电极负载,三极管的输出端在初级回路的接入系数为 p_1,负载阻抗在次级回路的接入系数为 p_2。图 1.14(b)为其交流通路。

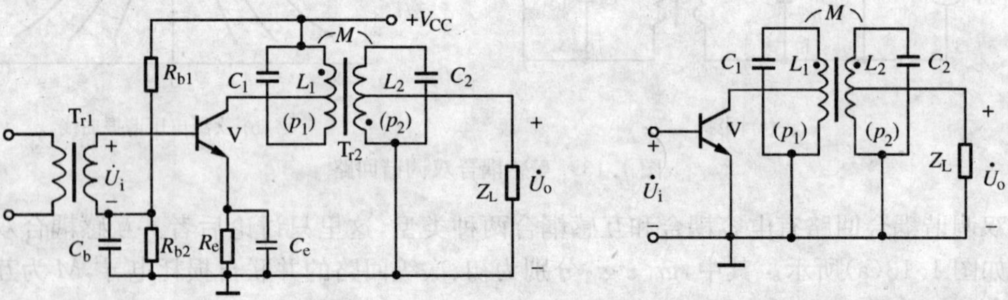

图 1.14 双调谐放大器

为了简化分析,设初、次级回路的元件参数相同,即

$$L_1=L_2=L,\quad g_{\Sigma1}=g_{\Sigma2}=g_\Sigma,\quad C_{\Sigma1}=C_{\Sigma2}=C_\Sigma$$

则它们的谐振频率、有载品质因数也相同,且都用 ω_0(或 f_0)和 Q_e 表示:

$$\left.\begin{aligned}\omega_0&=\frac{1}{\sqrt{LC_\Sigma}}\\ f_0&=\frac{1}{2\pi\sqrt{LC_\Sigma}}\end{aligned}\right\} \tag{1-26}$$

$$Q_e=\frac{\omega_0 C_\Sigma}{g_\Sigma}=\frac{1}{\omega_0 L g_\Sigma} \tag{1-27}$$

与单调谐放大器相似，可以求得双调谐放大器的电压增益和临界耦合（$\eta=1$）时的谐振电压增益分别为

$$|\dot{A}_u|=\frac{p_1 p_2 g_m}{g_\Sigma}\frac{\eta}{\sqrt{(1-\xi^2+\eta^2)^2+4\xi^2}} \tag{1-28}$$

$$|\dot{A}_{u0}|_{cr}=\frac{p_1 p_2 g_m}{2g_\Sigma} \tag{1-29}$$

式中，$\eta=kQ_e$ 为耦合因数，$k=M/L$ 为耦合系数，ξ 为一般失谐。

不难得到，临界耦合状态的双调谐放大器的通频带和矩形系数

$$f_{bw}=\sqrt{2}\,\frac{f_0}{Q_e} \tag{1-30}$$

$$K_{r0.1}=\frac{f_{bw0.1}}{f_{bw}}\approx 3.15 \tag{1-31}$$

因此，在 f_0 与 Q_e 相同的情况下，临界耦合状态的双调谐放大器的通频带为单调谐放大器通频带的$\sqrt{2}$倍；而矩形系数小于单调谐放大器的矩形系数，即其谐振曲线更接近于理想的矩形曲线，选择性更好。

总之，与单调谐放大器相比较，处于临界耦合状态的双调谐放大器具有频带宽、选择性好等优点，但调谐较麻烦。

1.5 集中选频放大器

分散选频的小信号谐振放大器在组成多级放大电路时，线路较复杂，调试不方便，频率特性的稳定性不高，可靠性较差，尤其是不能很好地满足某些特殊频率特性的要求。随着电子技术的不断发展，新型的元器件不断诞生，出现了采用集中滤波和集中放大相结合的集中选频放大器。集中选频放大器为非调谐式高频放大器，它克服了分散选频放大器的缺点，正越来越得到广泛的应用。

1.5.1 集中选频放大器的组成

集中选频放大器是由集成宽带放大器和集中选频滤波器（简称集中滤波器）组成的，它有两种形式，如图 1.15 所示。其中，图 1.15(a)的集中滤波器接在集成宽放的后面，图 1.15(b)的集中滤波器则置于集成宽放的前面。无论是哪一种形式的集中选频放大器，其集成宽放的频带应比放大信号的频带和集中滤波器的频带更宽一些。由于放大器的工作频率高，容易通过器件内部的寄生反馈产生自激，因此集成宽放多选用寄生反馈小的组合电路类型（其扩展通频带主要是依靠组合电路实现的）。

在接收机中，为了避免有用信号频率附近的干扰信号（它常常是混频器本身产生的无用分量）通过集成宽放时，由于宽放本身的非线性而产生新的干扰，常采用图 1.15(b)形式的

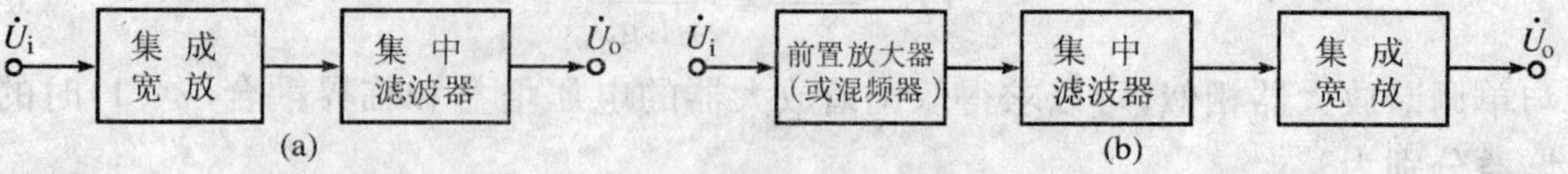

图 1.15 集中选频放大器的组成框图

集中选频放大器，使干扰信号受到很大的衰减而不会形成新的干扰。若集中滤波器的衰减较大而使整个放大器的噪声系数增大，则可在集中滤波器前加一低噪声的前置放大器。

集成宽放已在前面作了介绍，这里不再重复。集中滤波器的种类很多，除了 LC 带通滤波器外，目前常用的是晶体滤波器、陶瓷滤波器和声表面滤波器，下面简单加以介绍。

不难理解，由于集中滤波器的频率特性固定，因此集中选频放大器只能用作中心频率不变的频带放大器。

1.5.2 集中选频滤波器

1）晶体滤波器（Crystal Filter）

石英晶体是一种各向异性的结晶体，其主要成分是二氧化硅，具有稳定的物理化学性能。从一块晶体按一定方位角切割下来的薄片，称为晶片。在晶片的两面涂上银层作为电极，两电极各自焊出引线固定在管脚上，并密封在金属壳中，便构成了晶体滤波器。晶体滤波器简称**晶体**，其电路符号如图 1.16(a)所示。

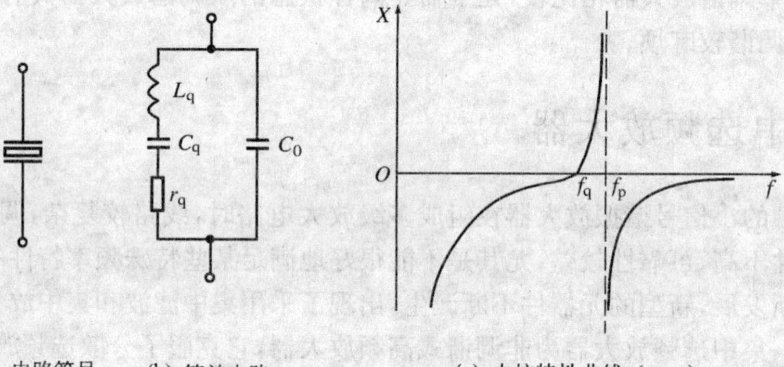

(a) 电路符号　(b) 等效电路　(c) 电抗特性曲线（$r_q=0$）

图 1.16 晶体滤波器

石英晶体具有**压电效应**（Piezo-effect）。所谓压电效应是指，当晶体受机械力作用而发生形变时，晶体内将产生一定的电场，且它的两面出现与形变大小成正比的符号相反、数量相等的电荷；反之，若在晶体两面之间加一电场，就会产生与电场强度成正比的机械形变。因此，如果在晶体的两面加一高频交流电压，就会产生机械形变振动，同时机械形变振动又会产生交变电场，即同时产生机械振动和电振荡。当外加高频电压信号的频率等于晶体的固有振动频率时，将产生谐振，此时机械振动最强，晶体两面所产生的电荷量最大，外电路的电流也最大。因此，晶体具有串联谐振特性，可用它作为滤波器。

晶体滤波器的等效电路如图 1.16(b)所示，其中 C_0 表示以石英为介质的两个电极极板间的电容，称为**静态电容**（实际上还包括分布电容）；L_q、C_q、r_q 等效它的串联谐振特性。晶

体的主要特点是 L_q 很大，而 C_q 很小，r_q 较小，且$C_0 \gg C_q$，则其 Q 值(Q_q)非常高。例如，工作频率为1 MHz的 B45 型晶体，其 $L_q = 4.00\ \text{H}$，$C_q = 0.0063\ \text{pF}$，$r_q = 100\ \Omega$，$C_0 = 3\ \text{pF}$，$Q_q \approx 2.5 \times 10^5$。由于 $C_0 \gg C_q$，则接入系数 $p \approx C_q/C_0$ 非常小，即晶体滤波器与外电路的耦合非常弱。

由于晶体滤波器的 Q_q 非常高，而 r_q 较小，因此在下面分析时可忽略 r_q。由等效电路可见，晶体滤波器有两个谐振频率：一个是 L_q、C_q 支路(r_q 已忽略)的串联谐振频率(Series Resonant Frequency)f_q；另一个是包括 C_0 在内的整个电路的并联谐振频率(Parallel Resonant Frequency)f_p。不难得到

$$f_q = \frac{1}{2\pi\sqrt{L_q C_q}} \tag{1-32}$$

$$f_p = \frac{1}{2\pi\sqrt{L_q \dfrac{C_q C_0}{C_q + C_0}}} \approx f_q\left(1 + \frac{1}{2}\frac{C_q}{C_0}\right) \tag{1-33}$$

由上式可知，f_p 只略大于 f_q。例如，上述1 MHz的晶体，其 f_p 只比 f_q 大1.05 kHz。

由图 1.16(b)，晶体滤波器的等效电抗(忽略 r_q)为

$$X = -\frac{1}{\omega C_0}\frac{1 - f_q^2/f^2}{1 - f_p^2/f^2} \tag{1-34}$$

可以看出，当 $f < f_q$ 或 $f > f_p$ 时，均有 $X < 0$，晶体呈容性；当 $f_q < f < f_p$ 时，$X > 0$，晶体呈感性。根据式(1-34)可画出晶体滤波器的电抗特性曲线，如图 1.16(c)所示。由该图可以看出，由于 $f = f_q$ 时$X = 0$，$f = f_p$ 时$X \to \infty$，因此晶体滤波器可用作高频窄带滤波器。应该指出，晶体滤波器主要用于晶体振荡器中(见 3.3 节)，这时常称为**石英谐振器**。

2) 陶瓷滤波器(Ceramic Filter)

陶瓷滤波器是由锆钛酸铅陶瓷材料制成的。把这种材料制成片状，两面覆盖银层作为电极，经过直流高压极化后，它也具有压电效应，因此工作原理、等效电路与晶体滤波器相同，其电路符号与晶体滤波器也相同。与晶体滤波器相比，陶瓷滤波器的 Q 值小得多(约为几百)，且串并联谐振频率的间隔较大，选择性较差。

由于简单陶瓷滤波器的性能较差，因此可将不同谐振频率的陶瓷片进行适当的组合连接，就得到性能接近理想的四端陶瓷滤波器，如图 1.17 所示。

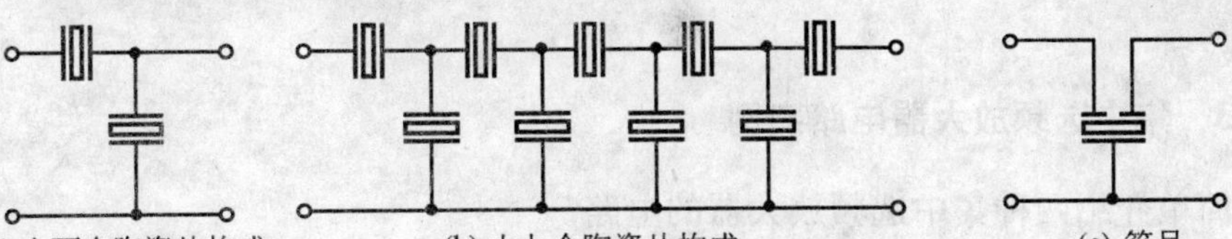

(a) 由两个陶瓷片构成　　(b) 由九个陶瓷片构成　　(c) 符号

图 1.17　四端陶瓷滤波器

图 1.17(a)为由两个陶瓷片构成的四端陶瓷滤波器。若串臂陶瓷片的串联谐振频率 $f_{q1} = 465\ \text{kHz}$，并联谐振频率 $f_{p1} = (465 + 5)\ \text{kHz}$；并臂陶瓷片的 $f_{p2} = f_{q1} = 465\ \text{kHz}$，$f_{q2} = (465 - 5)\ \text{kHz}$，则不难说明，这个滤波器的通频带为$(465 \pm 5)\ \text{kHz}$。图 1.17(b)为由 9 个陶瓷片构成的四端陶瓷滤波器，其性能更为理想。图 1.17(c)为四端陶瓷滤波器的符号。

陶瓷滤波器的工作频率可从几百千赫到几百兆赫，带宽较窄，Q 值较高(与 LC 滤波器

相比)，它具有体积小、成本低、耐热耐湿性好、受外界条件影响小等优点，已广泛用于接收机中，如收音机的中放、电视机的伴音中放等。陶瓷滤波器的不足之处是频率特性的一致性较差，通频带不够宽等。

3) *声表面波滤波器*(Surface Acoustic Wave Filter，SAWF)

自 20 世纪 70 年代以来，声表面波(SAW)滤波器有了很大的发展。由于这种滤波器具有工作频率高、通频带宽、选频特性好、体积小和重量轻等特点，并且可采用与集成电路相同的生产工艺，制造简单，成本低，频率特性的一致性好，因此广泛应用于各种电子设备中。

声表面波滤波器的结构示意图和符号如图 1.18 所示。它是以石英、铌酸锂或锆钛酸铅等压电晶体为基片，经表面抛光后在其上蒸发一层金属膜，通过光刻工艺制成两组具有能量转换功能的交叉指型(简称叉指)的金属电极，分别称为输入叉指换能器和输出叉指换能器。当输入叉指换能器接上交流电压信号时，压电晶体基片的表面就产生振动，并激发出与外加信号同频率的声波，此声波主要沿着基片的表面在与叉指电极垂直的方向传播，故称为**声表面波**。其中一个方向的声波被吸声材料吸收，另一方向的声波则传送到输出叉指换能器，被转换为电信号输出。

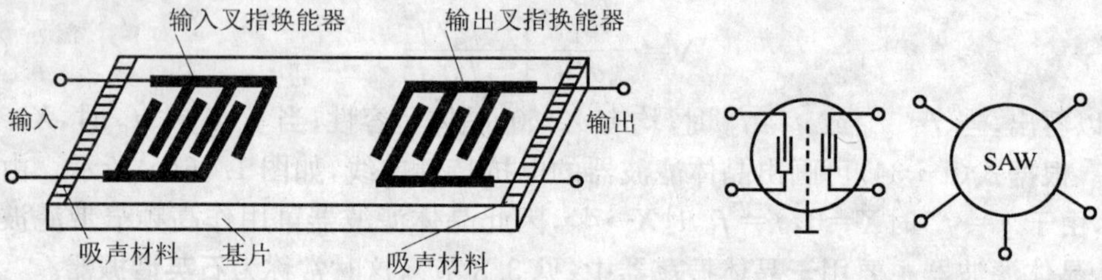

(a) 结构示意图　　(b) 符号

图 1.18　声表面波滤波器

因此，在声表面波滤波器中，信号经过电—声—电的两次转换。由于基片的压电效应，则叉指换能器具有选频特性。显然，两个叉指换能器的共同作用，使声表面波滤波器的选频特性较为理想。声表面波滤波器的中心频率、通频带等性能与压电晶体基片的材料，以及叉指电极的指条数目、疏密、宽度和长度等有关。应该指出，图 1.18 中的叉指换能器是均匀的，而为了得到某种特定频率特性的声表面波滤波器，常采用非均匀的叉指换能器。

1.5.3　集中选频放大器电路实例

下面简单介绍两种集中选频放大器的电路。

图 1.19 为用集成宽放 L1590 组成的集中选频放大器。其中，C_4、C_5 对高频交流短路；L_1C_1 为输入端的单调谐回路，L_2C_2 和 L_3C_3 组成输出端的双调谐耦合回路，它们均调谐在信号的中心频率上；L_4、C_6 和 C_7 为 π 型 LC 电源滤波器。图中 R 可降低 L_1C_1 回路的 Q 值，展宽其频带。

图 1.20 为彩色电视机中图像中放 HA11440 的应用电路。图中，图像中频信号经声表面波滤波器后，从集成块 HA11440 的 12、13 脚输入到图像中放，其中 R_1 为匹配电阻，L_1 为匹配电感，以便与 SAWF 的输出电容构成低 Q 值的谐振回路，实现纯阻匹配。

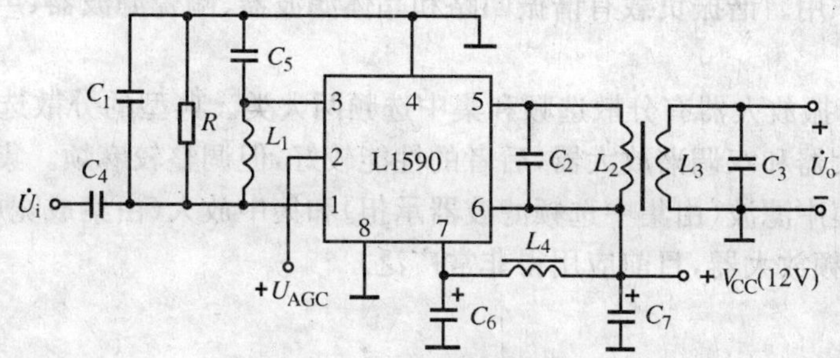

图 1.19　L1590 组成的集中选频放大器

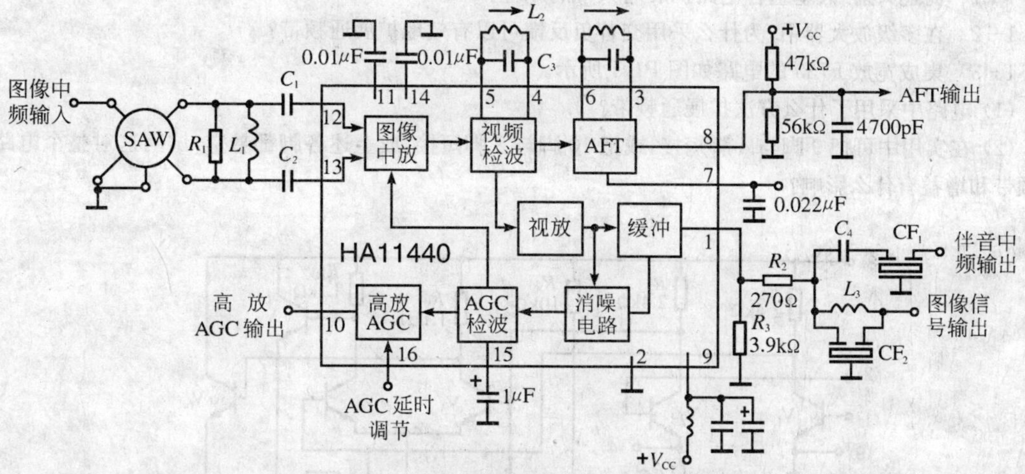

图 1.20　图像中放 HA11440 的应用电路

SAWF 的频率特性使图像中频信号中的各频率分量得到适当的放大，而图像中放为三级差动放大器构成。由图像中放输出的信号，经视频检波器、视频放大器和缓冲放大器后，由 1 脚输出视频信号。视频信号包含中心频率为6.5 MHz的伴音中频信号和0～6 MHz的图像信号。视频信号经 R_2、C_4 加到陶瓷滤波器 CF_1 上，由于 CF_1 的中心频率为6.5 MHz，因此它滤除掉图像信号，只输出伴音中频信号。图中，陶瓷滤波器 CF_2 和电感 L_3 组成带阻滤波器，它是利用 CF_2 的串联谐振特性而起到陷波作用的，可滤除6.5 MHz的伴音中频信号。因此，视频信号经 CF_2 和 L_3 后，只输出图像信号。至于电路中其他部分的作用，这里不再介绍。

小结

（1）组成宽带放大器时，应选择 f_T 高、$r_{bb'}$ 和 $C_{b'c}$ 小的高频管，否则采取扩展放大器通频带的措施将起不到应有的作用。

（2）扩展放大器通频带的方法有组合电路法和负反馈法。随着集成技术的发展，许多性能优越、使用方便的集成宽带放大器不断问世，并获得了越来越广泛的应用。

（3）小信号谐振放大器是一种典型的窄带放大器，它是由放大器和谐振负载组成的，具有选频或滤波的作用。谐振负载有谐振回路和晶体滤波器、陶瓷滤波器、声表面波滤波器等集中选频滤波器。

(4) 小信号谐振放大器有分散选频和集中选频两大类。典型的分散选频小信号谐振放大器有单调谐放大器和双调谐放大器，后者的性能较好，但调整较麻烦。集中选频的小信号谐振放大器采用集中滤波(由集中选频滤波器承担)和集中放大(由集成宽放承担)相结合的形式，称为集中选频放大器，目前应用得非常广泛。

习题一

1-1　简述共射-共基组合电路扩展通频带的原理。

1-2　在多级放大器中，为什么采用交替负反馈可以有效地扩展通频带？

1-3　集成宽放 F733 的电路如图 P1.1 所示。

(1) 电路中采用了什么方法扩展通频带？

(2) 在实用中可把 9 脚与 4 脚短接，或把 10 脚与 3 脚短接，或上述各脚都悬空，试问这对整个电路的通频带和增益有什么影响？

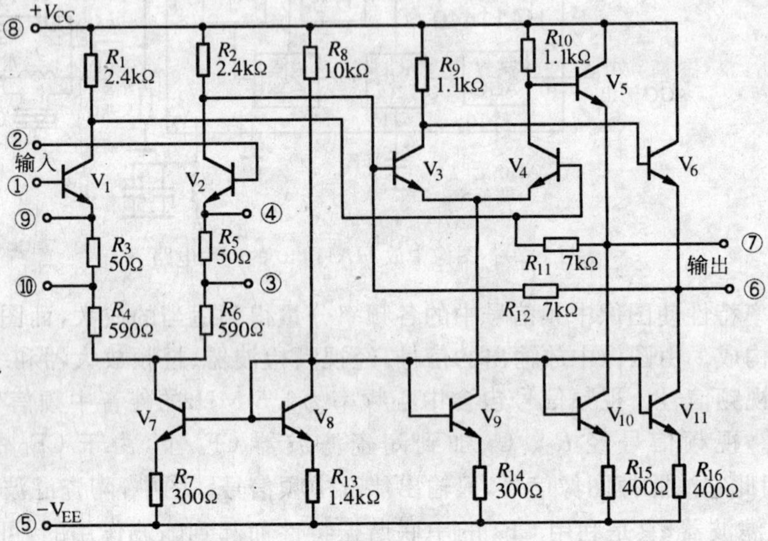

图 P1.1

1-4　在图 1.12(a)所示的单调谐放大器中，若 $L=600\ \mu\text{H}$，$Q_0=100$，$N_{12}=36$，$N_{13}=152$，$N_{45}=10$，$f_0=465\ \text{kHz}$，$g_L=2\ \text{mS}$，三极管的 $g_{oe}=110\ \mu\text{S}$，工作电流 $I_E=1\ \text{mA}$。求：

(1) 谐振电压增益 $|\dot{A}_{u0}|$；

(2) 通频带 f_{bw}。

1-5　中心频率都是4.7 MHz的单调谐放大器和临界耦合的双调谐放大器，若 Q_e 均为 30，试求失谐±0.65 MHz处二者的抑制比。问哪个放大器的选择性好？

1-6　在图 1.12(a)所示的单调谐放大器中，若回路谐振频率 $f_0=10.7\ \text{MHz}$，回路总电容 $C_\Sigma=56\ \text{pF}$，通频带 $f_{bw}=120\ \text{kHz}$。

(1) 求电感 L 和有载品质因数 Q_e；

(2) 为了把通频带 f_{bw} 调整到180 kHz，通常在回路两端并联电阻 R，求 R 之值。

1-7 在图 1.14(a)所示的双调谐放大器中，若 $f_0=465$ kHz，$f_{bw}=10$ kHz，回路参数完全对称，即 $L_1=L_2=L=582\ \mu H$，$C_1=C_2=C=200$ pF，$C_{\Sigma1}=C_{\Sigma2}=C_{\Sigma}$，$g_{\Sigma1}=g_{\Sigma2}=g_{\Sigma}$，且 $\eta=1$，$C_{oe}=10$ pF，$C_L=150$ pF。求：

(1) 有载品质因数 Q_e 和互感 M；

(2) 接入系数 p_1 和 p_2；

(3) 失谐±10 kHz 处的抑制比。

* 2 高频功率放大器

本章从高频功率放大器的分类和特点开始，首先介绍高频功放中最重要的一类——谐振功率放大器，分析它的工作原理，讨论它的特性以及直流馈电电路和匹配网络，并附带介绍倍频器的作用和丙类谐振倍频器的工作原理；然后介绍传输线变压器以及由它构成的另一类高频功放——宽带功率放大器，并且对常用的功率合成电路也将作讨论。

2.1 概　述

顾名思义，高频功率放大器用于放大高频信号并获得足够大的输出功率，常又称为**射频功率放大器**(Radio Frequency Power Amplifier)。它广泛用于发射机、高频加热装置和微波功率源等电子设备中。

2.1.1 高频功率放大器的分类

根据相对工作频带的宽窄不同，高频功放可分为窄带型和宽带型两大类。

窄带型高频功放常采用具有选频功能的谐振网络作为负载，所以又称为**谐振功率放大器**(Resonate Power Amplifier)。为了提高效率，谐振功放常工作于丙类或乙类状态。其中，放大等幅信号(例如载波信号、调频信号)的谐振功放一般工作于丙类状态；而放大高频调幅信号的谐振功放一般工作于乙类状态，以减小失真，这类功放又称为**线性功率放大器**(Linear Power Amplifier)。为了进一步提高效率，近年来出现了使电子器件工作于开关状态的丁类(Class D)和戊类(Class E)谐振功放。

宽带型高频功放采用工作频带很宽的传输线变压器(Transmission-Line Transformers)作为负载，它可实现功率合成。由于不采用谐振网络，因此这种功放可以在很宽的范围内变换工作频率而不必调谐。

本章主要对丙类谐振功放进行讨论，同时对传输线变压器及其构成的功率合成器作必要的介绍。应该指出，高频功放中，放大器件可采用高频功率管、VMOS 管或电子管(如金属陶瓷管、磁控管等)，其中电子管常用于输出功率为1 kW以上的放大器。由于篇幅所限，本章只讨论高频功率管构成的高频功放。此外，谐振功放的谐振网络负载，由于工作频段的不同，可采用 LC 调谐回路、双线谐振回路、同轴线谐振回路和腔体谐振回路等，本章只讨论以 LC 调谐回路为负载的谐振功放。

2.1.2 谐振功率放大器的特点

显然，谐振功放与低频功放、小信号谐振放大器都有着某些相似之处，但也有一些不同于它们的特点。

作为功率放大器，谐振功放与低频功放都要求输出功率大、效率高，因此它们的主要性能指标都是输出功率 P_o、效率 η($\eta=P_o/P_V$，其中 $P_o=P_V-P_T$，P_V 为直流电源供给的功率，P_T 为管耗）和功率增益 A_p（$A_p=P_o/P_i$）。但是，它们的工作频率和相对频带相差很大，负载性质和工作状态也不同。低频功放的工作频率约为20 Hz～20 kHz，可见其工作频率低，相对频带很宽，因此不能采用谐振网络作为负载，而只能采用电阻、变压器等非谐振负载，且常工作于乙类或甲乙类状态。谐振功放的工作频率高（从几百千赫到几百兆赫，甚至更高），相对频带却很窄（如调幅广播电台的相对频带为 10^{-2}～10^{-3} 数量级），因此一般采用谐振网络作为负载，且常工作于丙类或乙类（甚至丁类）状态。

谐振功放和小信号谐振放大器都是高频放大器，且负载均为谐振网络。但是，由于它们放大信号的大小不同，所以存在着较大的差别。小信号谐振放大器属于小信号放大器，它用来不失真地放大微弱的高频信号，同时抑制干扰信号，因此主要考虑的性能指标是电压放大倍数、选择性和通频带，而对输出功率和效率一般不予考虑。显然，这种放大器工作在甲类状态，其谐振网络负载的作用是抑制干扰信号。谐振功放是大信号放大器，它主要考虑的是输出功率要大、效率要高，因此这种放大器常工作在丙类（或乙类、丁类）状态，其谐振网络负载的作用是从失真的集电极电流脉冲中选出基波、滤除谐波，从而得到不失真的输出电压。

2.2 谐振功率放大器的工作原理

2.2.1 丙类谐振功率放大器

1）电路及其工作原理

丙类谐振功放的原理电路如图 2.1 所示。图中，L_1C_1 和 L_2C_2 分别为放大器的输入和输出的并联谐振回路，且均调谐在工作频率 ω_c 上；C_b 和 C_c 均为高频旁路电容；R_L 为负载（实际上负载一般是阻抗性的，例如天线）；V_{CC}为集电极直流电源电压，V_{BB}为基极电源电压。为了使放大器工作在丙类状态，应使 V_{BB}小于管子的开启电压 U_{on}，即 $V_{BB}<U_{on}$；而为了保证放大器可靠地工作在丙类状态，常取 $V_{BB}\leqslant 0$，即 V_{BB}为负电源或不加基极电源。显然，静态时三极管处于截止状态。

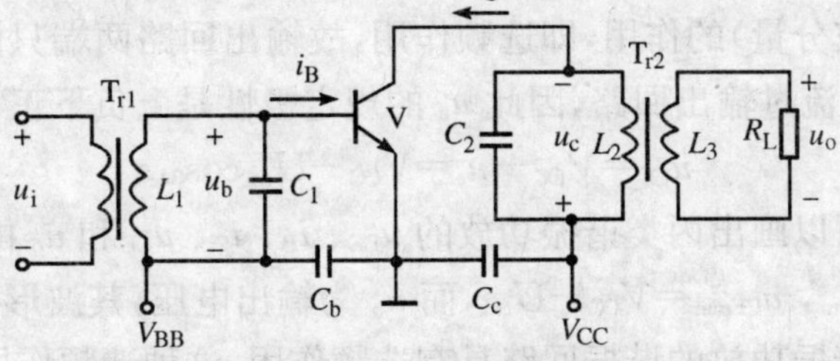

图 2.1 谐振功率放大器的原理电路

在输入电压作用下，若基极输入为余弦电压，即 $u_b=U_{bm}\cos\omega_c t$，则加在三极管发射结的两端电压

$$u_{BE}=V_{BB}+u_b=V_{BB}+U_{bm}\cos\omega_c t \tag{2-1}$$

若忽略 u_{CE}对 i_B 的反作用，则由管子的输入特性可以得到它的基极电流 i_B，如图 2.2 所示。由于放大器工作在丙类状态，故管子只在小半个周期内导通，而在大半个周期内截止，则导通角 $2\theta<180°$，或 $\theta<90°$。θ 称为**半导通角**，显然 i_B 近似为余弦脉冲波形。由于 $\omega_c t=\theta$

时，i_C 刚好为零，或 u_{BE} 等于 U_{on}，故 $V_{BB}+U_{bm}\cos\theta\approx U_{on}$，则

$$\cos\theta\approx\frac{U_{on}-V_{BB}}{U_{bm}} \tag{2-2}$$

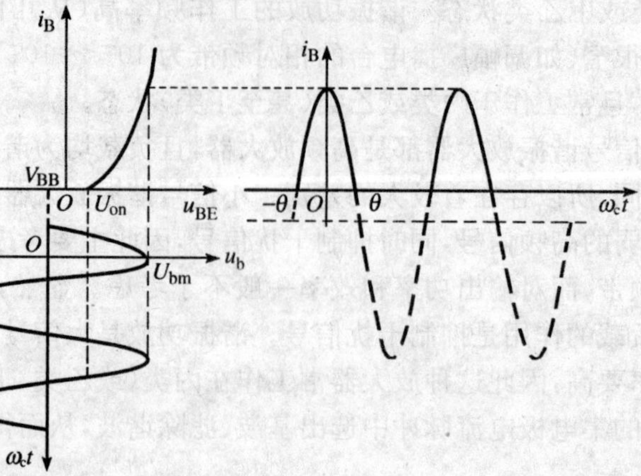

图 2.2　丙类谐振功放的基极电压 u_b 和基极电流 i_B 的波形

当管子导通时，它由截止区进入放大区，于是有集电极电流 i_C 流过。若忽略 u_{CE} 对 i_C 的反作用以及管子结电容的影响（只要工作频率 $f_c<0.5f_\beta$），则 i_C 的波形与 i_B 相似，也是余弦脉冲。根据傅立叶级数的理论，周期性的集电极余弦电流脉冲可分解为

$$i_C=I_{C0}+i_{c1}+i_{c2}+\cdots=I_{C0}+I_{cm1}\cos\omega_c t+I_{cm2}\cos2\omega_c t+\cdots \tag{2-3}$$

式中，I_{C0} 为 i_C 的直流分量，I_{cm1}、I_{cm2}…分别为其基波分量和高次谐波分量的振幅。

由于输出回路谐振于 ω_c，则回路对基波电流呈现很大的纯电阻性阻抗 R（R 中已考虑了 R_L 的影响），而对直流和谐波电流呈现的阻抗很小，可近似看成短路。因此，i_C 的各种成分中，只有基波分量才能在回路两端产生压降，其值为

$$u_c=RI_{cm1}\cos\omega_c t=U_{cm}\cos\omega_c t \tag{2-4}$$

式中，$U_{cm}=I_{cm1}R$ 为输出回路两端（基波）电压的振幅。可见，谐振回路具有从众多电流分量中选取有用分量（基波分量）的作用，即选频作用，故输出回路两端只能建立起基波电压 u_c。由于 i_C 是自下而上地流过输出回路，因此 u_c 的规定极性是上负下正，如图 2.1 所示，则

$$u_{CE}=V_{CC}-u_c=V_{CC}-U_{cm}\cos\omega_c t \tag{2-5}$$

根据上述分析，可以画出丙类谐振功放的 u_{BE}、i_B、i_C、u_{CE} 和 u_o 的波形，如图 2.3 所示。图中，$u_{CEmax}=V_{CC}+U_{cm}$，$u_{CEmin}=V_{CC}-U_{cm}$，而 u_o 为输出电压，其波形与 u_c 相似。

综上所述，丙类谐振功放的谐振回路具有选频作用，这种选频作用可将失真的集电极电流脉冲变换为不失真的输出电压。此外，谐振回路还具有匹配作用（见 2.4.2 节）。

2）集电极余弦电流脉冲的分解

对于图 2.3 所示幅度为 i_{Cmax}、宽度为 2θ 的集电极余弦电流脉冲 i_C，由于 $\omega_c t=0$ 时 $i_C=i_{Cmax}$，$\omega_c t=\theta$ 时 $i_C=0$，于是不难得到

$$i_C\approx i_{Cmax}\frac{\cos\omega_c t-\cos\theta}{1-\cos\theta}\quad(-\theta\leqslant\omega_c t\leqslant\theta) \tag{2-6}$$

根据傅立叶级数理论，有

$$
\left.\begin{aligned}
I_{C0} &= \frac{1}{2\pi}\int_{-\theta}^{\theta} i_C \mathrm{d}(\omega_c t) = i_{Cmax}\alpha_0(\theta) \\
I_{cm1} &= \frac{1}{\pi}\int_{-\theta}^{\theta} i_C \cos\omega_c t \mathrm{d}(\omega_c t) = i_{Cmax}\alpha_1(\theta) \\
I_{cmn} &= \frac{1}{\pi}\int_{-\theta}^{\theta} i_C \cos n\omega_c t \mathrm{d}(\omega_c t) = i_{Cmax}\alpha_n(\theta)
\end{aligned}\right\} \tag{2-7}
$$

式中，$\alpha_0(\theta)$、$\alpha_1(\theta)$和$\alpha_n(\theta)$分别称为**直流分解系数**、**基波分量分解系数**和 **n 次谐波分量分解系数**。$\alpha_0(\theta)$、$\alpha_1(\theta)$和$\alpha_n(\theta)$可由积分求出，也可由它们随θ变化的曲线来查出，如图 2.4 所示。

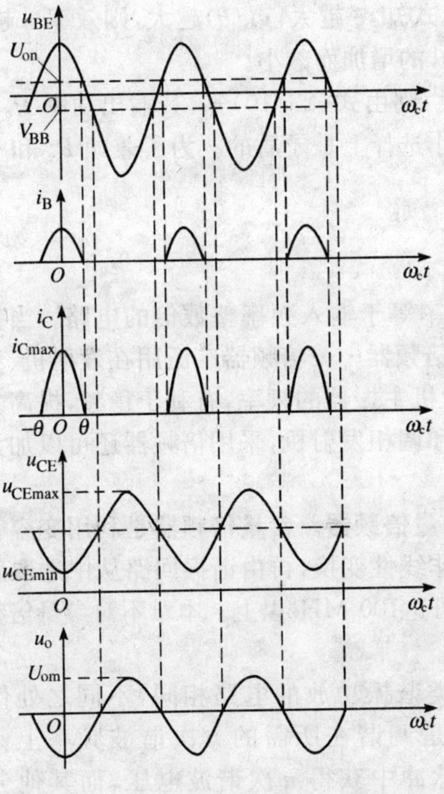

图 2.3 丙类谐振功放的电压和电流波形

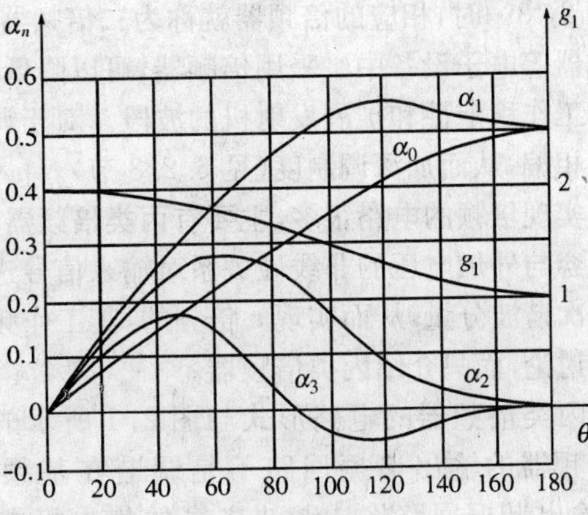

图 2.4 余弦脉冲的分解系数

由图 2.4 可以看出：

(1) 谐波分量的次数越高，其振幅越小。

(2) 对于某次谐波，存在一相应的θ，使得$\alpha_n(\theta)$取得最大值，该$\theta\approx120^\circ/n$，其相应最大值约为$\alpha_1(120^\circ)/n$。例如，对于基波($n=1$)，$\theta\approx120^\circ$时，出现最大值$\alpha_1(120^\circ)\approx0.536$；对于二次谐波($n=2$)，$\theta\approx120^\circ/2=60^\circ$时，出现最大值$\alpha_2(60^\circ)\approx0.276$。

(3) 对于$\theta<90^\circ$的丙类谐振功放，其$\alpha_0(\theta)$和$\alpha_1(\theta)$均随θ的增加而增大。而

$$
g_1(\theta)=\frac{I_{cm1}}{I_{C0}}=\frac{i_{Cmax}\alpha_1(\theta)}{i_{Cmax}\alpha_0(\theta)}=\frac{\alpha_1(\theta)}{\alpha_0(\theta)} \tag{2-8}
$$

称为**集电极电流利用系数**或**波形系数**。图 2.4 中还画出了$g_1(\theta)$随θ的变化曲线，显然$g_1(\theta)$随着θ的增加而减小。

3）功率关系

由式(2－3)、(2－4)和式(2－7)，可得到丙类谐振功放的直流电源 V_{CC} 所供给的直流功率和输出功率分别为

$$P_V = V_{CC} I_{C0} \tag{2-9}$$

$$P_o = \frac{1}{2} U_{cm} I_{cm1} = \frac{1}{2} I_{cm1}^2 R = \frac{U_{cm}^2}{2R} = \frac{1}{2} i_{Cmax}^2 R \alpha_1^2(\theta) \tag{2-10}$$

式中，$R = U_{cm}/I_{cm1}$ 为集电极回路的谐振电阻。于是效率

$$\eta = \frac{P_o}{P_V} = \frac{1}{2}\frac{U_{cm} I_{cm1}}{V_{CC} I_{C0}} = \frac{1}{2}\xi g_1(\theta) \tag{2-11}$$

式中，$\xi = U_{cm}/V_{CC}$ 称为**集电极电压利用系数**。由上式知，ξ 越大，$g_1(\theta)$ 越大，则效率 η 越高。由于 $g_1(\theta)$ 随着 θ 的增加而减小，因此效率 η 随着 θ 的增加而减小。

由于丙类谐振功放的 $\alpha_1(\theta)$ 随 θ 的增加而增大，则由式(2－10)知，其输出功率 P_o 随 θ 的增加而增大。因此，增大 P_o 和提高 η 在 θ 的大小选择上是矛盾的。为了兼顾 P_o 和 η，一般可选择 θ 为 60°～80°，此时 η 约为 80%左右。

2.2.2　倍频器

倍频器(Frequency Multiplier)是一种输出频率等于输入频率整数倍的电路。当整数倍为 2，3…时，相应的倍频器就称为二倍频器、三倍频器……倍频器广泛用在发射机、频率合成器等电子设备中。采用倍频器，可以降低发射机主振器的频率，有利于稳频，提高发射机的工作稳定性和扩展发射机的波段。对于调频和调相发射机，采用倍频器还可以加大频偏和相偏，从而加深调制度(见 6.2.3 节)。

实现倍频的电路很多，主要有**丙类倍频器**和**参量倍频器**。参量倍频器是利用变容管的结电容与外加电压的非线性关系对输入信号进行非线性变换，再由谐振回路从中选取所需的 n 次谐波分量，从而实现 n 倍频的，其工作频率可达100 MHz以上。本章不对参量倍频器进行讨论，而只介绍丙类倍频器。

丙类倍频器的电路形式与图 2.1 所示的丙类谐振功放的电路相同，不同之处仅在于倍频器的输出谐振回路不是调谐在基频，而是调谐在所需的 n 次谐波频率上。于是，输出谐振回路将从谐波丰富的集电极电流脉冲中获得 n 次谐波电压，而其他分量产生的电压均可忽略。因此，在负载上得到频率为输入信号频率 n 倍的输出信号，即实现了 n 倍频。

一个实际的丙类倍频器，其倍频次数 n 不能很高(常用二倍频或三倍频)，其主要原因有两个：第一，集电极电流脉冲中的谐波分量幅度总是随着 n 的增大而迅速减小，故倍频次数太高，倍频器的输出功率和效率就会太低；第二，倍频器的输出谐振回路需滤除高于 n 和低于 n 的各次分量，而低于 n 的谐波分量(包括 $n=1$ 的基波分量)幅度比有用的 n 次谐波分量幅度大，不易滤除，因此，倍频次数越高，由于对输出谐振回路的滤波特性要求也越高而不易实现。由于上述的原因，丙类倍频器的工作频率一般不超过几十兆赫。

在实际的丙类倍频器电路中，输出回路常采用多个串并联谐振回路构成的高选择性带通滤波器，或者采用推挽倍频器电路，以滤除不需要的谐波分量。由于篇幅所限，这里不作深入的讨论。

2.2.3 丁类谐振功率放大器

丙类谐振功放是依靠减小管子的导通时间(或半导通角 θ)来提高效率的。但是,此时集电极电流脉冲的幅度将减小,其基波分量振幅 I_{cm1} 也减小,导致放大器的输出功率减小。为了维持 I_{cm1} 不变,必须加大激励电压(即增大 U_{bm}),这又可能因激励电压过大,而引起管子发射结的反向击穿。解决上述矛盾的办法是采用丁类谐振功放。在丁类谐振功放中,功率管工作于开关状态,由于饱和导通时管子的管压降很小(虽然其电流很大),而截止时管子的电流接近于零(虽然其管压降很大),因此管耗很小,效率大大提高(理想情况下为100%,一般可达到90%以上)。显然,丁类谐振功放的 $\theta=90°$。

丁类谐振功放的电路有两种类型:电流开关型和电压开关型。下面仅对电压开关型丁类谐振功放作一简单介绍。

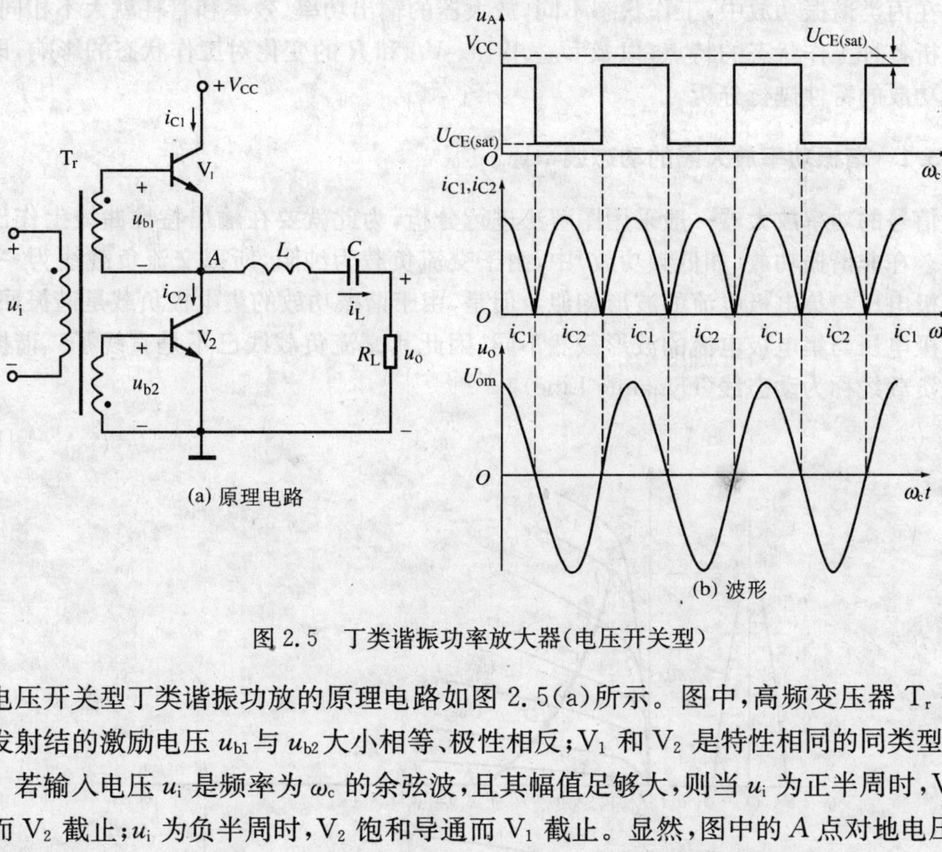

图 2.5 丁类谐振功率放大器(电压开关型)

电压开关型丁类谐振功放的原理电路如图 2.5(a)所示。图中,高频变压器 T_r 使加到两管发射结的激励电压 u_{b1} 与 u_{b2} 大小相等、极性相反;V_1 和 V_2 是特性相同的同类型高频功率管。若输入电压 u_i 是频率为 ω_c 的余弦波,且其幅值足够大,则当 u_i 为正半周时,V_1 饱和导通而 V_2 截止;u_i 为负半周时,V_2 饱和导通而 V_1 截止。显然,图中的 A 点对地电压 u_A 在 u_i 正半周时为($V_{CC}-U_{CE(sat)}$),在 u_i 负半周时为 $U_{CE(sat)}$,则 u_A 为幅度等于($V_{CC}-2U_{CE(sat)}$)的方波电压,如图 2.5(b)所示。该电压加到由 L、C 和 R_L 组成的串联谐振回路上,若谐振回路调谐在 ω_c 上,且其 Q 值足够高(即选频作用好),则回路对基波分量呈现很小的纯电阻性阻抗(约等于 R_L),而对其他频率分量呈现的阻抗很大,可近似看成开路。因此,u_A 中只有基波分量才能顺利通过 L、C,成为输出电压 u_o,即 u_o 是频率为 ω_c 的不失真的余弦波。显然,通过回路的电流 i_L 也是频率为 ω_c 的余弦波。

由图 2.5(a)知,$i_L=i_{C1}-i_{C2}$。当 u_i 为正半周时,$i_{C2}=0$,$i_L=i_{C1}$;当 u_i 为负半周时,

$i_{C1}=0$，$i_L=-i_{C2}$。根据上述分析，可画出有关电压和电流的波形，如图 2.5(b)所示。

2.3 丙类谐振功率放大器的性能分析

在基极输入的余弦电压 u_b 的作用下，丙类谐振功放中的放大管将经历不同的工作区域，因此放大器将工作在不同的状态。由式(2-1)知，当基极输入电压的瞬时值 u_b 不太大时，$u_{BE} \leqslant U_{on}$，管子将截止；当 u_b 变大使 $u_{BE} > U_{on}$ 时，管子将导通。如果 u_b 的振幅 U_{bm} 不很大，则管子导通时均处于放大区，于是称丙类放大器工作于**欠压**(Undervoltage)状态；如果 U_{bm} 很大，则管子导通时将从放大区进入饱和区，于是称丙类放大器工作在**过压**(Overvoltage)状态；如果 U_{bm} 的大小恰好使管子导通时从放大区进入临界饱和，则称丙类放大器工作在**临界**(Critical)状态。实际上，丙类放大器的工作状态不但与 U_{bm} 有关，还与 V_{CC}、V_{BB} 和 R 有关。在丙类谐振功放中，工作状态不同，放大器的输出功率、效率和管耗就大不相同，因此必须分析各种工作状态的特点，以及 U_{bm}、V_{CC}、V_{BB} 和 R 的变化对工作状态的影响，即对丙类谐振功放的特性进行分析。

2.3.1 谐振功率放大器的动态线

大信号的功率放大器一般采用图解法进行分析，为此就要在输出特性曲线上作出交流负载线。在非谐振功放(如低频功放)中，由于交流负载为纯阻，所以交流负载线为一直线，且集电极电压与集电极电流的波形相似。但是，由于谐振功放的集电极负载是谐振回路，且其集电极电压与集电极电流的波形截然不同，因此其交流负载线已不是直线了。谐振功放的交流负载线称为**动态线**(Dynamic Line)。

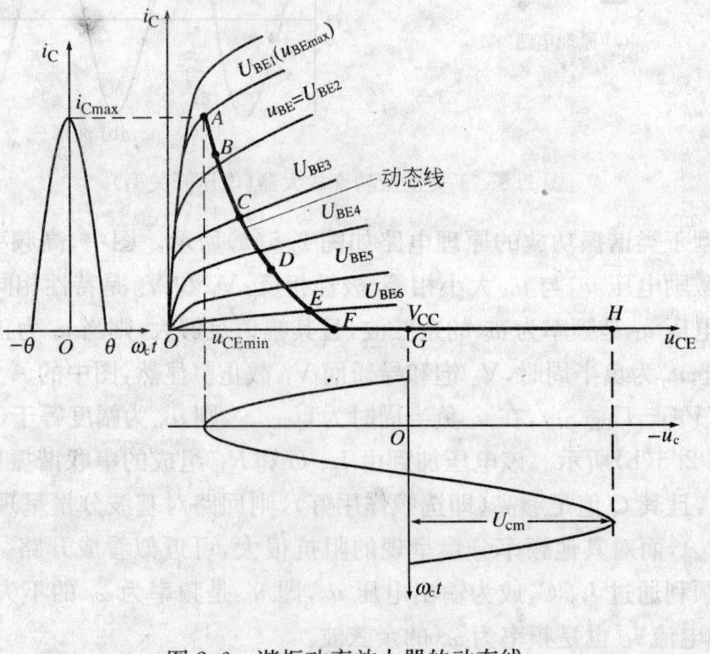

图 2.6　谐振功率放大器的动态线

如果高频功率管的工作频率较低($f_c<0.5f_\beta$),则可忽略管子结电容等的影响,于是管子的特性可用其静态特性曲线来表示①。为了作图的方便,三极管的输出特性曲线中的参变量由 i_B 改为 u_{BE}(根据输入特性曲线上 i_B 与 u_{BE} 的关系,可将 i_B 转换为 u_{BE}),如图 2.6 所示。在 V_{BB}、U_{bm}、V_{CC} 和 U_{cm} 已确定的情况下,可在 $i_C \sim u_{CE}$ 平面上作出图 2.6 所示的动态线②。

由图 2.6 可知,动态线未进入饱和区,故此时放大器工作在欠压状态。根据动态线可画出集电极余弦电流脉冲 i_C 和集电极回路电压的负值 $-u_c$(因 $u_{ce}=-u_c$)的波形,如图 2.6 所示。图中,i_C 的脉冲幅度为 i_{Cmax}(对应于 $\omega_c t=0°$),宽度为 2θ;$U_{cm}=V_{CC}-u_{CEmin}$。不难理解,动态线、放大器的工作状态与 V_{BB}、U_{bm}、V_{CC} 和 U_{cm} 的大小有关。

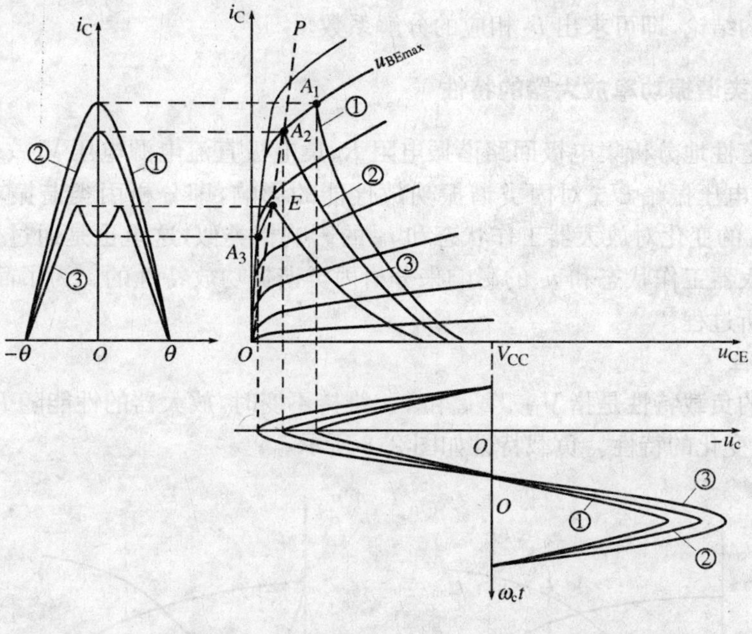

图 2.7 改变 U_{cm} 对谐振功放的动态线和工作状态的影响

如果保持 V_{BB}、V_{CC} 和 U_{bm} 不变,则改变 U_{cm}(实际上是改变 R)对谐振功放的动态线和工作状态的影响如图 2.7 所示,其中 OP 为临界饱和线(满足 $u_{CE}=u_{BE}$)。由式(2-2)知,此时 θ 不变,即 i_C 的脉冲宽度不变,$u_{BEmax}=V_{BB}+U_{bm}$ 也不变,而 $u_{CEmin}=V_{CC}-U_{cm}$ 却随 U_{cm} 的增大而减小。因此,当 U_{cm} 较小时,由于 u_{CEmin} 较大,则动态点 A_1(对应于 u_{BEmax} 与 u_{CEmin})位于放大区,放大器就工作于欠压状态,动态线为图中曲线①,i_C 为余弦脉冲;当 U_{cm} 增大时,动态点 A 将沿 u_{BEmax} 那条输出特性曲线向左移动,在 U_{cm} 为某一值时落在临界饱和线 OP 上(图中 A_2 点),此时放大器工作在临界状态,动态线为图中曲线②,i_C 仍为余弦脉冲,不过其幅度略

---

① 当 $f_c>0.5f_\beta$ 时,高频功率管的特性不能仅由静态特性来表示,还要考虑基区非平衡少子渡越时间的影响、$r_{bb'}$ 和 $U_{CE(sat)}$ 的影响及引线电感的影响。详见有关参考文献。

② 根据假定的 $\omega_c t$ 由式(2-1)和式(2-5)确定输出特性曲线上的各个"动态点",然后连接各动态点便成为动态线。例如,图中动态点 A 对应 $\omega_c t=0°$,其 $u_{BE}=U_{BE1}=V_{BB}+U_{bm}=u_{BEmax}$,$u_{CE}=V_{CC}-U_{cm}=u_{CEmin}$;动态点 F 对应 $\omega_c t=\theta<90°$(θ 由式(2-2)求出),其 $u_{CE}=V_{CC}-U_{cm}\cos\theta$,$i_C=0$(刚截止);动态点 G 对应 $\omega_c t=90°$,其 $u_{CE}=V_{CC}$,$i_C=0$(截止);动态点 H 对应 $\omega_c t=180°$,其 $u_{CE}=V_{CC}+U_{cm}$,$i_C=0$。

比欠压时小；当 U_{cm} 继续增大时，动态点 A 进入饱和区（图中 A_3 点），此时放大器工作在过压状态，动态线为图中曲线③，它在 E 点转折，i_C 为顶部下凹的余弦脉冲，且幅度减小。在过压状态下，由于放大管的集电极负载为谐振回路，在 $\omega_c t=0°$ 附近进入饱和区，此时 u_{CE} 很小，i_C 随 u_{CE} 的下降迅速减小，因此谐振功放的 i_C 出现下凹（而不像低频功放中被削平）。

总之，在 V_{BB}、V_{CC} 和 U_{bm} 不变的条件下，随着 U_{cm} 的增大，谐振功放的工作状态由欠压向临界、过压状态变化。在欠压-临界状态，i_C 为余弦脉冲，随着 U_{cm} 的增大，i_C 的宽度不变而幅度略有减小；在过压状态下，i_C 为顶部下凹的余弦脉冲，随着 U_{cm} 的增大，i_C 的宽度不变而下凹加深，且幅度减小。图 2.7 还画出了三种状态下 $-u_c$ 的波形。

对于过压状态下出现的顶部下凹余弦脉冲 i_C，可先把它分解为三个余弦脉冲的叠加，再利用 2.2.1 节的结论，即可求出 i_C 相应的分解系数。

2.3.2 丙类谐振功率放大器的特性

下面我们定性地分析集电极回路谐振电阻 R、集电极直流电源电压 V_{CC}、基极电源电压 V_{BB} 和基极激励电压振幅 U_{bm} 对丙类谐振功放性能的影响，即分析丙类谐振功放的各种特性。与分析 U_{cm} 的变化对放大器工作状态和 i_C 的影响相类似，这里也是通过分析某一物理量的变化对放大器工作状态和 i_C 的影响来分析丙类谐振功放特性的。为了简单起见，不再介绍具体的分析过程。

1）负载特性

谐振功放的**负载特性**是指 V_{BB}、U_{bm} 和 V_{CC} 维持不变时，放大器的性能随 R（谐振时放大器的负载电阻）变化的特性。负载特性如图 2.8 所示。

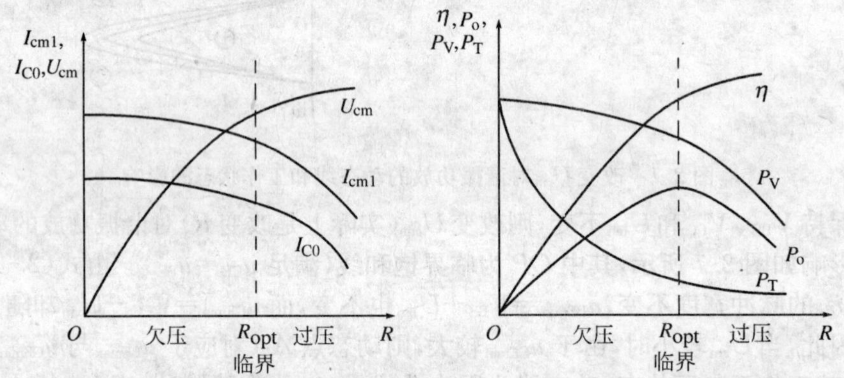

(a) R 对 I_{C0}、I_{cm1} 和 U_{cm} 的影响　　(b) R 对 P_V、P_o、P_T 和 η 的影响

图 2.8　负载特性

由图 2.8 可见，当 R 由小增大时，放大器将历经欠压、临界和过压三种工作状态（图中的 R_{opt} 为临界状态时的 R 值）。在欠压区，随着 R 的增大，I_{C0} 与 I_{cm1} 略有减小，U_{cm} 和 P_o 近似地成线性增大，P_V 略有下降，η 增大，P_T 减小。在过压区，随着 R 的增大，I_{C0} 和 I_{cm1} 迅速减小，U_{cm} 却略有增大，P_V 也迅速减小，P_o 减小（它比 P_V 减小得较慢），η 略有增大，P_T 略有减小。

显然，当 $R=R_{opt}$，即放大器处于临界状态时，P_o 达到最大值，η 也较大，故临界状态为谐振功放的最佳工作状态，与之相应的 R_{opt} 称为谐振功放的**最佳负载或匹配负载**。欠压状态的 P_o 与 η 都较小，而 P_T 大，因此除个别场合外，一般很少采用。不难理解，为了保证功率管的安全，在调试谐振功放时应避免其工作在强欠压状态。

2）调制特性

谐振功放的调制特性有集电极调制特性和基极调制特性两种。

(1) 集电极调制特性

集电极调制特性是指 U_{bm}、R 和 V_{BB} 维持不变时，谐振功放的性能随 V_{CC} 变化的特性。集电极调制特性如图 2.9 所示。

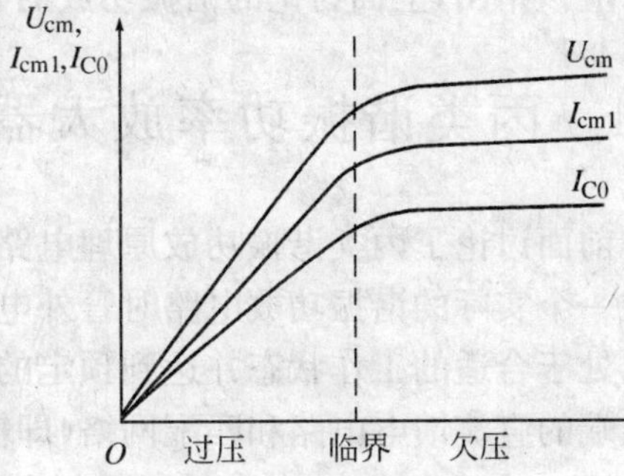

图 2.9　集电极调制特性

由图 2.9 可见，当 V_{CC} 由小增大时，放大器将历经过压、临界和欠压三种工作状态。当 V_{CC} 很小时，放大器工作在强过压区，i_C 下凹很深且幅度很小，故 I_{C0}、I_{cm1} 和 U_{cm} 均很小；随着 V_{CC} 的增大，放大器逐渐靠近临界状态，I_{C0}、I_{cm1} 和 U_{cm} 迅速增大；在欠压区，随着 V_{CC} 的增大，I_{C0}、I_{cm1} 和 U_{cm} 只略有增大。因此，工作在过压区的谐振功放，V_{CC} 的变化可以有效地控制集电极回路电压振幅 U_{cm}（或输出电压振幅 U_{om}）的变化，这就是集电极调幅的原理，将在第 5 章中讨论。

(2) 基极调制特性

基极调制特性是指 U_{bm}、R 和 V_{CC} 维持不变时，谐振功放的性能随 V_{BB} 变化的特性。基极调制特性如图 2.10 所示。

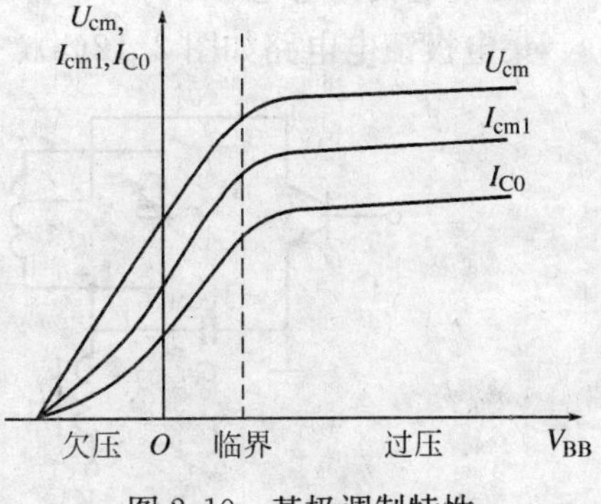

图 2.10　基极调制特性

由图 2.10 可见，当 V_{BB} 由小（可以是负电压）增大时，放大器将历经欠压、临界和过压三种工作状态。在欠压区，随着 V_{BB} 的增大，I_{C0}、I_{cm1} 和 U_{cm} 迅速增大；在过压区，随着 V_{BB} 的增大，I_{C0}、I_{cm1} 和 U_{cm} 只略有增大。因此，工作在欠压区的谐振功放，V_{BB} 的变化可以有效地控制集电极回路电压振幅 U_{cm}（或输出电压振幅 U_{om}）的变化，这就是基极调幅的原理，也将在第 5 章中讨论。

3）放大特性

谐振功放的**放大特性**是指 V_{BB}、V_{CC} 和 R 维持不变时，放大器的性能随 U_{bm} 变化的特性。在 V_{CC} 和 R 为定值时，固定 V_{BB}、增大 U_{bm} 与固定 U_{bm}、增大 V_{BB} 的情况类似，因此放大特性与基极调制特性十分相似，如图 2.11 所示。

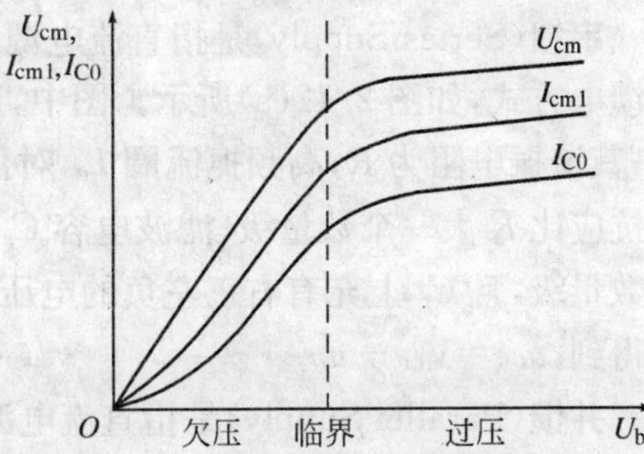

图 2.11　放大特性

由图 2.11 可见，当谐振功放作为线性功率放大器，用来放大振幅按调制信号规律变化的调幅信号时，必须使 U_{bm} 变化时 U_{cm} 有较大的变化，因此放大器必须工作在欠压区。但是，由于丙类工作时放大特性的非线性，放大器将产生失真，为此，除采用负反馈等措施外，还普遍采用乙类工作的推挽电路，使放大特性接近线性，这就是乙类线性功率放大器。

由图 2.11 还可看到，在过压区，U_{bm}变化时 U_{cm} 却近似不变，这时电路起振幅限幅的作用，即可把振幅在较大范围内变化的输入信号 u_b 变换为振幅恒定的输出信号 u_c（或 u_o），故工作在过压区的谐振功放就成了**振幅限幅器**（Amplitude Limiter）。

应该指出，上面讨论的谐振功放的各种特性，可用于指导工程设计和实验调整。

2.4 丙类谐振功率放大器电路

前面讨论了丙类谐振功放原理电路的基本工作原理、工作状态和各种特性，本节将研究组成一个实际的谐振功放电路时管外电路的形式以及管子与管外电路的连接等，以保证放大器处于合适的工作状态并达到预定的性能指标。丙类谐振功放的管外电路包括输入端和输出端的直流馈电电路和匹配网络（即耦合电路），下面分别加以介绍。

2.4.1 直流馈电电路

直流馈电电路（Supply Circuits）是指把直流电源馈送到晶体管各极的电路，它包括集电极馈电电路和基极馈电电路两部分。无论是哪一部分的馈电电路，都有串联馈电（简称"串馈"）和并联馈电（简称"并馈"）两种方式。

1）集电极馈电电路

集电极馈电电路如图 2.12(a)、(b)所示，其中图(a)为串馈，图(b)为并馈。

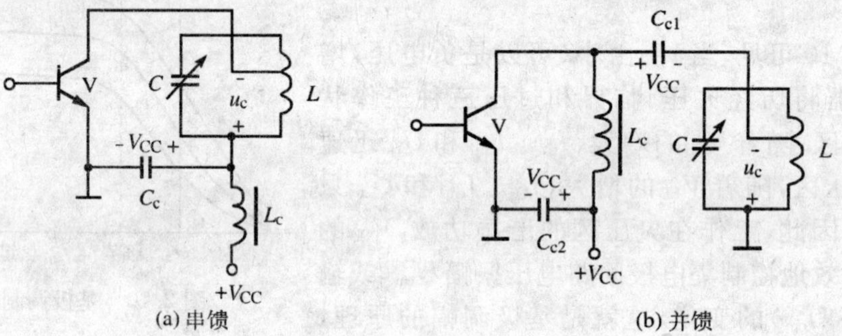

图 2.12 集电极馈电电路

串馈（Series Supply）是指直流电源、匹配网络（谐振回路）和功率管三者串联连接的一种馈电方式，如图 2.12(a)所示。图中，谐振于信号频率的并联谐振回路 LC 作为集电极负载，其谐振电阻为 R；高频扼流圈 L_c 对信号频率（即 i_C 的基波分量）相当于开路，实际上其感抗应比 R 大一个数量级；滤波电容 C_c 对信号频率相当于短路，实际上其容抗应比 R 小一个数量级，且 C_c 上充有右正左负的电压 V_{CC}。L_c、C_c 构成电源滤波电路。由图 2.12(a)可以得到，$u_{CE}=V_{CC}-u_c$。

并馈（Parallel Supply）是指直流电源、匹配网络（谐振回路）和功率管三者并联连接的一种馈电方式，如图 2.12(b)所示。图中，并联谐振回路 LC、高频扼流圈 L_c 和滤波电容 C_{c2} 的选择原则与串馈电路相同；C_{c1}为隔直电容，它对直流开路，而对信号频率短路。由于C_{c1}上充有左正右负的电压V_{CC}，故由图 2.12(b)同样可以得到，$u_{CE}=V_{CC}-u_c$。

由图 2.12 可以看出，无论是串馈还是并馈电路，它们的直流通路完全相同，V_{CC}都全部加到集电极上(馈电电路对i_C的直流分量相当于短路)；它们对i_C的基波分量都等效为回路的谐振电阻R，它们对i_C的谐波分量都相当于短路；它们的直流电源的一端都接地，以克服电源对地分布电容的影响；它们都满足$u_{CE}=V_{CC}-u_c$的关系式。二者的不同仅在于匹配网络(谐振回路)的接入方式。串馈电路的谐振回路处于直流高电位，可变电容的动片不能直接接地；并馈电路的谐振回路处于直流地电位，可变电容的动片可以直接接地，因此在电路板上安装时就比串馈电路方便。但是并馈电路的L_c和C_{c1}处于高频高电位，它们的分布电容将影响回路的调谐，这一点上不如串馈电路。

2) 基极馈电电路

基极馈电电路也有串馈与并馈两种方式，如图 2.13 所示。图 2.13(a)为串馈电路，其直流馈电电路与输入信号源串联连接；图 2.13(b)为并馈电路，其直流馈电电路与输入信号源并联连接。为了保证谐振功放工作于丙类状态，晶体管基极可加小于开启电压U_{on}的正偏压或加负偏压($V_{BB}<U_{on}$)。前者可采用分压式偏置电路，它可以增加放大器的输出功率，但温度稳定性较差；后者则由于温度稳定性较好而被广泛采用。图 2.13(a)串馈电路中，C_b为滤波电容；图 2.13(b)并馈电路中，L_b为高频扼流圈，C_{b1}为隔直电容，C_{b2}为滤波电容。

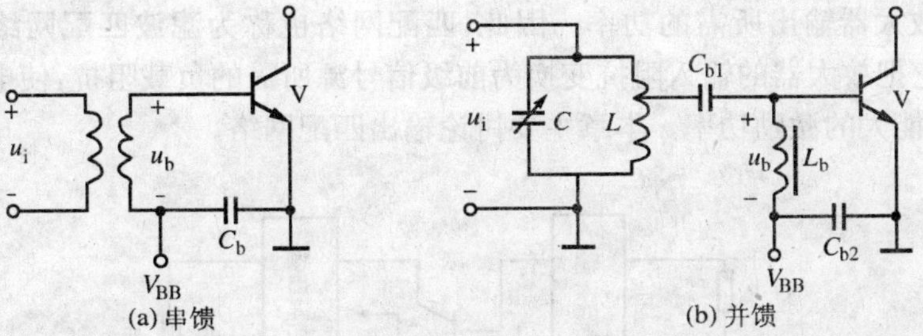

图 2.13 基极馈电电路

由于图 2.13 电路中采用一个独立电源实现偏置，很不方便，因此在负偏置的丙类谐振功放中，一般采用图 2.14 所示的**基极自偏压电路**(又称**自给偏置电路**)。图(a)是利用i_B的直流分量I_{B0}在R_b上产生所需的负偏压，并通过高频扼流圈L_b加到基极上，使$U_{BE}=-I_{B0}R_b$；图(b)是利用i_E的直流分量I_{E0}在R_e上产生所需的负偏压，并通过高频扼流圈L_b加到基极上，使$U_{BE}=-I_{E0}R_e$；图(c)则是利用i_B的直流分量I_{B0}在高频扼流圈L_b的固有直流电阻上产生很小的电压作为负偏压。

应当注意，图 2.14 电路的静态(指未加输入信号)偏置电压与加上输入信号后的直流偏置电压是不同的。这三个电路的静态偏置电压均为零，但直流偏置电压却为不同的负电压。由于I_{B0}或I_{E0}均随输入信号振幅的大小而变化，因此，直流偏置电压也随输入信号振幅的大小而变化，这有利于稳定输出电压。

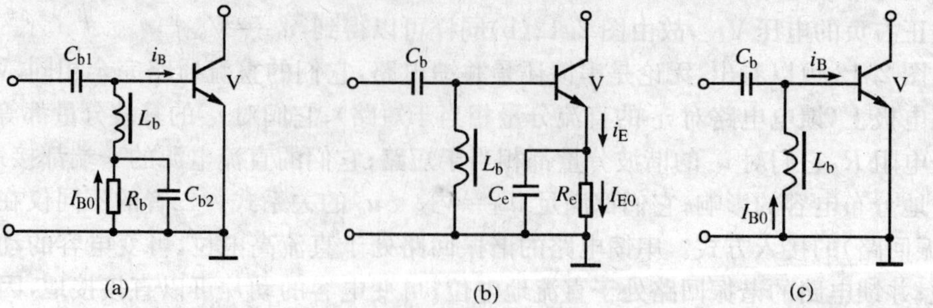

图 2.14　基极自偏压电路

2.4.2　匹配网络

在谐振功率放大器中，为了满足对它的输出功率和效率的要求，并有较高的功率增益，除正确选择放大器的工作状态外，还必须正确设计输入和输出匹配网络（Matched Network）。

输入和输出匹配网络在谐振功率放大器中的连接情况如图 2.15 所示。无论是输入匹配网络还是输出匹配网络，它们都具有传输有用信号的作用，故又称为耦合电路。对于输出匹配网络，要求它具有滤波和阻抗变换（匹配）功能，即滤除各次谐波分量，使负载上只有基波电压；将外接负载 R_L（或 Z_L）变换为谐振功放所要求的负载电阻 R（其中 R 常取最佳负载 R_{opt}），以保证放大器输出所需的功率。因此，匹配网络也称为**滤波匹配网络**。对于输入匹配网络，要求它把放大器的输入阻抗变换为前级信号源所需的负载阻抗，使电路能从前级信号源获得尽可能大的激励功率。本章主要讨论输出匹配网络。

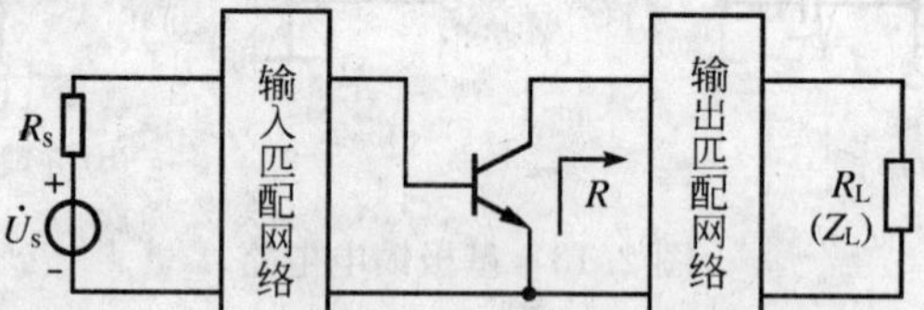

图 2.15　谐振功放的输入、输出匹配网络

应该指出，从功率管的集电极看去，匹配网络可等效为一并联谐振回路。可以证明，在回路的空载品质因数 Q_0 一定的情况下，若回路的有载品质因数 Q_e 越大，则回路的传输效率越低，但回路的滤波能力越好。因此，为了兼顾传输效率和滤波能力，Q_e 值不能很大，一般不超过 10。

在具体分析匹配网络之前，先介绍串并联阻抗的等效变换。

图 2.16(a)为电感、电阻串并联的等效变换，其中 L_p、R_p 为并联形式，L_s、R_s 为串联形式。要使这种变换是等效的，应使二者的两端导纳相等，即

$$\frac{1}{R_p}+\frac{1}{j\omega L_p}=\frac{1}{R_s+j\omega L_s}$$

由上式可得

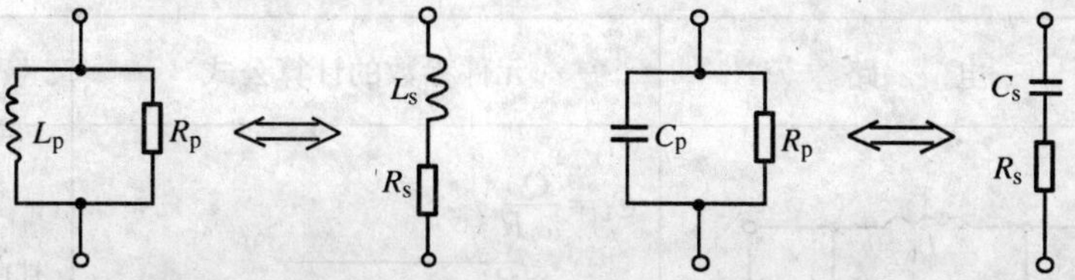

(a) 电感、电阻串并联的等效变换　　(b) 电容、电阻串并联的等效变换

图 2.16　串并联阻抗的等效变换

$$\left.\begin{aligned} R_p &= R_s(1+Q^2) \\ L_p &= L_s\left(1+\frac{1}{Q^2}\right) \end{aligned}\right\} \tag{2-12}$$

式中
$$Q=\frac{\omega L_s}{R_s}=\frac{R_p}{\omega L_p}$$

图 2.16(b)为电容、电阻串并联的等效变换，同理可求得

$$\left.\begin{aligned} R_p &= R_s(1+Q^2) \\ C_p &= \frac{C_s}{1+1/Q^2} \end{aligned}\right\} \tag{2-13}$$

式中
$$Q=\omega C_p R_p=\frac{1}{\omega C_s R_s}$$

运用串并联阻抗的等效变换公式，可导出各种匹配网络的阻抗变换特性。表 2-1 列出了常用匹配网络的计算公式，其中 ω_0 为回路的谐振频率，它等于输入信号频率 ω_c。为了简便起见，不再给出其推导过程。

表 2-1　常用匹配网络的电路和计算公式

匹配网络类型	电　路	元件参数的计算公式	附　注
L 型(Ⅰ)	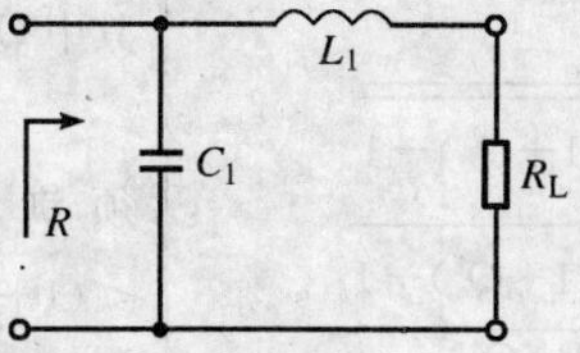	$L_1=\frac{\sqrt{R_L(R-R_L)}}{\omega_0}$ $C_1=\frac{\sqrt{(R-R_L)/R_L}}{\omega_0 R}$	适用于 $R\geqslant R_L$ 场合
L 型(Ⅱ)	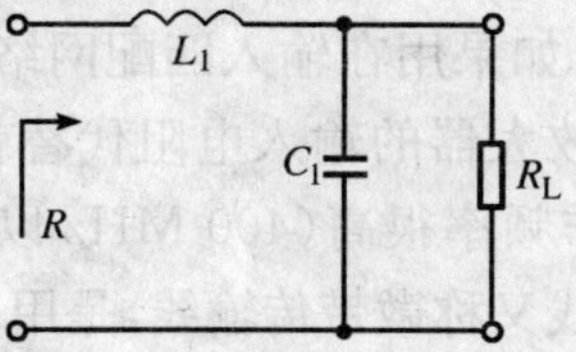	$L_1=\frac{\sqrt{R(R_L-R)}}{\omega_0}$ $C_1=\frac{\sqrt{(R_L-R)/R}}{\omega_0 R_L}$	适用于 $R\leqslant R_L$ 场合

续表 2-1

匹配网络类型	电路	元件参数的计算公式	附注
Ⅱ型(Ⅰ)	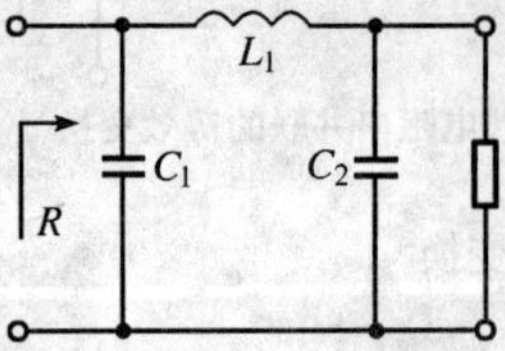 	$C_1=\frac{Q_e}{\omega_0 R}$ $C_2=\frac{\sqrt{\frac{R_L}{R}(1+Q_e^2)-1}}{\omega_0 R_L}$ $L_1=\frac{R\left[Q_e+\sqrt{\frac{R_L}{R}(1+Q_e^2)-1}\right]}{\omega_0(1+Q_e^2)}$	其中 $Q_e=\omega_0 RC_1$ 须满足$\frac{(1+Q_e^2)R_L}{R}>1$
Ⅱ型(Ⅱ)	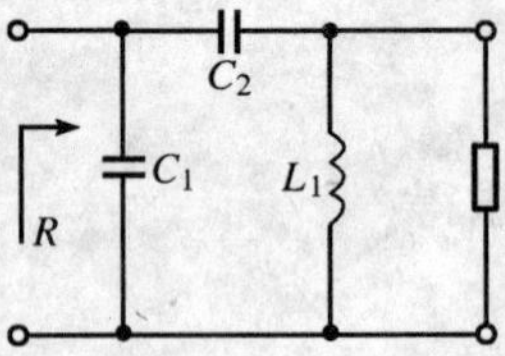 	$C_1=\frac{Q_e}{\omega_0 R}$ $C_2=\frac{1+Q_e^2}{\omega_0 R\left[\sqrt{\frac{R_L}{R}(1+Q_e^2)-1}-Q_e\right]}$ $L_1=\frac{R_L}{\omega_0\sqrt{\frac{R_L}{R}(1+Q_e^2)-1}}$	其中 $Q_e=\omega_0 RC_1$ 适用于 $R<R_L$ 场合
T型(Ⅰ)	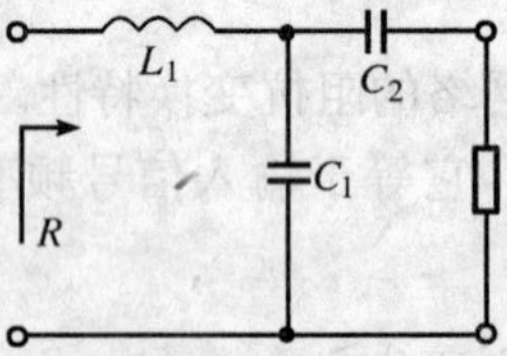 	$L_1=\frac{Q_e R}{\omega_0}$ $C_1=\frac{Q_e-\sqrt{\frac{R}{R_L}(1+Q_e^2)-1}}{\omega_0 R(1+Q_e^2)}$ $C_2=\frac{1}{\omega_0 R_L\sqrt{\frac{R}{R_L}(1+Q_e^2)-1}}$	其中 $Q_e=\frac{\omega_0 L_1}{R}$ 须满足$\frac{1}{1+Q_e^2}<\frac{R}{R_L}\leqslant 1$
T型(Ⅱ)	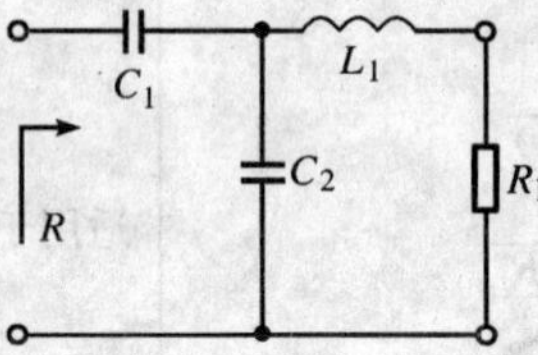 	$L_1=\frac{Q_e R_L}{\omega_0}$ $C_1=\frac{1}{\omega_0 R\sqrt{\frac{R_L}{R}(1+Q_e^2)-1}}$ $C_2=\frac{Q_e-\sqrt{\frac{R_L}{R}(1+Q_e^2)-1}}{\omega_0 R_L(1+Q_e^2)}$	其中 $Q_e=\frac{\omega_0 L_1}{R_L}$ 须满足 $1\leqslant\frac{R}{R_L}<(1+Q_e^2)$

上表各式都是针对输出匹配网络而推导出来的。如果用在输入匹配网络时,则只要把式中的 R、R_L 分别用前级信号源所需的负载电阻和放大器的输入电阻代替就行了。对于级间匹配网络,也可作类似的处理。应当指出,在工作频率很高(400 MHz 以上)的谐振功放中,需使用分布参数的**微带线**组成匹配网络。微带线又称微带传输线,是用介质材料把单根带状导体与接地金属板隔离而构成的,常采用双面敷铜板,在上面作出各种图形,构成电感、电容等各种微带元件,从而组成匹配网络。

[**例 2-1**] 有一输出功率为2 W的丙类谐振功放,采用Ⅱ型匹配网络(Ⅰ),其 $R_L=50\ \Omega$,$V_{CC}=24$ V,输入信号频率 $f_c=50$ MHz,$Q_e=10$。设 $u_{CEmin}\approx 0$,试求该匹配网络的元件值。

解 $U_{cm}=V_{CC}-u_{CEmin}\approx V_{CC}$，则由式(2－10)可得

$$R=\frac{U_{cm}^2}{2P_o}\approx\frac{V_{CC}^2}{2P_o}=\frac{24^2}{2\times2}=144\ (\Omega)$$

匹配网络的谐振频率 $\omega_0=\omega_c=2\pi f_c$，故由表 2－1 查出

$$C_1=\frac{Q_e}{\omega_0 R}=\frac{10}{2\times3.14\times50\times10^6\times144}\approx2.21\times10^{-10}(\mathrm{F})=221\ \mathrm{pF}$$

$$C_2=\frac{\sqrt{\frac{R_L}{R}(1+Q_e^2)-1}}{\omega_0 R_L}=\frac{\sqrt{\frac{50}{144}\times(1+10^2)-1}}{2\times3.14\times50\times10^6\times50}\approx3.72\times10^{-10}(\mathrm{F})=372\ \mathrm{pF}$$

$$L_1=\frac{R\left[Q_e+\sqrt{\frac{R_L}{R}(1+Q_e^2)-1}\right]}{\omega_0(1+Q_e^2)}=\frac{144\times\left[10+\sqrt{\frac{50}{144}\times(1+10^2)-1}\right]}{2\times3.14\times50\times10^6\times(1+10^2)}\approx$$

$$7.2\times10^{-8}(\mathrm{H})=72\ \mathrm{nH}$$

2.4.3 谐振功率放大器的实际电路

如果采用不同的直流馈电电路和匹配网络，就可得到谐振功放的各种实际电路，下面举两例加以说明。

图 2.17 是工作频率为 150 MHz 的谐振功放电路，外接负载为 50 Ω，输出功率为 3 W，功率增益达 10 dB。图中，基极采用自偏压电路，R_b 产生的负偏压经高频扼流圈 L_b 加到基极，C_b 为其滤波电容；集电极采用串馈电路，高频扼流圈 L_c 和 R_c、C_{c1}、C_{c2}、C_{c3} 组成电源滤波电路。此外，C_1、C_2、C_3 和 L_1 组成 T 型输入匹配网络，调节 C_1 和 C_2，可使它们的谐振频率等于输入信号的频率(即工作频率)，并把放大器的输入阻抗在工作频率上变换为前级信号源所要求的50 Ω匹配电阻；$L_2\sim L_5$、$C_4\sim C_8$ 组成三级 Π 型输出匹配网络，调节 C_5，使它们的谐振频率等于工作频率，并把50 Ω的外接负载在工作频率上变换为放大器所要求的负载电阻 R。

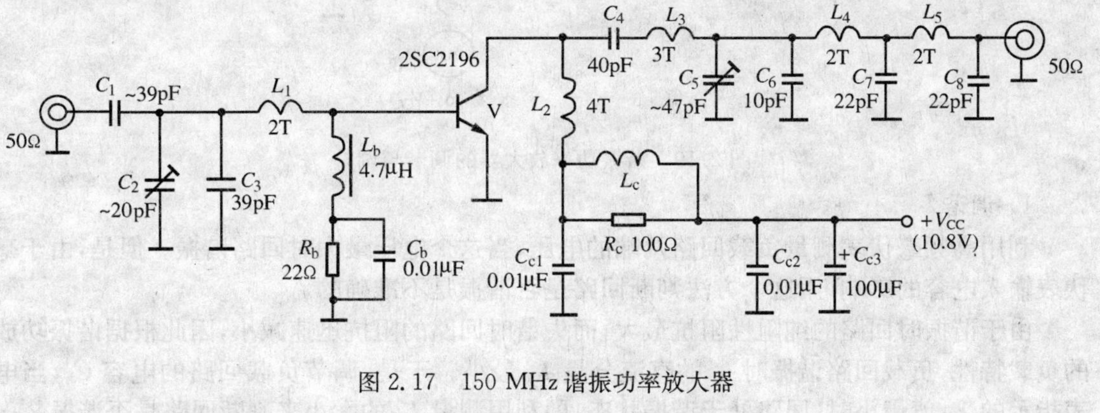

图 2.17　150 MHz 谐振功率放大器

图 2.18 是工作频率为400 MHz的场效应管谐振功放电路，外接负载为50 Ω，输出功率为 15 W，功率增益达 14 dB。图中，高频扼流圈 L_{d1}、L_{d2} 和 C_{d1}、C_{d2}、C_{d3} 组成电源滤波电路，R_1 和 R_2 组成栅极分压式偏置电路；漏极采用并馈电路。此外，C_1、C_2 和 L_1 组成 T 型输入匹配网络；L_2、L_3 和 $C_3\sim C_6$ 组成 L 型和 Π 型的混合输出匹配网络。

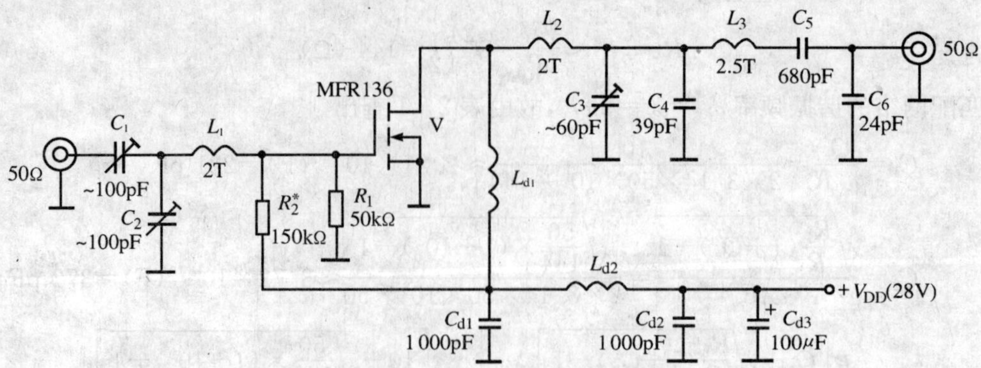

图 2.18　400 MHz 场效应管谐振功率放大器

2.4.4　谐振功率放大器的调谐与调整

当谐振功放的电路装配完毕后，还必须对它进行调谐与调整。**调谐**是使匹配网络或回路谐振于输入信号频率(即工作频率)，而**调整**则是使放大器的负载电阻等于所要求的数值。下面我们以图 2.19 所示的小功率发射机的末级电路为例，说明如何进行谐振功放的调谐与调整的。

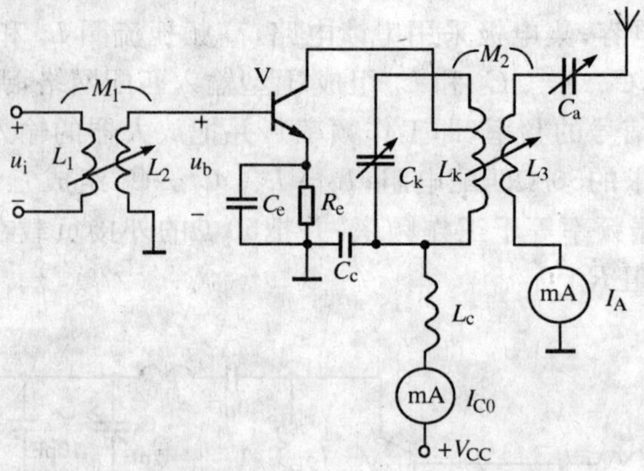

图 2.19　谐振功率放大器的调谐与调整

1）调谐

利用高频毫伏表测量负载回路两端的电压，当这个电压最大时回路谐振。但是，由于毫伏表输入电容的影响，用这个方法判断回路是否谐振是不准确的。

由于谐振时回路的纯阻性阻抗最大，而失谐时回路的阻抗迅速减小，因此根据谐振功放的负载特性，负载回路谐振时 i_C 的直流分量 I_{C0} 最小。于是，调节负载回路的电容 C_k，当电表指示的 I_{C0} 值最小时，回路处于谐振状态，即利用测量 I_{C0} 的大小来判断回路是否谐振①。

值得注意的是，当负载回路失谐时，由于 I_{C0} 增大使直流电源供给的功率 P_V 增大，而输出功率 P_o 却减小，因此管耗 P_T 迅速增大，这对管子的安全工作是很不利的。为了保证管子安

① 同样可以说明，当 I_{B0} 值最大时，负载回路谐振。

全工作，一方面在调谐时要避免回路严重失谐，另一方面应减小 P_V 和 P_T。为此，在调谐前可采取下述措施：① 减小互感 M_1，使基极激励信号的振幅 U_{bm}减小；② 把直流电源电压 V_{CC}降至额定值的 1/2～1/3；③ 减小互感 M_2，以减弱天线回路的影响，或干脆断开天线回路。

减弱天线回路的影响可提高负载回路的 Q 值，使谐振曲线更尖锐，以便调节 C_k 时容易做到调谐准确。在完成负载回路调谐后，再对天线回路进行调谐。调节 C_a，当 I_{C0} 和天线电流 I_A（利用高频热偶表测量）最大时，天线回路谐振。这是因为天线回路为串联谐振回路，谐振时 I_A 最大，谐振电阻最小，则放大器的负载电阻 R 最小，故 I_{C0}最大。

2）调整

当完成上述两个回路的调谐后，就可进行谐振功放的调整。先把 V_{CC}调回额定值，再调节 M_2，使放大器的负载电阻等于所要求的数值，或工作于预定状态。最后，再调节 M_1，以保证放大器输出规定的功率。

最后必须指出，在高频和非线性状态下工作的高频功放以及其他的功能部件，其设计和调整、调试是困难和复杂的。随着电子技术的发展，已经出现了一些集成高频功率放大器件（也称**射频功率模块**），它是一个采用混合电路技术的薄膜混合电路。选用合适的模块，可大大简化射频系统的设计和调整、调试。射频功率模块的输出功率一般在几瓦到几十瓦之间，例如 MHW 系列和 M57704 系列。MHW 系列由 3～5 级放大器组成，工作频段由（68～88）MHz 到（890～915）MHz，输入和输出阻抗均为 50 Ω，功率增益为（33～41.4）dB，效率为（32～40）%，其中的某些型号是专为便携式射频应用而设计的，可用于移动通信系统中的功率放大。M57704 系列是一种厚膜混合集成电路，工作频段为（335～512）MHz，输入和输出阻抗均为 50 Ω，功率增益为 18.1 dB，效率为（35～40）%，可用于频率调制移动通信系统。

2.5 宽带高频功率放大器

丙类谐振功率放大器的效率高，但是只适用于单一的工作频率，当需要改变工作频率时，必须改变其匹配网络的谐振频率，这往往是十分困难的。在移动式通信机、电视差转机等电子设备中，工作频率的变化大，或者工作频带很宽，这时丙类谐振功放就不适用了，而必须采用无需调节工作频率的宽带高频功率放大器。显然，宽带高频功放的负载是非谐振的。

出于不失真地放大信号的考虑，单管宽带高频功放一般工作在甲类状态，但其效率低，输出功率小。为此，可采用类似推挽功放的由多个宽带功率放大器组合成的功率合成（Power Combination）电路。

本节将介绍具有宽带特性的传输线变压器及由它构成的宽带高频功率放大器。

2.5.1 传输线变压器

传输线变压器是由绕在高导磁率磁环上的传输线构成的。其中，传输线可以用同轴电缆，也可以用双绞线或带状线，它们都可看成两根等长的、相距很近的平行线，而且匝数很少（一般仅数匝），而磁环一般由镍锌铁氧体制成（导磁率 $\mu=100\sim400$）。作为举例，图 2.20(a)示出了最简单的传输线变压器——1∶1 倒相传输线变压器的结构，其中 1、3 为始端，2、4 为终端，而 1－2 端和 3－4 端分别构成了变压器的两个线圈。

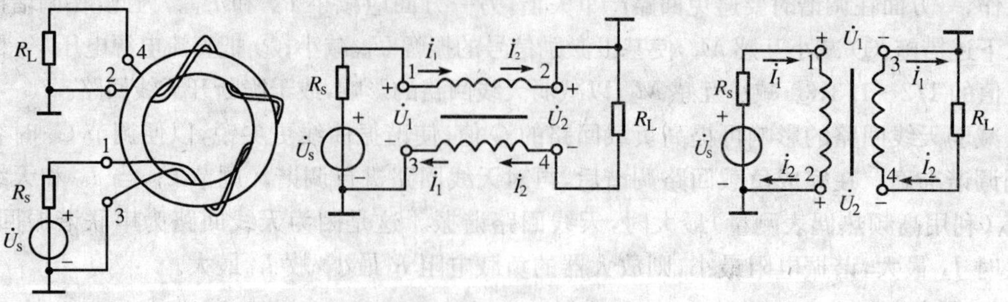

(a) 结构　　(b) 等效为传输线的原理图　　(c) 等效为变压器的原理图

图 2.20　1∶1 倒相传输线变压器

1）工作原理

传输线变压器既具有传输线的特点，又具有变压器的特点，是二者的结合和统一。图 2.20(b)、(c)分别为 1∶1 倒相传输线变压器等效为传输线和变压器的原理图，其中始端 1、3 接信号源，终端 2、4 接负载 R_L，且 2、3 端接地。这种传输线变压器的工作频带极宽，其上限截止频率可达上千兆赫。

我们知道，普通变压器的能量传输是依靠线圈之间的磁耦合进行，线圈之间的固有分布电感和分布电容的存在，使其上限截止频率不高。但是，传输线变压器在高频工作时，却正是利用了线圈的分布电感和分布电容作为储能元件，能量的传输是以电磁波在传输线上传播的形式进行。设传输线的**特性阻抗**为 Z_c，根据传输线的理论，当传输线为理想无耗、且终端匹配时(终端匹配指 $R_L=Z_c$)，线上对应位置上的电流才会处处相等，如图 2.20 中始端 1、3 的电流均为 $\dot{I}_1$，终端 2、4 的电流均为 $\dot{I}_2$；此时线上任一位置(包括始端和终端)的阻抗恒等于 Z_c，且 Z_c 为纯阻，即若 $\dot{U}_1$、$\dot{U}_2$ 分别表示始端电压和终端电压，则 $\dot{U}_1/\dot{I}_1=\dot{U}_2/\dot{I}_2=Z_c=R_L$。此外，此时传输线上不存在反射波，因此，不论加在其输入端的高频信号是什么频率，只要信号源 $\dot{U}_s$ 的幅度和 R_s 不变，信号源向传输线始端供给的功率就不变，它通过传输线全部传输给负载，负载上得到的功率也不变。可见，理想无耗和终端匹配的传输线具有无限大的上限截止频率。在实际情况下，传输线变压器的上限截止频率不可能为无限大，但也是非常高的。

对于无耗和终端匹配的传输线，如果其长度 l 远小于信号的最小波长 λ_{min}(工程上要求 $l<\lambda_{min}/8$)，则可忽略传输线上的相移，而近似认为传输线上各处的电压均相等(都用 $\dot{U}$ 表示)，通过传输线各处的电流均相等(都用 $\dot{I}$ 表示)。因此，图 2.20 中，$\dot{U}_1=\dot{U}_2=\dot{U}$，$\dot{I}_1=\dot{I}_2=\dot{I}$。下面讨论的各种传输线变压器都满足上述条件，不再指出。由于 3 端接地，则负载上的电压 $(-\dot{U}_2)=-\dot{U}_1$，因此图 2.20 称为 1∶1 倒相传输线变压器。

当传输线变压器在低频工作时，它相当于一个变压器，如图 2.20(c)所示。由于初、次级线圈匝数相同和 2、3 端接地，则初、次级线圈电压分别为 $\dot{U}_1$ 和 $\dot{U}_2$，且也满足 $\dot{U}_1=\dot{U}_2$、$\dot{I}_1=\dot{I}_2$。显然，初、次级电流在磁芯中产生的磁通大小相等，方向相反，互相抵消，磁芯中没有功率损耗(实际上有激励电流引起的很小的损耗)，则可以采用较小尺寸的磁芯。由于传输线变压器的低频特性取决于初级线圈的电感，因此采用高导磁率磁芯以增大初级电感，达到扩展它的下限截止频率的目的。总之，传输线变压器确实具有极高的上限截止频率和极宽的工作频带。

由于传输线上的相移可以忽略不计，且特性阻抗为纯阻，则其电压$\dot{U}$、电流$\dot{I}$同相，因此在下面讨论传输线变压器时，电压、电流就分别用瞬时值u、i表示。

2）功能

传输线变压器的一个功能是实现平衡和不平衡的转换，如图 2.21 所示。其中，图(a)是平衡输入转换为不平衡输出，图(b)是不平衡输入转换为平衡输出。

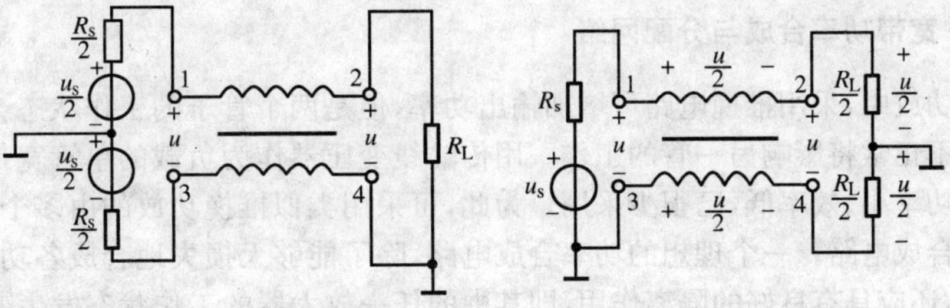

(a) 平衡—不平衡转换　　(b) 不平衡—平衡转换

图 2.21　1∶1 平衡和不平衡转换的传输线变压器

传输线变压器的另一个功能是作为**阻抗变换器**，如图 2.22、图 2.23 所示。在图 2.22(a)所示的 4∶1 传输线变压器中，其始端和终端电压均为u，通过传输线的电流均为i，则负载R_L上的电压为u，通过R_L的电流为$2i$，输入端电压$u_{14}=2u$。显然，$R_L=u/2i$，故传输线的输入电阻R_i和特性阻抗Z_c分别为

$$\left.\begin{aligned} R_i &= \frac{2u}{i} = 4R_L \\ Z_c &= \frac{u}{i} = 2R_L \end{aligned}\right\} \tag{2-14}$$

由于输入电阻与负载之比为 4∶1，故称其为 4∶1 传输线变压器，这一点也可从图 2.22(b)上看出。注意，此时终端匹配条件为$R_L=Z_c/2$。

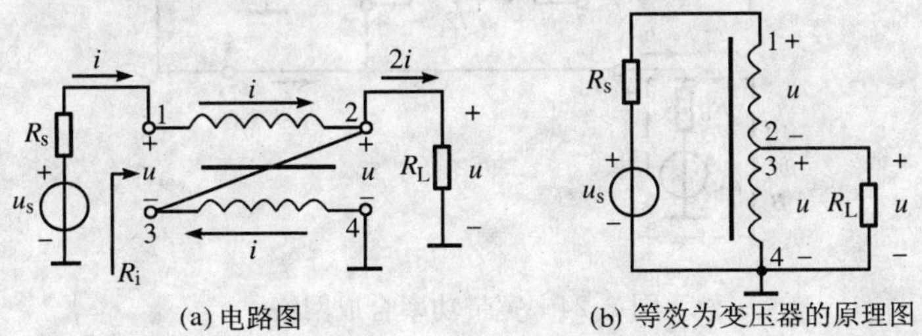

(a) 电路图　　(b) 等效为变压器的原理图

图 2.22　4∶1 传输线变压器

图 2.23 所示为 1∶4 传输线变压器，它可看成把 4∶1 传输线变压器的信号源和负载位置对换而得到的。由图得，$R_L=2u/i$，输入端电流为$2i$，则

$$\left.\begin{aligned} R_i &= \frac{u}{2i} = \frac{1}{4}R_L \\ Z_c &= \frac{u}{i} = \frac{1}{2}R_L \end{aligned}\right\} \tag{2-15}$$

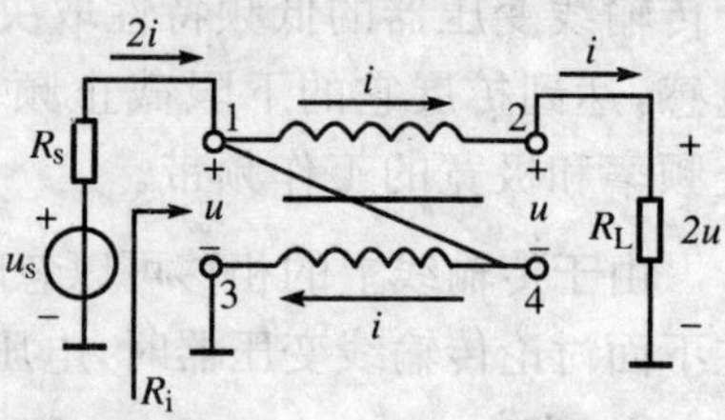

图 2.23　1∶4 传输线变压器

此时终端匹配条件为 $R_L=2Z_c$。根据相同的工作原理，还可以采用多个 1∶1 传输线变压器组成 9∶1、16∶1 或 1∶9、1∶16 的传输线变压器。注意，由于传输线变压器结构的限制，其变比不能像普通变压器那样，可以任意选择，而只能实现某些特定阻抗比的变换。

2.5.2　宽带功率合成与分配网络

在低频功放中，采用推挽电路可增加输出功率，但是两个管子的工作状态会相互影响，即一管工作不正常将影响另一管的工作。用传输线变压器作为负载的单管宽带高频功放，由于其输出功率小、效率低，已很少采用。为此，可采用类似推挽功放的由多个宽带功放组合成的功率合成电路。一个理想的功率合成电路，除了能够无损失地合成各功率放大器的输出功率外，还应具有良好的隔离作用，即其中的任一放大器的工作状态发生变化（甚至损坏）时，不会引起其他放大器工作状态和输出功率的变化。理想功率合成电路的关键是选择合适的混合网络，而由传输线变压器构成的混合网络就具有上述的特点，它包括宽带功率合成网络和宽带功率分配网络。

1）宽带功率合成网络

由传输线变压器 T_r 构成的**宽带功率合成网络**如图 2.24 所示。图中，该网络的 A 端和 B 端分别接入需要合成的两个功放 A 和 B（它们的空载输出电压和输出电阻分别用 u'_a、R_a 和 u'_b、R_b 表示），其端电压分别为 u_a 和 u_b，流过的电流分别为 i_a 和 i_b（注意 i_a、i_b 的假定方向相反）。下面将看到，在 C 端或 D 端就获得它们合成的功率。

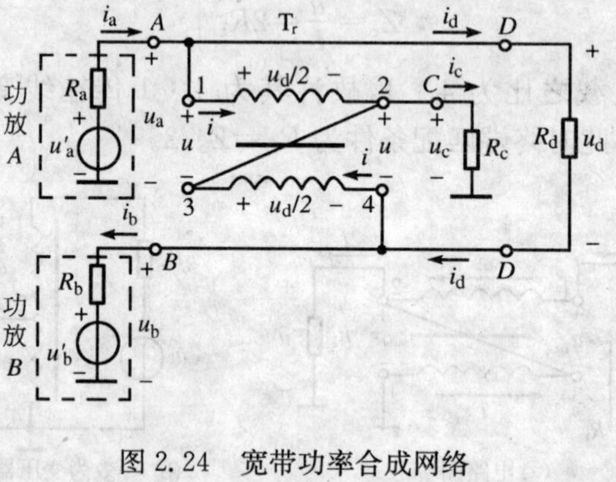

图 2.24　宽带功率合成网络

为了满足阻抗匹配和功率合成（或分配）的条件，并输出尽可能大的功率，应选取

$$\left.\begin{aligned} R_a &= R_b = Z_c = R \\ R_c &= \frac{1}{2}Z_c = \frac{1}{2}R \\ R_d &= 2Z_c = 2R \end{aligned}\right\} \tag{2-16}$$

若流过 R_c、R_d 的电流分别为 i_c、i_d，其方向如图 2.24 所示，则流过传输线变压器的电流 $i=i_a-i_d=i_d-i_b$，故

$$\left.\begin{aligned} i_d&=\frac{1}{2}(i_a+i_b)\\ i&=\frac{1}{2}(i_a-i_b)\\ i_c&=2i=i_a-i_b \end{aligned}\right\}\tag{2-17}$$

而

(1) 若 $u_a'=-u_b'$，即**反相功率合成**时的情况

不难证明，这时 $i_a=i_b$，即两功放提供等值反相电流。显然，$i_d=i_a=i_b$，$i=0$，$i_c=0$，即 C 端无功率输出($P_c=0$)。由图 2.24 可以看出，u_d 加在 T_r 的两个线圈上，使每个线圈上的电压均为 $u_d/2$。由于 $u_c=i_cR_c=0$，故 $u_a=-u_b=u=u_d/2$，则功放 A、B 的输出功率

$$P_a=P_b=\frac{1}{2}U_{am}I_{am}=\frac{1}{4}U_{dm}I_{dm}$$

式中，U_{am}、I_{am}、U_{dm}、I_{dm} 分别为 u_a、i_a、u_d、i_d 的振幅。而 R_d 上获得的功率

$$P_d=\frac{1}{2}U_{dm}I_{dm}=P_a+P_b$$

可见，在反相功率合成时，D 端得到合成功率，而 C 端无功率输出。这时，每个功率放大器的等效输出负载为

$$R_L=\frac{u_a}{i_a}=\frac{u_b}{-i_b}=\frac{u_d/2}{i_d}=\frac{1}{2}R_d=R\tag{2-18}$$

由于 $R_a=R_b=R_L$，故每个功率放大器满足了阻抗匹配的条件，从而输出了最大的功率。

(2) 若 $u_a'=u_b'$，即**同相功率合成**时的情况

同样可以得到，这时 $i_a=-i_b=i$，即两功放提供等值同相电流，且 $i_c=2i_a=-2i_b$，$i_d=0$，$u=0$，则 $u_c=u_a=u_b$。因此，$P_d=0$，$P_c=P_a+P_b$，即 C 端得到合成功率，而 D 端无功率输出。这时，每个功放的等效输出负载 $R_L=2R_c=R$，也满足阻抗匹配的条件。

(3) 若功放 A 或 B 工作不正常，使 $|u_a|\neq|u_b|$ 或 $|i_a|\neq|i_b|$ 时的情况

由图 2.24 和式(2-17)、(2-16)可得

$$u_a=i_cR_c+\frac{1}{2}u_d=(i_a-i_b)R_c+\frac{1}{2}i_dR_d=(i_a-i_b)R_c+\frac{1}{4}(i_a+i_b)R_d$$

即

$$\left.\begin{aligned} u_a&=i_a\left(R_c+\frac{1}{4}R_d\right)-i_b\left(R_c-\frac{1}{4}R_d\right)=i_aR\\ u_b&=i_a\left(R_c-\frac{1}{4}R_d\right)-i_b\left(R_c+\frac{1}{4}R_d\right)=-i_bR \end{aligned}\right\}\tag{2-19}$$

又

上式表明，由于 $R_c=R_d/4$，使得 i_a 只与 u_a 有关，而与 u_b 无关；i_b 只与 u_b 有关，而与 u_a 无关；每个功放的等效输出负载仍为 R。因此，任一功放的工作状态变化不会影响另一功放的正常工作，即它们之间具有良好的隔离作用，故把 $R_c=R_d/4$ 称为 A、B 端间的**隔离条件**。这时，两个功放的输出功率已不再是全部合成在 R_d 或 R_c 上。在极端的情况下，当功放 A 损坏($P_a=0$)而功放 B 单边工作时，可求得 $P_c=P_d=P_b/2$，即功放 B 的输出功率将平均分配在 R_d 和 R_c 上，或 R_d(或 R_c)上的合成功率减小到两功放正常工作时的 1/4。

2) *宽带功率分配网络*

由传输线变压器构成的**宽带功率分配网络**如图 2.25 所示，其中图(a)为同相功率

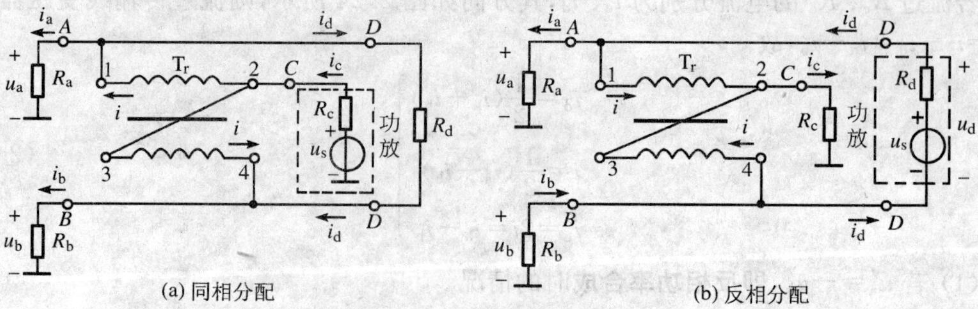

图 2.25　宽带功率分配网络

分配网络，图(b)为反相功率分配网络，它们的 R_a、R_b、R_c 和 R_d 的关系也满足式(2-16)。

运用上述的分析方法，或根据网络的对称性，可以证明上述电路具有功率分配和隔离的作用，并在 A、B 端输出最大的功率。其中，图 2.25(a)的**同相功率分配网络**中，功放接在 C 端，D 端没有获得功率($i_d=0$)，C 端输出的功率在 A 端和 B 端均分($P_a=P_b=P_c/2$)，二者为同相功率($u_a=u_b$，二者同相)，且 C 端的等效输出负载为 $R/2=R_c$；图 2.25(b)的**反相功率分配网络**中，功放接在 D 端，C 端没有获得功率($i_c=0$)，D 端输出的功率在 A 端和 B 端均分($P_a=P_b=P_d/2$)，二者为反相功率($u_a=-u_b$，二者反相)，且 D 端的等效输出负载为 $2R=R_d$。无论是哪种功率分配网络，C、D 两端都互相隔离，互不影响；而当 $R_a\neq R_b$ 时，功放的输出功率不会均分到 R_a 和 R_b 上，且 C、D 端不再隔离。

应当指出，图 2.24 用于反相功率合成时 D 端输出为平衡输出，图 2.25(b)中 D 端输入为平衡输入，如果 D 端信号需一端接地，则必须分别接入 1∶1 平衡-不平衡转换和 1∶1 不平衡-平衡转换的传输线变压器。

2.5.3　宽带高频功率放大器电路实例

利用上述的宽带功率合成与分配网络，就可组成宽带高频功率放大器。

图 2.26 是一个工作频段为30～75 MHz、输出功率为75 W的功率放大器的部分电路，各传输线变压器的特性阻抗标在相应的括号中。图中，T_{r1} 为 1∶1 不平衡-平衡转换的传输线变压器，T_{r2} 为反相功率分配网络，T_{r3} 和 T_{r4} 为 4∶1 传输线变压器，T_{r5} 为反相功率合成网络，T_{r6} 为 1∶1 平衡-不平衡转换的传输线变压器。为了便于读者看图，图中还标出了 T_{r2}、T_{r5} 的 A、B、C、D 端。此外，V_1、V_2 均工作在乙类状态，它们的输入阻抗约 3 Ω，恰好与 T_{r3}、T_{r4} 的输出阻抗匹配；R_1 和 R_2 可防止寄生振荡，稳定放大器，并在三极管截止期间作为 T_{r2} 的负载。

输入信号经 T_{r1} 后，加在 T_{r2} 的 D_2 端，在 T_{r2} 的 A_2 端、B_2 端得到的反相功率经 T_{r3}、T_{r4} 加到 V_1、V_2 的基极。这样，放大后两管的输出功率是反相功率，经两个1 500 PF的电容加到 T_{r5} 的 A_5 端、B_5 端，在其 D_5 端获得的合成功率经 T_{r6} 输出。为了滤除输出中的谐波，通常在其后面要加入低通滤波器。

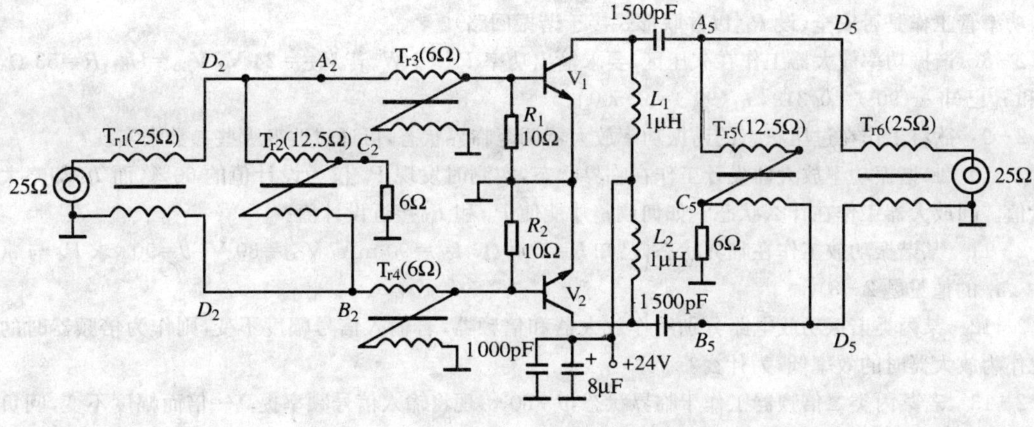

图 2.26　宽带反相功率合成电路

小结

(1) 高频功率放大器有窄带型(谐振功率放大器)和宽带型(由传输线变压器构成的功率合成器)两种,它们各自应用于不同的场合。

(2) 为了提高效率,谐振功放一般工作在丙类状态,其集电极电流是失真严重的脉冲波形,而调谐在信号频率的集电极谐振回路将滤除谐波,得到不失真的输出电压。

(3) 丙类谐振功放有欠压、临界和过压三种状态,其性能可用负载特性、调制特性和放大特性来描述。

(4) 为了使丙类谐振功放正常工作,必须正确设计直流馈电电路和匹配网络。

(5) 由于传输线变压器具有宽带特性,所以可用它构成宽带功率合成与分配网络,从而得到宽带高频功率放大器。

(6) 倍频器是一种非线性电路,常用的倍频器电路有丙类倍频器和参量倍频器。

习题二

2-1　为什么低频功率放大器不能工作于丙类,而谐振功率放大器可以工作于丙类?

2-2　丙类放大器为什么一定要用谐振回路作为集电极的负载?谐振回路为什么一定要调谐在信号频率上?

2-3　某谐振功率放大器,已知 $V_{CC}=24$ V, $P_o=5$ W。(1) 当 $\eta=60\%$时,P_T 和 I_{C0}各为多少?(2) 若 P_o 保持不变,将 η 提高到 80%,则 P_T 减少多少?

2-4　一谐振功率放大器,若分别工作在甲、乙、丙三种不同工作状态,且效率分别为$\eta_1=50\%$、$\eta_2=75\%$、$\eta_3=85\%$。(1) 当 $P_o=5$ W时,三种工作状态下的 P_T 各为多少?(2) 若保持 $P_T=1$ W不变,则三种工作状态下的 P_o 各为多大?

2-5　某谐振功率放大器的 $V_{CC}=12$ V,负载谐振电阻 $R=50$ Ω。设$\xi=0.90$,$\theta=75°$,求 P_o 和 η[已知 $\alpha_0(75°)=0.269$,$\alpha_1(75°)=0.455$]。

2-6　一谐振功率放大器工作在临界状态,若外接负载电阻突然短路,问电路工作状态如何变化?功率管工作是否安全(设 R_L 以并联形式接于谐振回路)?

2-7　一谐振功率放大器工作于临界状态，若输入信号频率突然有所增大，问电路工作状态如何变化？功率管工作是否安全(设 R_L 以并联形式接于谐振回路)？

2-8　谐振功率放大器工作在欠压区，要求输出功率 $P_o=5$ W。若 $V_{CC}=24$ V，$V_{BB}=U_{on}$，$R=53\ \Omega$，求 P_V 和 η[已知 $\alpha_0(90°)=0.319$，$\alpha_1(90°)=0.500$]。

2-9　欲将工作在过压状态的谐振功率放大器调至临界状态，可通过改变哪些参数来实现？

2-10　一谐振功率放大器设计工作在临界状态，实测时发现 P_o 仅为设计值的 60%，而 I_{C0} 却略大于设计值。问放大器工作在什么状态？如何调整才能使 P_o 和 I_{C0} 接近设计值？

2-11　某谐振功放工作在临界状态，已知 $R=200\ \Omega$，$I_{C0}=90$ mA，$V_{CC}=30$ V，$\theta=90°$，求 P_o 与 η(相应 α_0、α_1 的值见题 2-8)。

2-12　某丙类谐振功放电路分别用作放大器和倍频器，若输入信号幅度不变，则作为倍频器时的效率比作为放大器时的效率低，为什么？

2-13　若某丙类二倍频器工作于临界状态，$\theta=60°$。现将输入信号频率提高一倍而幅度不变，问负载功率和工作状态各如何变化？

2-14　若两个谐振功率放大器的回路元件参数相同，输出功率分别为1 W和0.6 W。现同时增大两放大器的 V_{CC}，发现原 $P_o=1$ W放大器的输出功率增加不明显，而另一放大器的输出功率增加明显。试分析其原因。若要增大原 $P_o=1$ W放大器的输出功率，还应采取什么措施(不考虑功率管的安全工作问题)？

2-15　一单管谐振功放的 $P_o=1$ W，现用两管并联代替单管，并维持 V_{CC}、V_{BB}、U_{bm}和 R 不变，发现放大器工作在临界状态。问放大器原来工作在什么状态？估算两管并联后的输出功率。

2-16　有一输出功率为2 W的丙类谐振功放，采用表 2-1 中的 Ⅱ 型匹配网络(Ⅱ)，其 $R_L=200\ \Omega$，$V_{CC}=24$ V，输入信号频率 $f_c=50$ MHz，$Q_e=10$。设 $u_{CEmin}\approx0$，试求该匹配网络的元件值。

2-17　某丙类谐振功放采用表 2-1 中的 T 型匹配网络(Ⅱ)，已知 $R_L=100\ \Omega$，$Q_e=3$，$f_0=f_c=60$ MHz，$R=200\ \Omega$。试求该匹配网络的元件值。

*2-18　图 P2.1 为并联回路型的匹配网络，设输入端的接入系数为 p，回路的谐振频率为 ω_0，有载 Q 值为 Q_e，试证：

(1) 适用于 R_L 较小时的图(a)匹配网络，其

$$R=p^2\left(1+\frac{1}{\omega_0^2C_2^2R_L^2}\right)R_L$$

(2) 适用于 R_L 较大时的图(b)匹配网络，其

$$R=\frac{p^2(1+Q_e^2)R_L}{1+(\omega_0C_2R_L)^2}$$

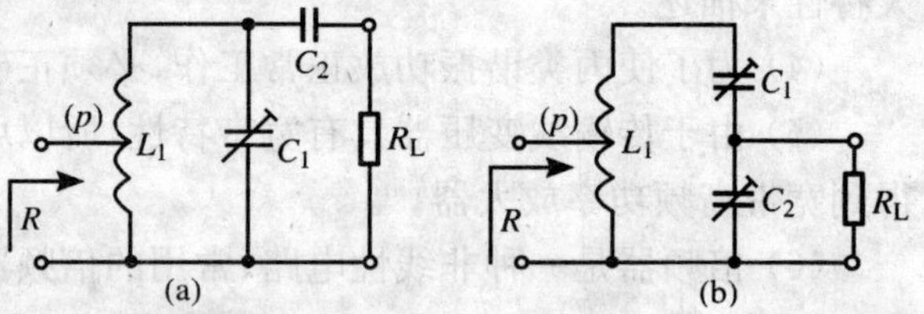

图 P2.1

*2-19　另一种由两个 1∶1 传输线变压器构成的功率合成网络如图 P2.2 所示，其中 $R_a=R_b=Z_c=R$。试证明：

(1) 阻抗匹配时两功放的隔离条件为 $R_d=R_c=R/2$；

(2) 每个功放的等效输出负载为 $R_L=R$。

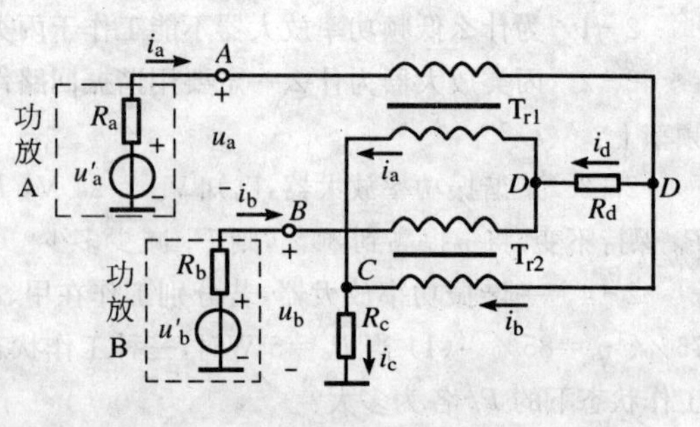

图 P2.2

2-20　试分析图 P2.3 所示的各传输线变压器的阻抗变换关系(R_i/R_L)及相应的特性阻抗 Z_c。

2-21　图 P2.4 为宽带同相功率合成电路，其中 T_{r1}为同相功率分配网络，T_{r6}为同相功率合成网络，T_{r2}、T_{r3}为 4∶1 传输线变压器，T_{r4}、T_{r5}为 1∶4 传输线变压器，它们的特性阻抗标在相应的括号中；R_1、R_2 可提高管子的输入电阻和防止寄生振荡，负反馈电阻 R_3、R_4 可提高输入电阻。试简单叙述该电路的工作原理。

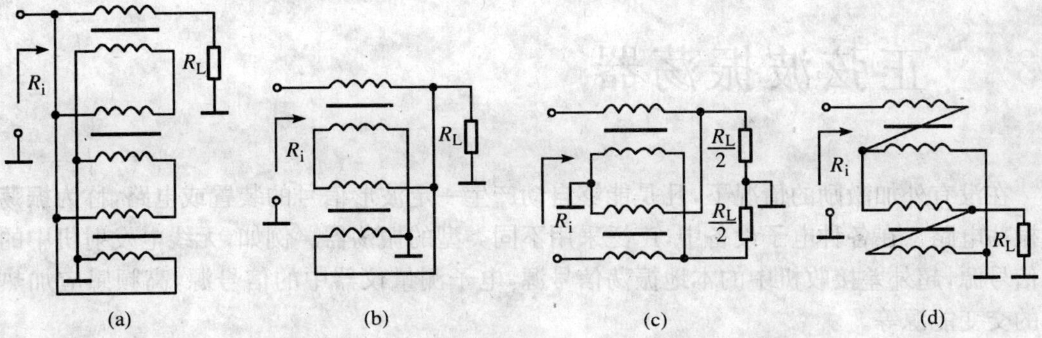

R_i
R_L
$\frac{R_L}{2}$
(a)
(b)
(c)
(d)

图 P2. 3

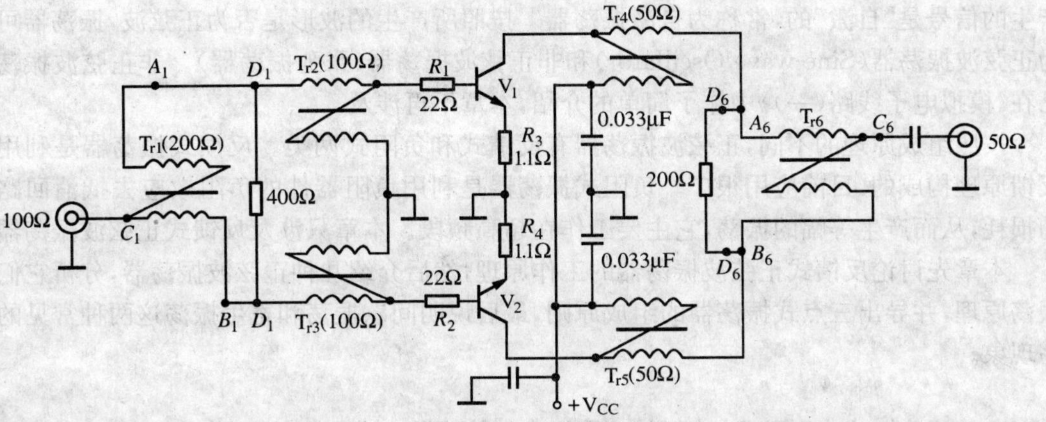

A_1
D_1
$T_{r2}(100\Omega)$
R_1
22Ω
V_1
$T_{r4}(50\Omega)$
D_6
A_6
T_{r6}
C_6
50Ω
$T_{r1}(200\Omega)$
400Ω
100Ω
C_1
R_3
1.1Ω
0.033μF
200Ω
R_4
1.1Ω
0.033μF
B_6
22Ω
V_2
B_1
$T_{r3}(100\Omega)$
R_2
$T_{r5}(50\Omega)$
$+V_{CC}$

图 P2. 4

3 正弦波振荡器

在没有外加激励的情况下，凡是能够自动产生一定波形信号的装置或电路，称为**振荡器**或振荡电路。在各种电子设备中，广泛采用不同类型的振荡器。例如，无线电发射机中的载波信号源，超外差接收机中的本地振荡信号源，电子测量仪器中的信号源，高频感应加热炉中的交变能源等。

振荡器与放大器都是能量转换装置，它们都是把直流电源的能量转换为交流能量输出。但是，放大器需要外加激励，即必须有信号输入，而振荡器却不需要外加激励。因此，振荡器产生的信号是“自激”的，常称为自激振荡器。按照所产生的波形是否为正弦波，振荡器可分为正弦波振荡器(Sine-wave Oscillator)和非正弦波振荡器(张弛振荡器)。非正弦波振荡器已在《模拟电子线路(一)》中作了简单的介绍，本章不再涉及。

按照组成原理的不同，正弦波振荡器有反馈式和负阻式两类。反馈式振荡器是利用正反馈原理构成的，目前应用很广。负阻式振荡器是利用负阻器件的负阻效应去抵消回路中的损耗，从而产生等幅的振荡，它主要工作在超高频段。本章只涉及反馈式正弦波振荡器。

本章先讨论反馈式正弦波振荡器的工作原理，然后介绍几种正弦波振荡器，分析它们的振荡原理，并导出三点式振荡器的组成原则，最后说明间歇振荡和寄生振荡这两种常见的振荡现象。

3.1 反馈式正弦波振荡器的工作原理

3.1.1 组成与分类

图 3.1(a)为负反馈放大器的方框图，其闭环增益$\dot{A}_f=\dot{A}/(1+\dot{A}\dot{F})$。我们知道，当$\dot{A}\dot{F}=-1$时，负反馈放大器产生了自激振荡，这时负反馈变为正反馈。对于放大器，它的作用是放大输入信号，因此不允许有自激振荡。但这也给了我们一点启示：放大器在一定条件下通过引入正反馈可以产生自激振荡，此时放大器便成了振荡器。

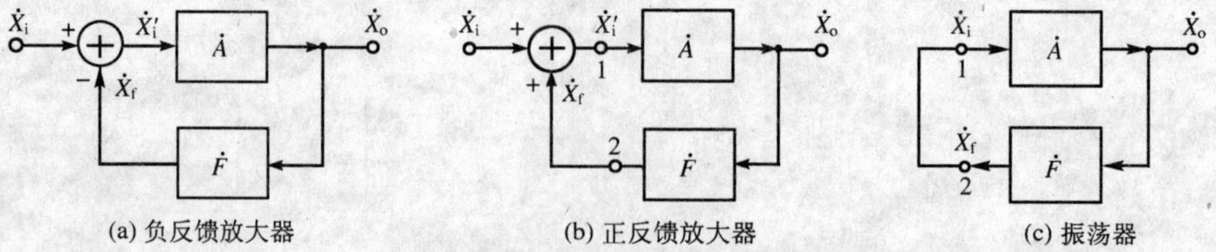

图 3.1　反馈放大器和振荡器的方框图

应该指出，负反馈放大器的自激振荡是由于管子的极间电容、分布电容等所产生的附加相移引起的，因此是不稳定的。在振荡器中，为了保证它处于稳定的自激状态，必须依靠外加的正反馈来实现。正反馈放大器的方框图如图 3.1(b)所示，它与图 3.1(a)不同之处仅在于，比较环节由相减变为相加，即负反馈放大器中的$\dot{X}_i'=\dot{X}_i-\dot{X}_f$变为正反馈放大器中的$\dot{X}_i'=\dot{X}_i+\dot{X}_f$。不难推出正反馈放大器的闭环增益

$$\dot{A}_f=\frac{\dot{A}}{1-\dot{A}\dot{F}} \tag{3-1}$$

显然，当$\dot{A}\dot{F}=1$时，$\dot{A}_f\to\infty$，正反馈放大器产生振荡。此后，电路无需加入激励信号(即$\dot{X}_i=0$)，也有信号$\dot{X}_o$输出。因此，产生自激振荡的条件为

$$\dot{A}\dot{F}=1 \tag{3-2}$$

由于自激时$\dot{X}_i=0$，所以$\dot{X}_i'=\dot{X}_i+\dot{X}_f=\dot{X}_f$，我们就可以把图 3.1(b)中放大器的输入端 1 与反馈网络的输出端 2 直接相连，得到图 3.1(c)所示的振荡器的方框图。需要指出，在讨论振荡器时，由于不存在外加输入信号①，因此在图 3.1(c)中，放大器的输入信号就用$\dot{X}_i$、而不再用$\dot{X}_i'$表示了，此时$\dot{A}=\dot{X}_o/\dot{X}_i$，$\dot{F}=\dot{X}_f/\dot{X}_o$。显然，产生自激振荡的条件又可写成

$$\dot{X}_f=\dot{X}_i \tag{3-3}$$

由于振荡器的信号一般指电压信号，因此式(3-2)、式(3-3)可分别改写为

$$\dot{A}_u\dot{F}_u=1 \tag{3-4}$$

$$\dot{U}_f=\dot{U}_i \tag{3-5}$$

式(3-4)、(3-5)是等价的，即可互相推出。

据上所述，可画出图 3.2 所示的反馈式正弦波振荡器的组成框图。为了产生某一频率 f_0 的正弦信号，图 3.2 中还须引入决定振荡频率的**选频网络**，它使电路只在该频率 f_0 处才产生自激，其他频率都不满足自激的条件。此外，为了使振荡的幅度稳定，振荡器还应含有**稳幅环节**。不过由于选频网络可置于放大器中，也可置于反馈网络中，而稳幅功能多由其他部分完成，因此图 3.2 未画出选频网络和稳幅环节。

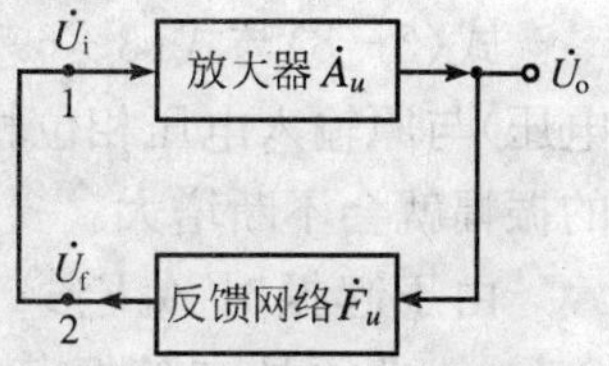

图 3.2 反馈式正弦波振荡器的组成框图

按照选频网络的不同，反馈式正弦波振荡器可分为 LC 正弦波振荡器(它的放大器和 LC 选频网络可组成谐振放大器)、RC 正弦波振荡器和石英晶体振荡器等。

3.1.2 平衡条件和起振条件

式(3-4)或式(3-5)是指振荡已经建立，为了维持等幅振荡所要满足的条件，称为**振荡平衡条件**。设$\dot{A}_u=A_u e^{j\varphi_A}$，$\dot{F}_u=F_u e^{j\varphi_F}$②，由式(3-4)得

① 前述的输入信号为原始输入信号，实际上它不是外加输入信号，见下文。

② 本章中 A_u、F_u 分别为放大倍数与反馈系数的模，即 $A_u=|\dot{A}_u|$，$F_u=|\dot{F}_u|$。

$$\dot{A}_u \dot{F}_u = A_u F_u e^{j(\varphi_A+\varphi_F)} = 1$$

故在振荡频率 f_0 处，有

$$\varphi_{AF} = \varphi_A + \varphi_F = 2n\pi \quad (n=0,1,2,\cdots) \tag{3-6}$$

和

$$A_u F_u = 1^{①} \tag{3-7}$$

式(3-6)称为**相位平衡条件**，实质上就是要求振荡频率 f_0 处的反馈为正反馈，即 f_0 处的反馈电压 $\dot{U}_f$ 与原输入电压 $\dot{U}_i$ 同相；式(3-7)称为**振幅平衡条件**，即要求 f_0 处 $\dot{U}_f$ 与 $\dot{U}_i$ 的振幅相等($U_{fm}=U_{im}$)，或 $A_u=1/F_u$。上述两个条件是维持等幅振荡的必要条件。由于振幅平衡条件一般容易得到满足，所以相位平衡条件是最重要的条件。

当振荡器刚接通电源时，振荡电压是不会立即建立起来的，而必须经历一段从无到有、从小到大的过程，才能进入平衡状态，从而得到具有一定频率和振幅的等幅振荡电压。当刚接通电源时，振荡电路中总会存在各种电的扰动(例如接通电源瞬间的电流突变、内部噪声等)，这些扰动包含了非常多的频率分量，选频网络则把频率等于振荡频率 f_0 的分量送到反馈网络，其他频率分量均被选频网络滤除。通过反馈网络送到放大器输入端的频率为 f_0 的信号，就是原始的输入信号，它被放大器放大后，再经选频网络和反馈网络，得到的反馈电压成为新的输入信号。由于原始输入信号十分微弱，而为了得到一定振幅的振荡电压，则振荡必须逐渐增强，即振荡刚开始时的反馈电压 $\dot{U}_f$ 不但要与原输入电压 $\dot{U}_i$ 同相，而且其振幅 U_{fm} 要大于原输入电压的振幅 U_{im}。前者需满足式(3-6)，后者则要求 $|\dot{U}_f|>|\dot{U}_i|$。由于 $|\dot{U}_f|=|\dot{F}_u \dot{U}_o|=|\dot{A}_u \dot{F}_u \dot{U}_i|=A_u F_u |\dot{U}_i|$，由 $|\dot{U}_f|>|\dot{U}_i|$ 可得

$$A_u F_u > 1 \tag{3-8}$$

式(3-8)与式(3-6)称为振荡的**起振条件**。当满足起振条件时，新的输入电压(即反馈电压)与原输入电压相位相同，振幅更大。这样，经放大、选频和反馈的反复循环，振荡电压的振幅就会不断增大。

由于起振时 $A_uF_u>1$，平衡时 $A_uF_u=1$，因此 A_uF_u 就必须具有随振荡幅度 U_{om}(或 U_{im})的增大而下降的特性，如图 3.3 所示。为了得到图 3.3 所示的特性，振荡环路中必须包含具有非线性特性的环节(稳幅环节)，这个环节的作用一般由放大器实现，即放大器具有非线性放大特性(A_u 随振幅 U_{om} 或 U_{im} 的增大而下降)，而反馈网络则具有线性特性。实现大振幅时 A_u 下降的稳幅方法有两种：一种是利用放大管非线性的**内稳幅**(Self Limiting)；另一种是让放大管工作在线性区域，而利用其他元器件非线性的**外稳幅**(External Limiting)。内稳幅时，随着振荡信号的增大，放大管逐渐进入非线性严重的区域，其输出电流将出现明显的非线性失真，工作状态将从甲类逐渐移到甲乙类、乙类和丙类(见 3.5.1 节)，于是 A_u 逐渐下降。应该指出，由于选频网络的作用，振荡器的输出电压仍为正弦波。外稳幅适用于选频网络的选频作用

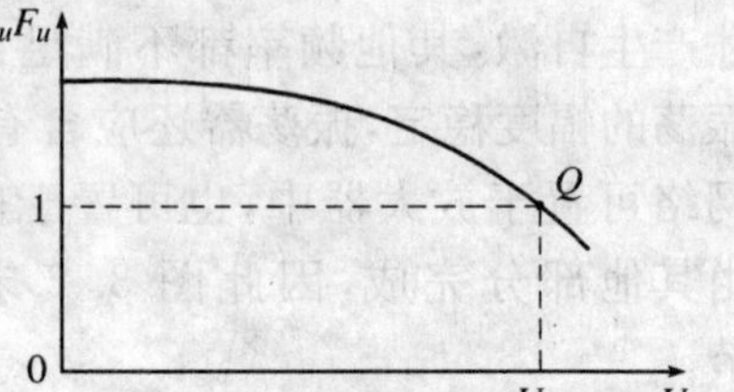

图 3.3　满足起振和平衡条件的 A_uF_u 特性

① 由于振荡器处于平衡状态时，其中的放大器常工作在非线性状态(见后文)，因此 A_u 实际上表示其平均放大倍数的模。平均放大倍数定义为放大器的负载谐振阻抗上的基波电压与其输入电压之比。

较差的振荡器，如 RC 振荡器。

因此，随着振荡信号振幅的增大，放大管进入大信号的工作状态。由于 A_u 逐渐下降，环路增益 A_uF_u 逐渐减小，于是输出振幅 U_{om} 的增大变缓，直至 A_uF_u 下降到 1 时，反馈电压振幅与原输入电压振幅相等，电路达到平衡状态，如图 3.3 中的 Q 点，这时振荡器就输出频率为 f_0、振幅为 U_{omQ} 的等幅振荡电压。图 3.4 画出了正弦振荡建立过程中输出电压 u_O 的波形。

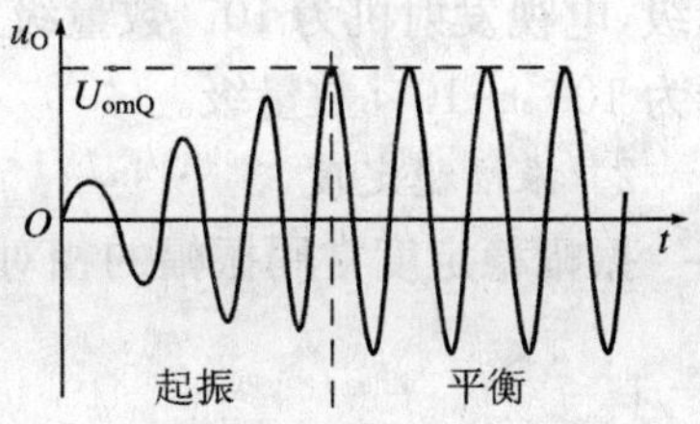

图 3.4　振荡的建立过程

综上所述，反馈式正弦波振荡器必须在某一频率 f_0 处，既要满足平衡条件，又要满足起振条件。如果只满足平衡条件，振荡就不会从小到大地建立起来；如果只满足起振条件，振荡信号的振幅就会无限地增长下去，显然这是不可能的。

最后还应指出，当振荡达到平衡状态时，电路不可避免地要受到外部因素（如电源电压、温度和湿度等）和内部因素（如噪声）变化的影响，这些因素将破坏已有的平衡条件。因此，为了产生持续的等幅振荡，还要求振荡器满足**稳定条件**，即具有当平衡状态被破坏后能自动恢复原来平衡状态的能力的条件。由于一般振荡器都满足稳定条件，所以这里不予讨论。

3.1.3　主要性能指标

由于正弦波振荡器产生一定频率和一定振幅的正弦信号，因此振荡频率 f_0 和输出振幅 U_{om} 是其主要性能指标。此外，还要求输出正弦信号的频率和振幅的稳定性好，波形失真小，因此频率稳定度、振幅稳定度和波形失真系数也是振荡器的主要性能指标。作为能量转换的装置，还要考虑振荡器的效率和最大输出功率。由于波形失真系数与非线性失真系数类似，而效率和输出功率已为读者所熟悉，所以这里只讨论频率稳定度和振幅稳定度。

1）频率稳定度(Frequency Stability)

评价一个振荡器频率的主要指标有频率准确度和频率稳定度两种。

(1) 频率准确度

振荡器的实际振荡频率 f 与标称振荡频率 f_0 之差 Δf，称为绝对频率准确度。即

$$\Delta f = f - f_0 \tag{3-9}$$

振荡频率的偏差 Δf 与标称频率 f_0 之比值，称为相对频率准确度，即

$$\frac{\Delta f}{f_0} = \frac{f - f_0}{f_0} \tag{3-10}$$

(2) 频率稳定度

频率稳定度是指在规定的时间间隔内和规定的温度、湿度、电源电压等变化范围内，相对频率准确度变化的最大值（绝对值）。按照规定的时间间隔的不同，频率稳定度有长期、短期和瞬时之分。长期频率稳定度是指一天以上乃至几个月的相对频率变化的最大值，它与元器件的老化有关；短期频率稳定度是指一天以内相对频率变化的最大值，它与温度、电源电压等的变化有关；瞬时频率稳定度（又称秒级频率稳定度）是指秒或毫秒内相对频率的变化量，它与电路内部噪声有关，具有随机的性质。通常讲的频率稳定度指的是短期频率稳定度。例如，一个标称频率为1 MHz的振荡器，在一天之内测得与标称频率偏离最大的频率为999.99 kHz，则可求得该振荡器的短期频率稳定度为 1×10^{-5}/d。

对频率稳定度的要求视用途而异。用于中波广播电台发射机的频率稳定度为 10^{-5} 数量级，电视发射机为 10^{-7} 数量级；普通信号发生器为 $10^{-4}\sim10^{-5}$ 数量级，而高精度信号发生器为 $10^{-7}\sim10^{-9}$ 数量级。

2) 振幅稳定度

振幅稳定度常用振幅的相对变化量 S 来表示，即

$$S=\frac{\Delta U_{\mathrm{om}}}{U_{\mathrm{om}}} \tag{3-11}$$

式中，U_{om} 为某一参考的输出电压振幅，ΔU_{om} 为偏离该参考振幅 U_{om} 的值。

振幅稳定度与电源电压、元器件的参数和温度等的变化有关。

应当指出，在不同的应用场合，对振荡器性能指标的要求也不同。作为电信号发生器的振荡器，其主要指标是振荡频率的准确度和稳定度、振幅稳定度及振荡波形的失真系数，尤其以频率稳定度最为重要，因为频率稳定度达不到要求往往会导致电子设备不能正常工作。而作为高频能源(如高频感应加热炉、医用电疗仪器等)的振荡器，其主要指标则是效率和振荡输出功率，而对频率准确度和稳定度的要求不高。本章仅限于讨论前一类应用的振荡器。

3.1.4 分析步骤

对于反馈式正弦波振荡器，其分析的一般步骤如下：

(1) 检查振荡器是否包含放大器、选频网络和反馈网络等基本组成部分。

(2) 检查放大器是否具有放大作用，例如放大器的结构是否合理、静态工作点是否合适。

(3) 分析振荡器是否满足相位平衡条件(或闭合环路是否是正反馈)，即分析是否存在一个频率 f_0，满足整个环路的相移 $\varphi_{AF}=2n\pi$。如果整个频域中不存在任何一个频率满足相位平衡条件，则可以断定振荡器不能产生正弦波振荡。为此，必须分析选频网络的相频特性。如果振荡器满足相位平衡条件，则可利用该条件求出振荡频率 f_0。

(4) 分析振荡器是否满足起振条件(即 $f=f_0$ 处 $A_uF_u>1$)，或满足起振条件的电路参数。如果振荡器同时满足相位平衡条件和起振条件，且放大器具有放大作用，则可产生正弦波振荡。

分析起振条件时可把图 3.2 中的 1 点断开(开环)，其中 $\dot{U}_{\mathrm{i}}$ 为输入信号，$\dot{U}_{\mathrm{f}}$ 为开环输出信号，放大器的输入阻抗应作为反馈网络的负载。由于起振时振荡幅度很小，故具体分析时管子可采用低频小信号等效电路，以简化计算。应该指出，由于通常起振条件容易得到满足，因此本章对此不再做详细推导，而只给出结论。

3.2 LC 正弦波振荡器

选频网络采用 LC 谐振回路的反馈式正弦波振荡器，称为 LC 正弦波振荡器，简称 LC 振荡器。LC 振荡器中的有源器件可以是三极管、场效应管，也可以是集成电路。由于 LC 振荡器产生的正弦信号的频率较高(几十千赫到1 000兆赫左右)，而普通集成运放的频带较窄，高速集成运放的价格又较贵，所以 LC 振荡器常用分立元件组成。

按照反馈耦合网络的不同，LC 振荡器可分为变压器反馈式振荡器和三点式振荡器。

为了使振幅和频率保持稳定，除了采用具有较高稳定性的偏置电路以稳定静态工作点外，还要在电路上进行改进。

3.2.1 变压器反馈式振荡器

变压器反馈式(Transformer Feedback)振荡器又称互感耦合振荡器，其典型电路之一如图 3.5(a)所示。图中，R_{b1}、R_{b2} 和 R_e 组成具有稳定静态工作点的分压式偏置电路，振荡回路由变压器初级线圈 L 和电容 C 组成，反馈电压则由变压器次级线圈 L_1 提供，C_e、C_b 为高频旁路电容。图 3.4(b)为其相应的交流通路。

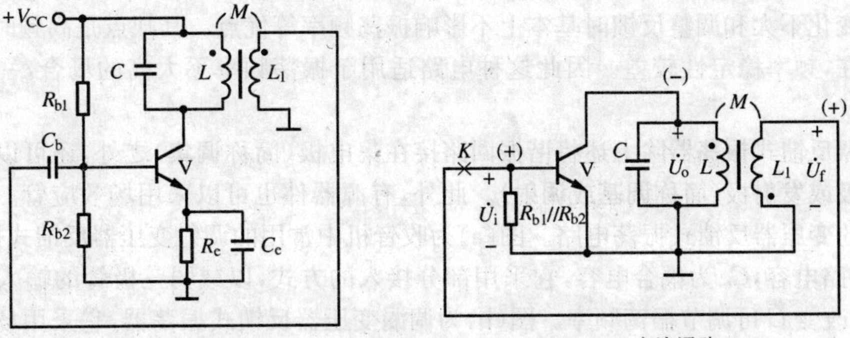

(a) 电路　　　　(b) 交流通路

图 3.5　变压器反馈式振荡器

1) 相位平衡条件

为了分析相位平衡条件，我们把图 3.5(b)中的反馈从 K 点断开。对于 LC 并联回路的谐振频率 f_0，回路呈纯阻性，则$\dot{U}_{ce}$(即$\dot{U}_o$)与$\dot{U}_i$ 的相位差为 π；根据变压器初、次级线圈的同名端接法，$\dot{U}_f$ 与$\dot{U}_o$ 的相位差也为 π。因此，$\dot{U}_f$ 与$\dot{U}_i$ 同相，满足振荡的相位平衡条件。

我们还可以利用瞬时极性法的(+)、(−)来表示这种简单的相位关系，如图 3.5(b)所示。不难判断，$\dot{U}_f$ 与$\dot{U}_i$ 同相，电路中引入的是正反馈，因此满足振荡的相位平衡条件。

应当指出，由于管子的极间电容、分布参数等的影响，在谐振频率 f_0 处的$\dot{U}_o$ 与$\dot{U}_i$ 并不恰好为反相，即相位差并不恰好等于 π，而是在 π 的基础上附加了一个很小的相移。为了满足相位平衡条件，谐振回路必须产生一个大小相等、符号相反的相移来抵消上述的附加相移。因此，对振荡频率而言，回路总是处于失谐状态，振荡频率也不等于谐振频率。但是，由于失谐很小，所以为了简化分析，除了个别的场合，通常都近似认为回路是谐振的，即认为振荡频率等于回路谐振频率，并都用 f_0 表示。上述结论对其他 LC 振荡器也适用。

2) 振荡频率

由于在 LC 并联回路的谐振频率 f_0 处满足相位平衡条件，故振荡器的振荡频率等于 f_0。当回路的损耗很小(即为高 Q 回路)时，有

$$f_0 \approx \frac{1}{2\pi\sqrt{LC}} \tag{3-12}$$

3) 起振条件

可以推得，该振荡器的起振条件为

$$\frac{r_{be}rC}{\beta}<M<\beta L \tag{3-13}$$

式中，r 为初级线圈 L 的串联损耗电阻。因此，选用 β 大的三极管和增大管子的静态电流（r_{be}小），电路容易起振。上式表明，变压器初、次级之间的耦合既不能太弱，又不能太强。因为耦合太弱，反馈到管子基极的电压很小；耦合太强，管子的输入电阻对回路的影响过大，会使 Q_e 值下降过大而导致放大器的放大倍数下降太多。显然，这两种情况下振荡器均不易起振。

4）特点

变压器反馈式振荡器具有结构简单、易起振、输出幅度较大、调节频率方便、调节频率时输出幅度变化不大和调整反馈时基本上不影响振荡频率等优点。其缺点是高频时由于分布电容的存在，频率稳定性较差。因此这种电路适用于振荡频率不太高的场合，一般为中短波段。

变压器反馈式振荡器除上述将谐振回路接在集电极（简称**调集**）之外，还可以把谐振回路接在基极或发射极（简称**调基**或**调射**）。此外，有源器件也可以采用场效应管。图 3.6 为两种常见的变压器反馈式振荡电路。图(a)为收音机中常用的调射变压器反馈式振荡器，其中 C_b 为旁路电容，C_e 为耦合电容，它采用部分接入的方式，以减弱三极管的输入阻抗对回路的影响，改变 C 可调节振荡频率。图(b)为调漏变压器反馈式振荡器，它采用场效应管作为放大器件，R_g、C_g 用来产生栅偏压（自给偏压），由于场效应管的输入、输出阻抗都很高，所以无须采用部分接入的方式。

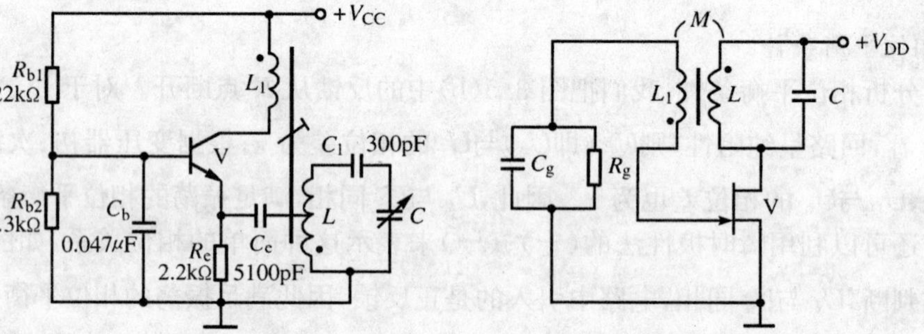

图 3.6　变压器反馈式振荡器的其他电路

3.2.2　三点式振荡器

三点式振荡器有电感三点式和电容三点式两种，下面分别加以介绍。

1）电感三点式振荡器

电感三点式振荡器又称为**哈特莱**（Hartley）**振荡器**，其电路如图 3.7(a)所示。图中，L 是具有抽头的电感线圈，L 和 C 组成振荡回路，反馈电压取自 L 的一部分 L_2 的两端，C_b 和 C_e 均对高频旁路。图 3.7(b)为该振荡器的交流通路，其中 $R_b=R_{b1}//R_{b2}$。由图可见，管子的输出端和输入端都采用部分接入 LC 回路的方式。由于三极管的三个电极分别与电感 L 的三个引出点（亦即 LC 回路的三个引出点）相接，故称为电感三点式振荡器。

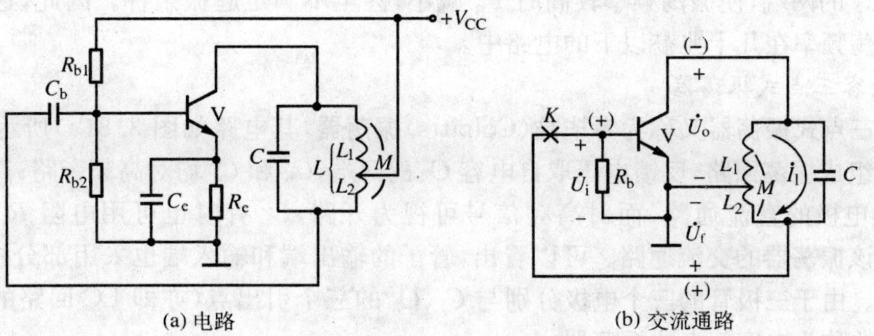

图 3.7　电感三点式振荡器

(1) 相位平衡条件

把反馈从图 3.7(b)中的 K 点断开，设$\dot{U}_i$ 的瞬时极性为(+)，由于 LC 回路谐振时呈纯阻性，故$\dot{U}_o$(即$\dot{U}_{ce}$)的瞬时极性为(−)。因为电感 L 的中间抽头交流接地，则其两端的相位相反，即反馈电压$\dot{U}_f$ 的瞬时极性为(+)。因此，$\dot{U}_f$ 与$\dot{U}_i$ 同相，电路中引入的是正反馈，满足振荡的相位平衡条件。

(2) 振荡频率

若忽略 $R_i(R_i=r_{be}/\!/R_{b1}/\!/R_{b2}\approx r_{be})$、$r_{ce}$ 和回路并联损耗电阻，则振荡回路在谐振时只有循环电流 $\dot{I}_1$ 在流动，回路的输入电流为零(因回路无损耗)。由图 3.7(b)得

$$(\dot{I}_1 j\omega_0 L_1+\dot{I}_1 j\omega_0 M)+(\dot{I}_1 j\omega_0 L_2+\dot{I}_1 j\omega_0 M)+\dot{I}_1\frac{1}{j\omega_0 C}=0$$

$$\omega_0=\frac{1}{\sqrt{(L_1+L_2+2M)C}}$$

令 $L=L_1+L_2+2M$ 为回路的总电感，则振荡频率

$$f_0=\frac{1}{2\pi\sqrt{(L_1+L_2+2M)C}}=\frac{1}{2\pi\sqrt{LC}} \tag{3-14}$$

考虑到 R_i、r_{ce} 等的影响，实际振荡频率稍低于 $1/2\pi\sqrt{LC}$。

(3) 起振条件

可以推得，该振荡器的起振条件为

$$\frac{r_{be}}{\beta r_{ce}}<\frac{L_2+M}{L_1+M}<\beta \tag{3-15}$$

式中，$(L_2+M)/(L_1+M)=F_u$ 为反馈系数的模。可见，选择 β 大的管子和增大管子的静态电流有利于起振。上式表明，该振荡器的反馈既不能太强，又不能太弱，否则对起振不利，这就要求 L 的抽头位置要合适。

(4) 特点

电感三点式振荡器容易起振，输出电压幅度较大；C 采用可变电容后很容易实现振荡频率在较宽频段内的调节，且调节频率时基本上不影响反馈系数。但是，由于反馈电压取自电感 L_2 的两端，它对高次谐波的阻抗大，故 LC 回路中的高次谐波反馈较强，因而输出电压中谐波成分多，输出波形差；此外，由于 L_1 和 L_2 的分布电容及管子的输出、输入电容分别并联

于 L_1 和 L_2 的两端，使振荡频率较高时 F_u 减小，甚至不满足起振条件。因此，这种振荡器多用在振荡频率在几十兆赫以下的电路中。

2）电容三点式振荡器

电容三点式振荡器又称为**考毕兹**(Colpitts)**振荡器**，其电路如图 3.8(a)所示。图中，L 和 C_1、C_2 组成振荡回路，反馈电压取自电容 C_2 的两端，C_b 和 C_e 均对高频旁路；高频扼流圈 L_c 构成集电极的直流通路，而对高频信号可视为开路，L_c 有时也可用电阻 R_c 代替。图 3.8(b)为该振荡器的交流通路。可以看出，管子的输出端和输入端也采用部分接入 LC 回路的方式。由于三极管的三个电极分别与 C_1、C_2 的三个引出点（亦即 LC 回路的三个引出点）相接，故称为电容三点式振荡器。

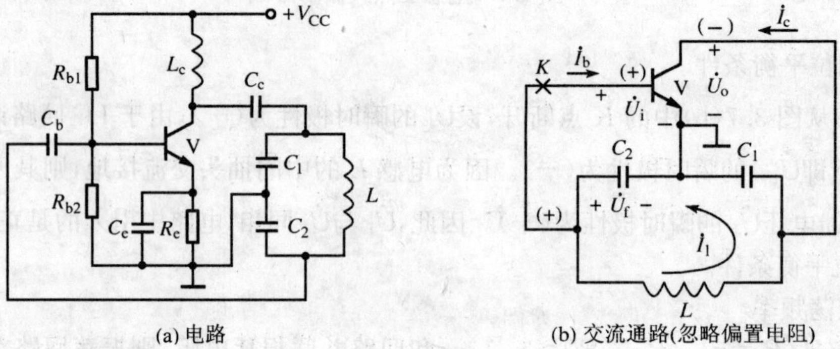

图 3.8　电容三点式振荡器

(1) 相位平衡条件

断开图 3.8(b)中 K 点，对于 L、C_1 和 C_2 构成的并联回路的谐振频率 f_0，回路呈纯阻性，则$\dot{U}_o$（即$\dot{U}_{ce}$）与$\dot{U}_i$（即$\dot{U}_{be}$）的相位差为 π。在忽略回路的损耗、偏置电阻和管子的输入、输出电阻的情况下，回路在谐振时只有循环电流 $\dot{I}_1$ 在流动。在图中所示 $\dot{I}_1$ 的流向情况下，C_1 两端电压$\dot{U}_o$滞后 $\dot{I}_1$ 的相位为 $\pi/2$；而在 C_2 两端电压$\dot{U}_f$ 的规定极性情况下，通过 C_2 电流 $\dot{I}_1$ 的流向应与图中所规定的 $\dot{I}_1$ 流向相反，因此$\dot{U}_f$ 与 $\dot{I}_1$ 的相位关系，不是滞后了 $\pi/2$，而是超前了 $\pi/2$。综上所述，反馈一周的相位关系如下：

$$\dot{U}_i \xrightarrow{\pi} \dot{U}_o \xrightarrow{\pi/2} \dot{I}_1 \xrightarrow{\pi/2} \dot{U}_f$$

因此，$\varphi_{AF}=\pi+\pi/2+\pi/2=2\pi$，即$\dot{U}_f$ 与$\dot{U}_i$ 同相，满足相位平衡条件。该电路也可用瞬时极性法来判断它满足相位平衡条件，相应的瞬时极性已用(+)、(−)标在图 3.8(b)上，不再赘述。

(2) 振荡频率

电容三点式振荡器的振荡频率

$$f_0=\frac{1}{2\pi\sqrt{LC}} \tag{3-16}$$

式中，$C=C_1C_2/(C_1+C_2)$为回路的总电容。考虑到 r_{be} 和 r_{ce} 的影响，实际振荡频率稍高于$1/2\pi\sqrt{LC}$。

(3) 起振条件

可以推得，该振荡器的起振条件为

$$\frac{r_{be}}{\beta r_{ce}}<\frac{C_1}{C_2}<\beta \tag{3-17}$$

式中，$C_1/C_2=F_u$ 为反馈系数的模。

如果考虑管子的输入电容 C_i 和输出电容 C_o，由于 C_i 和 C_2 并联，C_o 和 C_1 并联，因此，若令 $C_1'=C_1+C_o$，$C_2'=C_2+C_i$，并用 C_1'、C_2'分别代替上述两式中的 C_1 和 C_2，就得到考虑管子的输入和输出电容时的起振条件和振荡频率。此时，反馈系数 $F_u=C_1'/C_2'$，回路总电容 $C=C_1'C_2'/(C_1'+C_2')$。

(4) 特点

电容三点式振荡器的优点是：由于反馈电压取自电容 C_2 的两端，它对高次谐波的阻抗小，故 LC 回路中的高次谐波反馈很弱，因而输出电压中谐波成分很小，输出波形好；由于不稳定电容（如管子的输入和输出电容）和外接的回路电容相并联，所以适当加大回路电容量，可减弱不稳定电容对振荡频率的影响，从而提高频率稳定度；若不外接回路电容，直接利用管子的输入和输出电容作为回路电容，则振荡频率可以很高，可达几百到上千兆赫。但是，电容三点式振荡器调节频率不方便，因为若通过改变某一电容来改变振荡频率时，反馈系数也跟着改变，从而导致振荡器工作状态的变化，因此这个电路只适于作固频振荡器；另外，由于受管子输入和输出电容的影响，为保证振荡频率的稳定，振荡频率的提高将受到限制。

［**例 3-1**］ 图 3.8(a)所示的电容三点式振荡器中，$C_1=36$ pF，$C_2=680$ pF，$L=2.5\ \mu$H，三极管的 $C_i=41$ pF，$C_o=4.3$ pF，$r_{be}=2\ \text{k}\Omega$，$r_{ce}=10\ \text{k}\Omega$。求振荡频率 f_0 和满足起振条件的 β 最小值。

解 $C_1'=C_1+C_0=36+4.3=40.3$ pF，$C_2'=C_2+C_i=680+41=721$ pF。则

$$C=\frac{C_1'C_2'}{C_1'+C_2'}=\frac{40.3\times721}{40.3+721}\approx38\ (\text{pF})$$

则 $$f_0=\frac{1}{2\pi\sqrt{LC}}=\frac{1}{6.28\times\sqrt{2.5\times10^{-6}\times38\times10^{-12}}}\approx1.63\times10^{7}(\text{Hz})=16.3\ \text{MHz}$$

把有关数据代入起振条件式(3-17)，并分别用 C_1'、C_2'代替该式中的 C_1、C_2，可得

$$\beta>4$$

只要 $\beta>4$ 就能起振，这是很容易满足的。

3) 三点式振荡器的组成原则

在分析了上述两种三点式振荡器的基础上，我们讨论一般形式的三点式振荡器。若忽略偏置电阻，三点式振荡器交流通路的一般形式如图 3.9 所示。图中，振荡回路由纯电抗元件 X_{cb}、X_{be}和 X_{ce}组成，它们的电抗分别为 jX_{cb}、jX_{be}和 jX_{ce}，且 $X>0$ 时为感性元件，$X<0$ 时为容性元件。

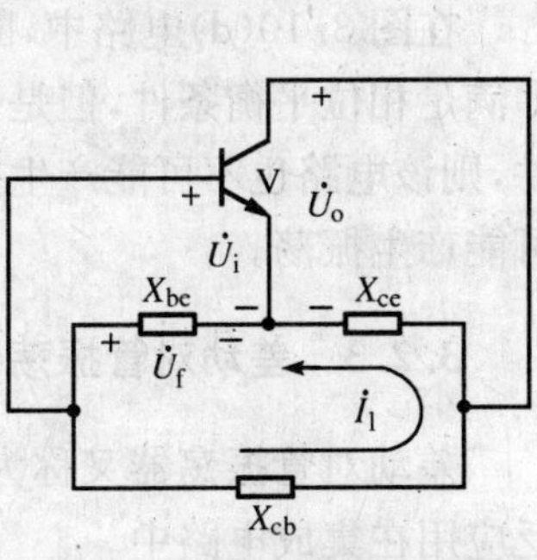

图 3.9 三点式振荡器的一般形式（交流通路）

若忽略三极管的输入和输出阻抗，则当回路谐振（即 $\omega=\omega_0$）时，回路内只有循环电流 $\dot{I}_1$ 在流动，故

$$\dot{I}_1(\text{j}X_{cb}+\text{j}X_{be}+\text{j}X_{ce})=0$$

即 $$X_{cb}+X_{be}+X_{ce}=0 \tag{3-18}$$

由于电路自激时$\dot{U}_f$与$\dot{U}_i$（即$\dot{U}_{be}$）同相，而$\dot{U}_o$（即$\dot{U}_{ce}$）与$\dot{U}_i$反相，因此$\dot{U}_f$必须与$\dot{U}_o$反相才满足相位平衡条件。故由图3.9可得

$$\frac{\dot{U}_f}{\dot{U}_o}=\frac{-\dot{I}_1 jX_{be}}{\dot{I}_1 jX_{ce}}=-\frac{X_{be}}{X_{ce}}<0$$

即
$$\frac{X_{be}}{X_{ce}}>0 \tag{3-19}$$

由上式知，X_{be}与X_{ce}为同性质的电抗；再由式(3-18)知，X_{cb}与X_{be}（或X_{ce}）为反性质的电抗。因此，三点式振荡器的组成原则（或满足相位平衡条件的准则）是：X_{ce}与X_{be}的电抗性质相同，X_{cb}与X_{be}（或X_{ce}）的电抗性质相反。

［**例3-2**］ 判断图3.10所示的振荡器有无可能产生振荡。

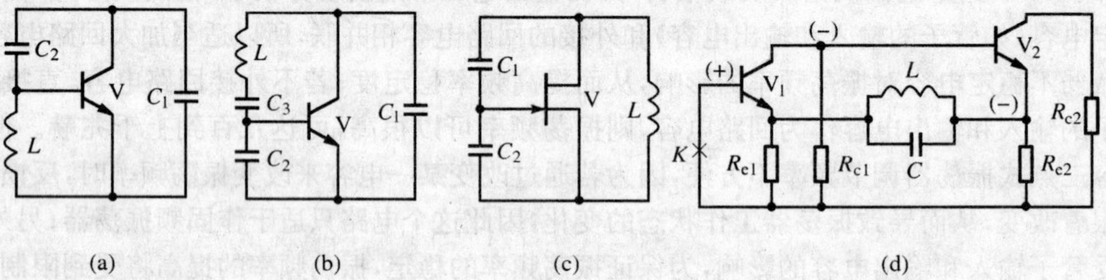

图3.10 例3-2的电路

解 图3.10(a)为三点式振荡电路，由于$X_{cb}(C_2)$与$X_{ce}(C_1)$为同性质的电抗，$X_{ce}(C_1)$与$X_{be}(L)$为反性质的电抗，故不可能产生振荡。

图3.10(b)也是三点式振荡电路，其中X_{cb}由串联回路L、C_3组成，设其谐振频率为f_1，即$f_1=1/2\pi\sqrt{LC_3}$。当$f>f_1$时，X_{cb}为感性电抗，而$X_{be}(C_2)$、$X_{ce}(C_1)$均为电容，因此电路符合上述三点式振荡器的组成原则，可能产生振荡，且振荡频率$f_0>f_1$。

图3.10(c)为场效应管三点式振荡器，与三极管三点式振荡器比较，X_{dg}相当于X_{cb}，X_{ds}相当于X_{ce}，X_{gs}相当于X_{be}。由于$X_{dg}(C_1)$与$X_{gs}(C_2)$为同性质的电抗，$X_{gs}(C_2)$与$X_{ds}(L)$为反性质的电抗，故不可能产生振荡。

在图3.10(d)电路中，断开K点，用瞬时极性法可判断在L、C并联谐振时存在正反馈，即满足相位平衡条件，但是L、C却呈现极大的谐振电阻，因此正反馈最弱，不满足起振条件，则该电路也不可能产生振荡。由此不难看到，如果把电路中的L、C由并联改为串联，就可能产生振荡。

3.2.3 差动对管振荡器

差动对管振荡器又称为**索尼振荡器**(Sony Oscillator)，其原理电路如图3.11所示，它广泛应用在集成电路中。

图中，V_2管的集电极外接LC并联回路，它谐振在振荡频率上，并将其上的输出电压直接加到V_1管的基极上，形成正反馈。$+V_{BB}$为V_1、V_2两管共同的基极偏置电压（L对直流相当于短路），同时又作为V_2的集电极电源电压。由于V_2管的基极和集电极的直流电位

相同，为了不使它处于饱和导通状态，LC 回路两端的振荡电压的振幅不能太大（一般在 200 mV左右），为此除依靠振荡管进入截止区（而不是饱和区）的非线性实现内稳幅外，还在实际电路中采用负反馈的方法实现外稳幅。

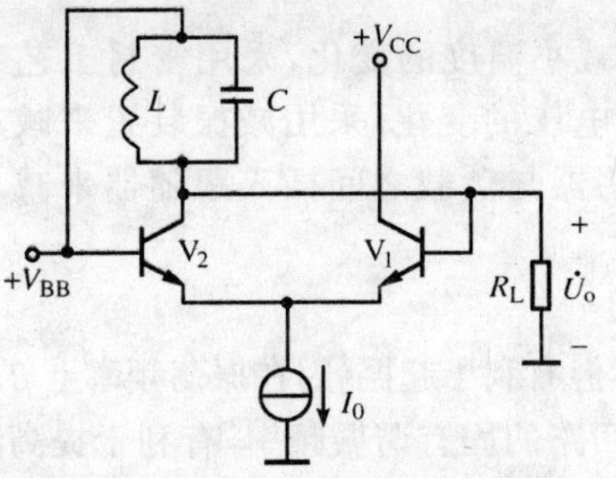

图 3.11　差动对管振荡器的原理电路

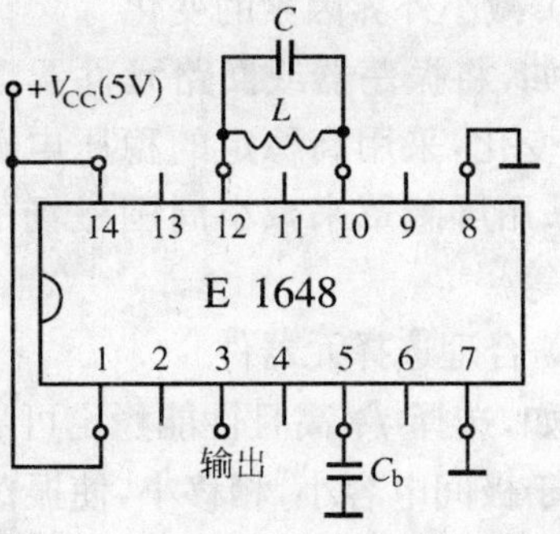

图 3.12　E1648 集成振荡器的外接电路

E1648（国外型号为 MC1648）是由上述电路构成的集成振荡器，它为双列直插式，振荡频率可达200 MHz。E1648 大致由偏置电路、差动对管振荡器和放大电路三部分组成，限于篇幅，这里不对它的内部电路作进一步的介绍。图 3.12 为 E1648 集成振荡器的外接电路，输出正弦电压，其中图 3.11 中的基极偏置电压由内部电路产生。E1648 还可输出方波电压，这时应在“5”端外接正电压。

3.2.4　频率稳定

1）振荡频率变化的原因

温度、湿度、电源电压、负载、周围磁场的变化以及机械振动、元器件的老化等的存在，这些外界因素的变化都会使振荡频率发生变化，而温度是其中最重要的因素。为什么上述因素会使振荡频率发生变化？

前面已指出，振荡频率是根据相位平衡条件 $\varphi_{AF}=\varphi_A+\varphi_F=0$（设 $n=0$）确定的。在 LC 振荡器中，φ_A 主要取决于 LC 并联回路的相移 $\varphi_Z(f)$，它在谐振频率 f_0 附近随 f 的变化十分剧烈，而 φ_F 随 f 的变化相对地要缓慢得多，可近似认为是一常数。因此，LC 振荡器的相位平衡条件就变为 $\varphi_Z(f_0)=-\varphi_F$。在图 3.13 所示的 LC 并联回路的相频特性中，振荡频率 f_0 处的 $\varphi_Z=-\varphi_F$。

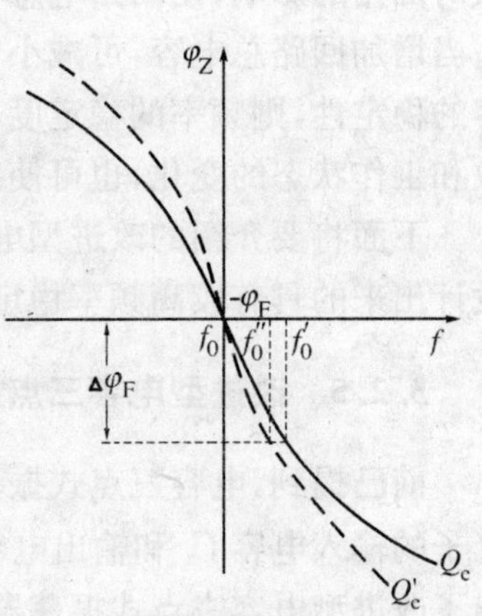

图 3.13　LC 并联回路的相频特性（$Q'_e>Q_e$）

LC 振荡器的振荡频率 f_0 主要取决于振荡回路参数 L 和 C，同时还与其品质因数 Q_e、管子的参数和其他寄生参数有关，因为它们之中任何一个的变化，都会引起 LC 并联回路相频特性或 φ_F 的变化，从而导致振荡频率 f_0 的改变。而前述的各种外界因素的变化，都有可能引起决定振荡频率 f_0 的 L、C、Q_e、φ_F 和管子参数的变化，从而使 f_0 发生变化。为了说明这一点，现假设外界因素的变化使 φ_F 增大了 $\Delta\varphi_F$，则相位平衡条件被破坏，此时 $\varphi_Z(f)$将产生 $-\Delta\varphi_F$ 的附加相移，使 φ_{AF} 重新为零，即电路重新满足相位平衡条件，因此振荡频率将从 f_0 变为 f_0'，如图 3.13 所示。由该图还可看出，回路的 Q 值越高($Q_e'>Q_e$),则振荡频率的变化越小($f_0''-f_0<f_0'-f_0$),频率的稳定性越高。

2) 稳频措施

根据上面对振荡频率变化原因的分析,可采用下述的稳频措施。

(1) 减小外界因素的变化

例如,将振荡器或回路元件置于恒温槽内来减小温度的变化,采用密封工艺来减小湿度的变化,采用高稳定的稳压电源来减小电源电压的变化,采用减振装置来减小机械振动,采用屏蔽罩来减小周围磁场的影响,在振荡器与负载之间插入跟随器来减小负载的变化等。

(2) 合理选择元器件

例如,选择 f_T 高且性能稳定可靠的振荡管,不但有利于起振(因在振荡频率上 β 较高),而且由于极间电容小,相移小,使振荡频率更接近回路的固有谐振频率,有利于提高频率稳定度;选择温度系数小、Q 值高的回路电感 L 和电容 C(如在高频瓷骨架上用烧渗银法制成的电感),一方面使 L 和 C 在温度改变时变化很小,振荡频率的变化也很小,另一方面由于 Q 值高,其频率稳定度也高;采用贴片元器件,可减小分布参数的影响,有利于振荡频率的稳定。此外,L 一般具有正温度系数,若选用适当负温度系数的电容(如陶瓷电容器)进行温度补偿,就可以使温度改变时振荡频率的变化大大减小。

为了防止元器件老化带来的振荡频率变化,在组装电路前应对元器件进行老化处理。

(3) 合理设计振荡电路

例如,采用部分接入等方法减小管子与回路之间的耦合,可有效减小管子参数和分布参数对回路的影响,使回路电感和电容变化小,且 Q 值下降很少,起到稳定振荡频率的作用;适当增加回路总电容,可减小管子的输入、输出电容在总电容中的比重,从而提高回路总电容的稳定性,则频率的稳定度也提高了;采用稳定静态工作点的偏置电路,可减小振荡管参数和工作状态的变化,也可使振荡频率的变化减小。

下面将要介绍的改进型电容三点式振荡器,就是根据减小管子与回路之间耦合的原理设计出来的具有较高频率稳定度的振荡器。

3.2.5 改进型电容三点式振荡器

前已提到,电容三点式振荡器的性能较好,但存在下述缺点:调节频率会改变反馈系数,管子的输入电容 C_i 和输出电容 C_o 对振荡频率的影响限制了振荡频率的提高。为此,设计出了改进型电容三点式振荡器,它有串联型和并联型两种。

1) 串联改进型电容三点式振荡器

串联改进型电容三点式振荡器如图 3.14(a)所示。该振荡器又称为**克拉泼**(Clapp)**振荡器**,图 3.14(b)为其交流通路,其中 C_i、C_o 为管子的输入和输出电容,电容 C_3 容量很小,满足 $C_3\ll C_1$ 和 $C_3\ll C_2$。可以看出,与电容三点式振荡器相比,克拉泼振荡器仅在回路中多加一个与 L 串接的电容 C_3,串联改进型电容三点式振荡器由此得名。

在例 3-2 中,已判断克拉泼电路满足振荡的相位平衡条件。由图 3.14(b)知,C_3 和 C_1'($C_1'=C_1+C_o$)、C_2'($C_2'=C_2+C_i$)相串联,故回路总电容 C 由下式决定:

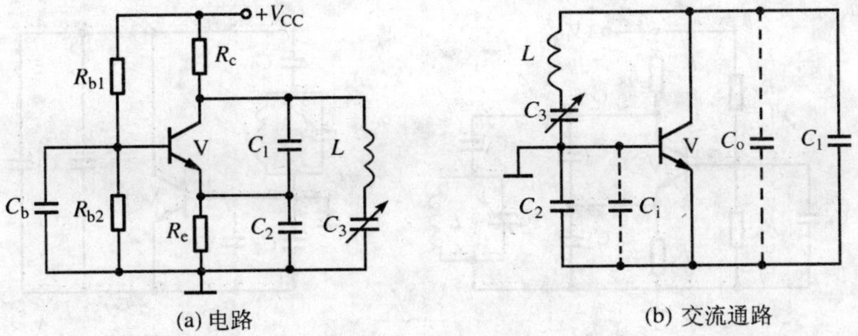

图 3.14　克拉泼振荡器

$$\frac{1}{C}=\frac{1}{C_3}+\frac{1}{C_1'}+\frac{1}{C_2'}=\frac{1}{C_3}+\frac{1}{C_1+C_o}+\frac{1}{C_2+C_i} \tag{3-20}$$

由于 $C_3 \ll C_1$，$C_3 \ll C_2$，故 $C \approx C_3$，则振荡频率

$$f_0=\frac{1}{2\pi\sqrt{LC}}\approx\frac{1}{2\pi\sqrt{LC_3}} \tag{3-21}$$

可见，C_i 和 C_o 对 f_0 几乎无影响。这是由于 f_0 主要由小电容 C_3 和 L 决定，而管子与谐振回路之间的耦合大大减弱了(即其输出端的接入系数 $p=C/C_1' \approx C_3/C_1'$ 很小)，即使 C_i 和 C_o 发生变化，它们对回路的影响已微不足道了，因此，振荡频率的稳定度大大提高了。克拉泼振荡器的反馈系数

$$F_u=\frac{C_1'}{C_2'}=\frac{C_1+C_o}{C_2+C_i} \tag{3-22}$$

因此，调节 C_3 改变振荡频率时，不影响反馈系数；而调节 C_1 或 C_2 改变反馈系数时，对振荡频率也无影响。换言之，克拉泼振荡器的振荡频率与反馈系数可分别独立调节，这就消除了电容三点式振荡器的另一缺点。

分析表明，克拉泼振荡器的起振条件对管子的 β 提出很高的要求，它与 f_0^3 成正比；而输出电压振幅与 f_0^3 成反比。因此，随着 f_0 的升高，输出电压振幅将迅速下降直至停振。可见，克拉泼振荡器虽然频率稳定度高，但是在波段内输出幅度不均匀，波段覆盖系数小，因此只适于作固频振荡器。

2) 并联改进型电容三点式振荡器

为克服克拉泼振荡器的缺点，可采用图 3.15(a)所示的并联改进型电容三点式振荡器。该振荡器又称为**西勒**(Seiler)**振荡器**，图 3.15(b)为其交流通路。它与克拉泼振荡器不同之处仅在于回路电感 L 两端并联了一个可变电容 C_4，而 C_3 为远小于 C_1、C_2 的固定电容。

由于 $C_1 \gg C_3$，$C_2 \gg C_3$，且 $C_1'=C_1+C_o$，$C_2'=C_2+C_i$，则回路总电容及振荡频率分别为

$$C=C_4+\frac{1}{\dfrac{1}{C_3}+\dfrac{1}{C_1'}+\dfrac{1}{C_2'}}\approx C_4+C_3 \tag{3-23}$$

$$f_0=\frac{1}{2\pi\sqrt{LC}}\approx\frac{1}{2\pi\sqrt{L(C_4+C_3)}} \tag{3-24}$$

西勒振荡器的反馈系数 F_u 和接入系数 p 与克拉泼振荡器相同，因此它也具有频率稳

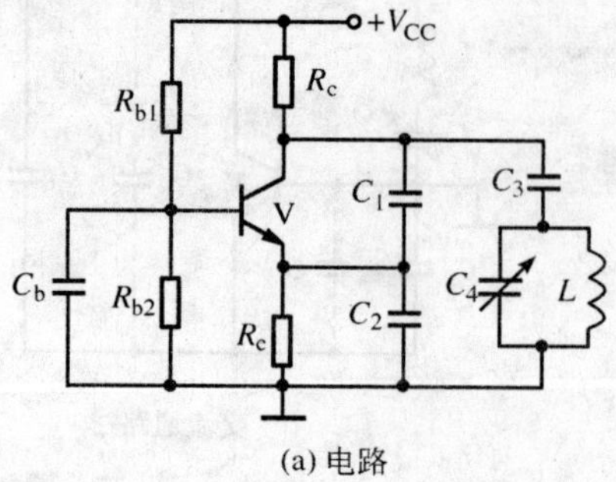

(a) 电路

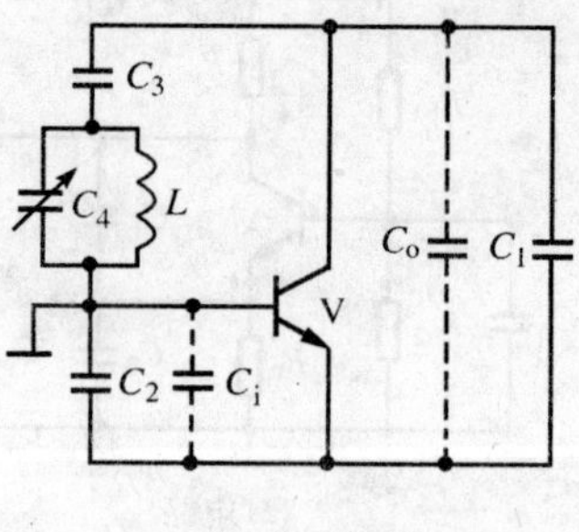

(b) 交流通路

图 3.15　西勒振荡器

定度高和振荡频率、反馈系数可分别独立调节的优点。分析表明，随着 f_0 的升高，西勒振荡器对振荡管的 β 要求降低(有利于起振)，而它的输出电压振幅随 f_0 的升高成正比的增大，这恰好部分地补偿了因高频时管子 β 下降使振幅下降的特性，使输出振幅在较宽的频率范围内比较平稳，从而克服了克拉泼振荡器的不足。因此，西勒振荡器可作为高频时的可变频率振荡器。

3.3　石英晶体振荡器

一般 LC 振荡器的频率稳定度只能达到 $10^{-3}\sim10^{-4}$ 数量级，改进型电容三点式振荡器的频率稳定度也只有 $10^{-4}\sim10^{-5}$ 数量级。然而在许多场合，往往要求频率稳定度优于 10^{-5} 数量级，这时就必须采用石英晶体振荡器(Quartz - crystal Oscillator)，它是用石英谐振器(Quartz Resonator)作为振荡回路元件的具有高稳定度(可达 $10^{-5}\sim10^{-11}$ 数量级)的振荡器。

3.3.1　石英谐振器

1.5.2 节中已对石英谐振器(即晶体滤波器)的特性和等效电路作了分析。由图 1.16(c)可以看出，只在 $f_q\sim f_p$ 很窄的频率范围内，石英谐振器才呈感性，其电抗特性曲线极为陡峭。石英谐振器作为振荡回路中的电感元件，它能使振荡器的频率稳定度大大提高，其原因在于：

(1) 石英晶体的物理化学性能十分稳定，外界因素对其性能影响很小。

(2) 石英谐振器的 Q 值(Q_q)极高，可达 10^5 以上，远大于一般 LC 回路的 Q 值，由 3.2.4 节所述可知，其稳频作用极强。

(3) 石英谐振器在 $f_q\sim f_p$ 的相当窄的频率范围内，其感抗从零变到∞，因此它相当于一特殊电感，极其陡峭的电抗特性使晶体对频率变化的自动调整灵敏度极高，稳频作用就极强，这也是它总工作在感性区、作为电感元件使用的原因。实际上，由于晶体被当作电感元件使用，则其工作频率被限制在 $f_q\sim f_p$ 范围内，外界因素对振荡频率(即工作频率)的影响再大，也不能使它超出这个很窄的频率范围，因此振荡频率的变化很小，频率稳定度就很高。

(4) 石英谐振器的接入系数极小，使振荡器中振荡回路与管子之间的耦合非常弱，于是外电路中不稳定因素对回路的影响将大大减小，其频率稳定度就很高。

用晶体构成的振荡器中，晶体两端往往并接电容 C_L（C_L 一般是由几个电容组成的等效电容），如图 3.16(a)所示，称 C_L 为晶体的**负载电容**。忽略 r_q 时，图 3.16(a)可改画成图 3.16(b)的形式。由于 $C_0 \gg C_q$，故振荡频率

$$f_0=\frac{1}{2\pi\sqrt{L_q\dfrac{(C_L+C_0)C_q}{C_L+C_0+C_q}}}\approx f_q\left(1+\frac{1}{2}\frac{C_q}{C_L+C_0}\right) \tag{3-25}$$

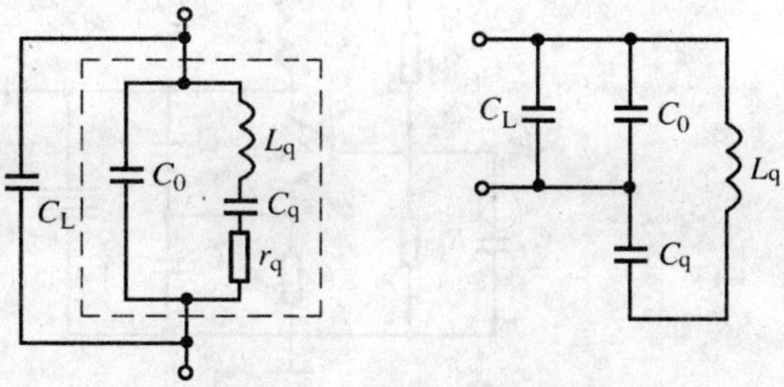

(a) 等效电路　　(b) 等效电路的另一种形式（忽略 r_q）

图 3.16　并联 C_L 后晶体的等效电路

上式表明，适当改变 C_L，就可在很小范围内调整振荡频率。通常标在晶体外壳上的振荡频率（标称频率），就是并接规定 C_L 后的 f_0 值。

应当指出，晶体的振动具有多谐性，它除了基频（Fundamental Frequency）振动外，还有奇次谐波的泛音（Overtones）振动，此时的等效电路如图 3.17 所示。图中，C_0 为静态电容，L_{q1}、C_{q1}、r_{q1} 等效它的基频谐振特性，L_{q3}、C_{q3}、r_{q3} 等效它的三次泛音的谐振特性……一个石英谐振器，既可利用基频振动，也可利用泛音振动，前者称为**基频晶体**，后者称为**泛音晶体**。泛音晶体一般利用三次或五次的泛音振动，而很少采用九次以上的泛音振动。若作为基频晶体，则图 3.17 中除 C_0 外，L_{q1}、C_{q1}、r_{q1} 支路呈现很小的串联谐振电阻，其他支路因阻抗很大而忽略，故其等效电路就简化为图1.16(b)，其中省略了各串联元件的下标“1”；若作为三次泛音晶体，同理，其等效电路可简化为 C_0 与 L_{q3}、C_{q3}、r_{q3} 支路的并联……注意，若无特别说明，平常所说的“晶体”均指基频晶体。

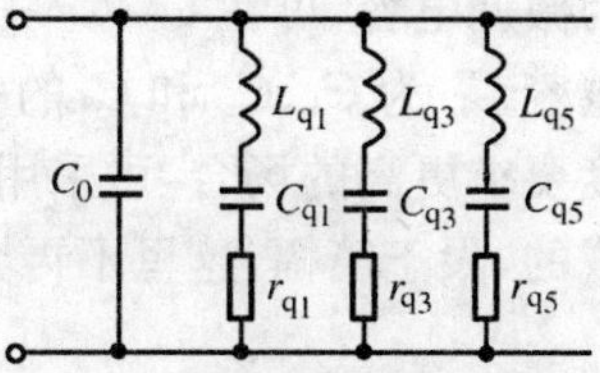

图 3.17　石英谐振器完整的等效电路

3.3.2　石英晶体振荡器

根据晶体在振荡电路中的不同作用，石英晶体振荡器可分为并联型和串联型两类电路。晶体工作在 $f_q \sim f_p$ 之间的感性区，作为三点式电路中的回路电感，整个振荡回路处于并联谐振状态，相应构成的振荡器称为并联型晶体振荡器。晶体工作在 f_q 上，作为串联谐振元件，相应构成的振荡器称为串联型晶体振荡器。

1）并联型晶体振荡器（Parallel-mode Crystal Oscillators）

如上所述，并联型晶体振荡器是把晶体作为回路电感，与其他回路元件组成三点式振荡器。在构成实际电路时，必须符合三点式振荡器的组成原则。目前常用的是皮尔斯（Pierce）电路和密勒（Miller）电路。

皮尔斯电路如图 3.18(a)所示，其中 L_c 为高频扼流圈，C_b 为基极旁路电容，C_c 为集电极耦合电容。在忽略 R_e 时，皮尔斯电路的交流通路如图 3.18(b)所示。可以看出，它的晶体接在管子的 c—b 极间，属于电容三点式振荡器。显然，该电路中晶体的负载电容 $C_L=C_1C_2/(C_1+C_2)$，其振荡频率可由式(3-25)求出。但是，选择 C_1、C_2 来满足 C_L 要求（即 f_0 的要求）的同时，将使振幅发生变化（因为反馈系数取决于 C_1 和 C_2）。为此，可采用图

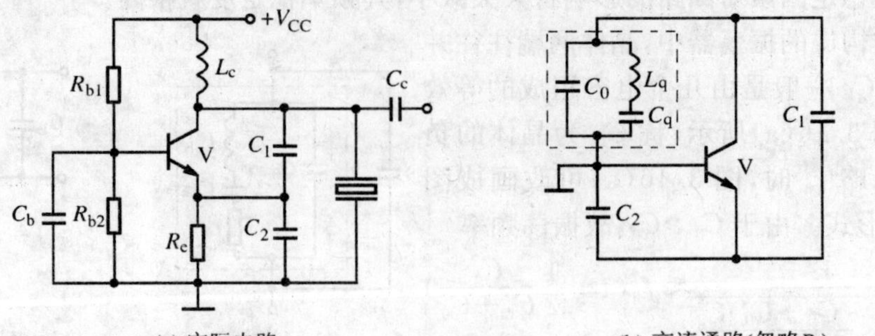

图 3.18　皮尔斯电路

3.19(a)所示的改进型皮尔斯电路。

在忽略较小的 R_f 时，图 3.19(a)的交流通路如图 3.19(b)所示，其中 $C_3'=C_3+C_4$，C_4 为微调电容，可在 C_1、C_2 一定时满足 C_L 的要求，从而微调振荡频率。该电路中晶体的负载电容 C_L 为 C_1、C_2 和 C_3'的串联，其振荡频率也可由式(3-25)求出。应该指出，在频率稳定度要求更高的场合，可采用温度补偿电路。常用的温度补偿电路是由变容管和热敏电阻组成的，限于篇幅，这里不再介绍。

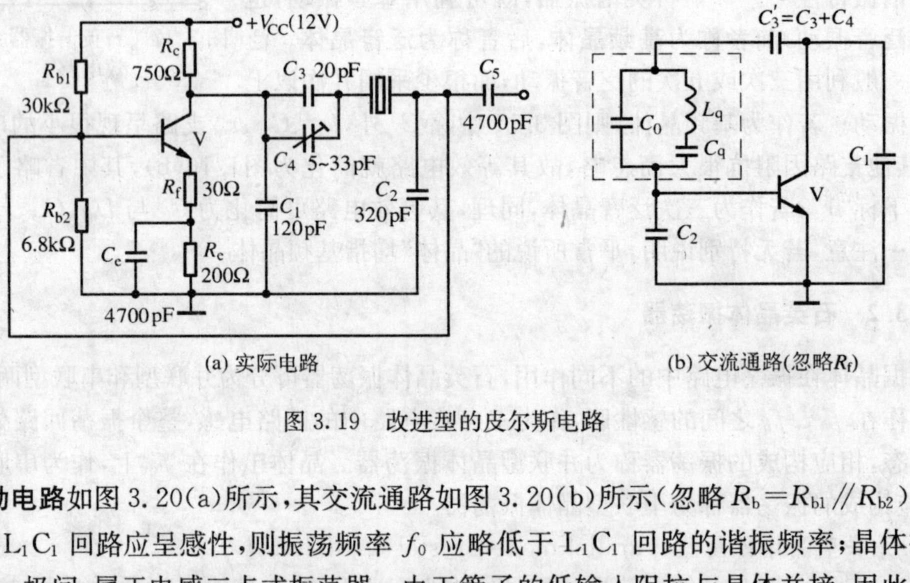

图 3.19　改进型的皮尔斯电路

密勒电路如图 3.20(a)所示，其交流通路如图 3.20(b)所示(忽略 $R_b=R_{b1}/\!/R_{b2}$)。可以看出，其 L_1C_1 回路应呈感性，则振荡频率 f_0 应略低于 L_1C_1 回路的谐振频率；晶体接在管子的 b—e 极间，属于电感三点式振荡器。由于管子的低输入阻抗与晶体并接，因此密勒电路的频率稳定度降低了。为此，可采用场效应管作为有源器件。必须指出，皮尔斯电路由于频率稳定度高，又不需外接线圈，故应用最为广泛。

2) 串联型晶体振荡器(Series-mode Crystal Oscillators)

串联型晶体振荡器是利用晶体工作在 f_q 时呈现很小的纯阻和相移为零的特性构成的。图 3.21(a)为常用的串联型晶体振荡器，其相应的交流通路如图 3.21(b)所示。

由图 3.21(b)可见，该电路与电容三点式振荡器十分相似，只不过反馈信号不是直接接到发射极，而是经过晶体才接到发射极，构成正反馈通路。由 C_1、C_2、C_3 和 L 组成的振荡回

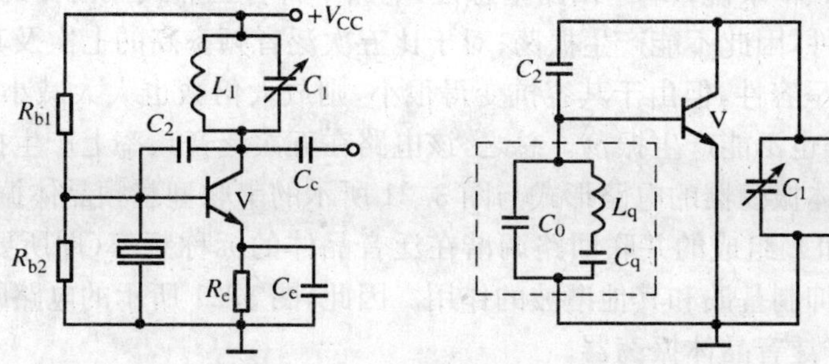

(a) 实际电路　　　　(b) 交流通路(忽略R_b)

图 3.20　密勒电路

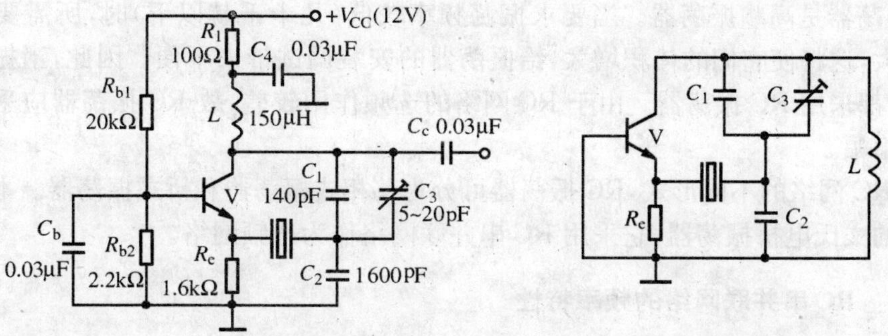

(a) 实际电路　　　　(b) 交流通路

图 3.21　串联型晶体振荡器

路调谐在晶体的串联谐振频率 f_q，此时晶体可以看成短路，正反馈最强，满足振荡条件，即其振荡频率基本上等于 f_q。而对于其他频率，晶体呈现很大的阻抗，电路不能满足振荡条件。因此，这个电路的振荡频率和频率稳定度，都是由晶体决定的，而不是由振荡回路决定的。由于经过晶体和 LC 回路的两次选频，所以这个振荡器的输出波形好。

3）*泛音晶体振荡器*

上面讨论了基频晶体振荡器。这种振荡器所用的晶体有下述的缺点：谐振频率越高，则晶片的厚度越薄，机械强度越脆弱，也越容易损坏。此外，受制造工艺的限制，晶体的基频不可能很高。为此，在振荡频率高的场合，人们广泛采用泛音晶体振荡器。值得注意的是，采用泛音晶体组成振荡器时，为了使它工作在指定的泛音频率上，就必须抑制基波和其他谐波（尤其是低次泛音）。泛音晶体振荡器也有并联型和串联型两种。

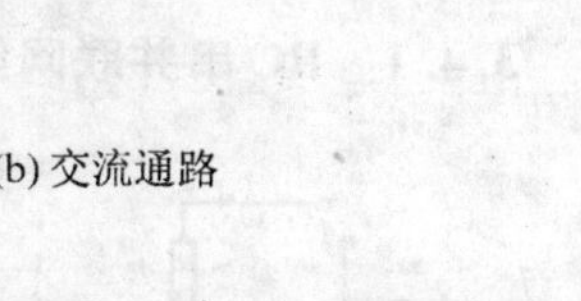

图 3.22　并联型泛音晶体振荡器的交流通路

图 3.22 为并联型泛音晶体振荡器的交流通路，它用并联回路 L_1C_1 来取代前述皮尔斯电路中的电容 C_1，晶体对泛音频率仍可等效为一个电感。假设晶体为五次泛音晶体，标称频率为 15 MHz，该电路能够抑制基波和其他谐波的关键是 L_1C_1 并联回路调谐在三次到五次泛音频率之间，例如10 MHz。这样，对于五次泛音频率 15 MHz 而言，L_1C_1 回路呈容性，电路符合三点式振荡器的组成原则。而对

于基频和三次泛音频率来说，L_1C_1 回路呈感性，电路不符合三点式振荡器的组成原则，即不能满足相位平衡条件，因此不能产生振荡；对于比五次泛音频率高的七次及其以上的泛音频率，虽然 L_1C_1 回路呈容性，但由于其容抗变得很小，则放大倍数也大大减小了，因此不满足振幅平衡条件，同样也不能产生振荡。总之，该电路在五次泛音频率上产生振荡。

串联型泛音晶体振荡器的电路形式与图 3.21 所示的串联型基频晶体振荡器基本相同，不过由 C_1、C_2、C_3 和 L 组成的并联回路调谐在泛音晶体的标称频率（即所要利用的泛音频率）上，自然就起到抑制基波和其他谐波的作用。因此，图 3.21 所示的电路既适用于基频晶体振荡器，又适用于泛音晶体振荡器。

3.4 RC 正弦波振荡器

LC 振荡器是高频振荡器。当要求振荡频率较低（几十千赫以下）时，所需要的 L 和 C 值都比较大，这将使它们的体积增大，给振荡器的安装调试带来不便。因此，当振荡频率较低时，一般都采用 RC 振荡器。由于 RC 网络的选频作用较差，故 RC 振荡器应采用外稳幅方法进行稳幅。

根据 RC 网络的不同形式，RC 振荡器可分为移相式振荡器和桥式振荡器。本书只讨论应用最广的文氏电桥振荡器，它采用 RC 串并联网络作为选频网络。

3.4.1 RC 串并联网络的频率特性

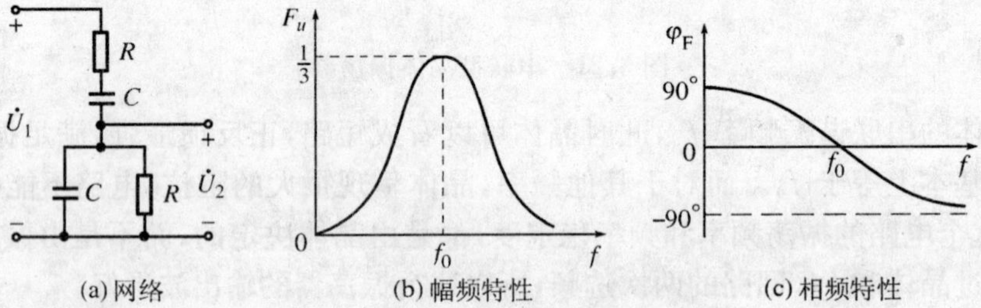

(a) 网络　　(b) 幅频特性　　(c) 相频特性

图 3.23 RC 串并联网络

图 3.23(a) 为 RC 串并联网络，它由 RC 串联电路和 RC 并联电路构成。该网络的输入电压为 $\dot{U}_1$，输出电压为 $\dot{U}_2$，不难得到电压传输系数 $\dot{F}_u$ ① 为

$$\dot{F}_u=\frac{\dot{U}_2}{\dot{U}_1}=\frac{1}{3+\mathrm{j}\left(\frac{f}{f_0}-\frac{f_0}{f}\right)} \tag{3-26}$$

式中

$$f_0=\frac{1}{2\pi RC} \tag{3-27}$$

若 $\dot{F}_u$ 的模和相角分别为 F_u 和 φ_F，则 RC 串并联网络的幅频特性和相频特性分别为

① 由于 RC 串并联网络组成文氏电桥振荡器时，电压传输系数即为反馈系数，故用 $\dot{F}_u$ 表示。

$$F_u = \frac{1}{\sqrt{3^2 + \left(\frac{f}{f_0} - \frac{f_0}{f}\right)^2}} \tag{3-28}$$

$$\varphi_F = -\arctan\left[\frac{1}{3}\left(\frac{f}{f_0} - \frac{f_0}{f}\right)\right] \tag{3-29}$$

根据上述两式，可画出 RC 串并联网络的频率特性，如图 3.23(b)、(c)所示。可见，当 $f=f_0$时，$F_u=F_{u\max}=1/3$ 达到最大值，且 $\varphi_F=0$。因此，$f=f_0$ 时，RC 串并联网络的输出电压与输入电压同相，且其振幅最大(等于输入电压振幅的 1/3)。

由图 3.23(b)、(c)可以看出，RC 串并联网络具有与 LC 并联回路相似的频率特性，因此也有选频作用。但是，由于采用了电阻，故其幅频特性就比较平坦，选频作用较差。此外，RC 串并联网络不像 LC 并联回路那样，可以很方便地改变电压之间的相位关系。

3.4.2 文氏电桥振荡器

1) RC 振荡器

根据上述 RC 串并联网络的频率特性，可以采用一同相放大器与它组成 RC 振荡器，如图 3.24 所示。由图可以看出，由于$\dot{U}_o$ 与$\dot{U}_i$ 同相，而在 $f=f_0$ 时$\dot{U}_f$ 与$\dot{U}_o$ 同相，则$\dot{U}_f$ 与$\dot{U}_i$ 同相，满足相位平衡条件；又 $f=f_0$ 时反馈系数 $F_u=F_{u\max}=1/3$，正反馈最强。因此，这个电路很容易产生振荡，振荡频率为 $f_0=1/2\pi RC$。

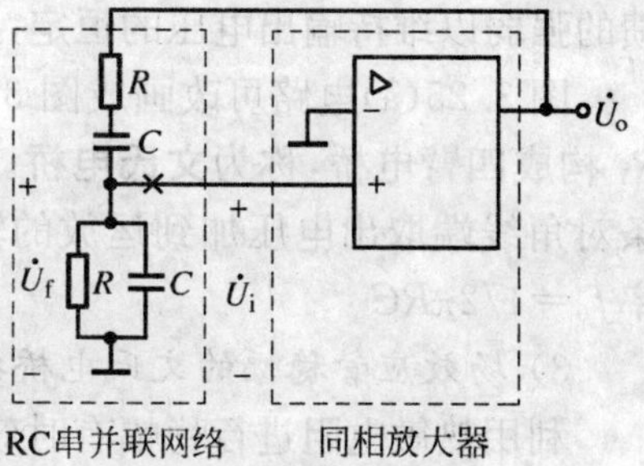

图 3.24 RC 振荡器

根据振荡的振幅平衡条件，图 3.24 所示的 RC 振荡器应满足：$A_uF_u=1$。由于 $f=f_0$ 时 $F_u=1/3$，故振幅平衡条件为 $A_u=3$，而起振条件为 $A_u>3$。这些条件容易满足，故电路可以振荡。但是应该看到，一般同相放大器的放大倍数远大于 3，这将导致有源器件工作在非线性严重的区域而使输出波形严重失真(因 RC 网络的选频作用差)。因此，RC 振荡器必须采用外稳幅。

2) 文氏电桥(Wien Bridge)振荡器

为了克服上述 RC 振荡器的缺点，必须引入深度负反馈，使起振时放大倍数 A_u 略大于 3；为了使平衡时 $A_u=3$，还应有自动调整放大倍数的外稳幅环节。根据上述的指导思想，可以得到如图 3.25(a)所示的电路。图中，运放和 R_1、R_f 组成同相比例电路(同相放大器)，R_f 为具有负温度系数的热敏电阻。由于同相比例电路的放大倍数 $A_u=1+R_f/R_1$，故 $f=f_0$ 时振荡器的环路增益

$$A_uF_u = \frac{1}{3}\left(1+\frac{R_f}{R_1}\right)$$

根据 $A_uF_u>1$ 和 $A_uF_u=1$ 可得到该振荡器的起振条件和振幅平衡条件分别为

$$R_f > 2R_1 \tag{3-30}$$

$$R_f = 2R_1 \tag{3-31}$$

上述二式表明，振荡器从起振到平衡状态要求 R_f 从大于 $2R_1$ 降到 $2R_1$，相应地放大电路的 A_u 从大于 3 降到 3，这就要求 R_f 的阻值具有随振幅增大而减小的非线性特性。由于 R_f 为负温度系数的热敏电阻，当振荡器刚起振时，R_f 的温度最低，相应的阻值最大($R_f>$

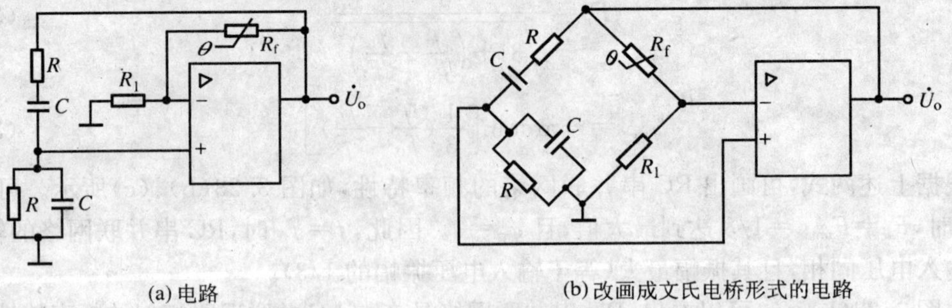

图 3.25　文氏电桥振荡器

$2R_1$)，则运放构成的放大电路 A_u 最大($A_u > 3$)；随着振荡振幅的增大，R_f 上消耗的功率增大，致使其温度升高，阻值相应地减小，放大电路的 A_u 也减小，直到 $R_f = 2R_1$(或 $A_u = 3$)时振荡器进入平衡状态。可以看出，这种外稳幅的实质，是通过非线性元件 R_f 来自动调整反馈的强弱以维持输出电压的恒定，此时运放工作在线性状态，输出电压的波形就得到改善。

图 3.25(a)电路可改画成图 3.25(b)。可以看出，RC 串并联网络与负反馈支路的 R_f、R_1 构成四臂电桥，称为**文氏电桥**。振荡器的输出电压加到电桥的一条对角线端，而从另一条对角线端取出电压加到运放的输入端，因此这种振荡器称为文氏电桥振荡器，其振荡频率 $f_0 = 1/2\pi RC$。

3) 场效应管稳幅的文氏电桥振荡器

利用热敏电阻进行稳幅有时效果不太理想，这时可采用图 3.26 所示的利用场效应管进行稳幅的文氏电桥振荡器。

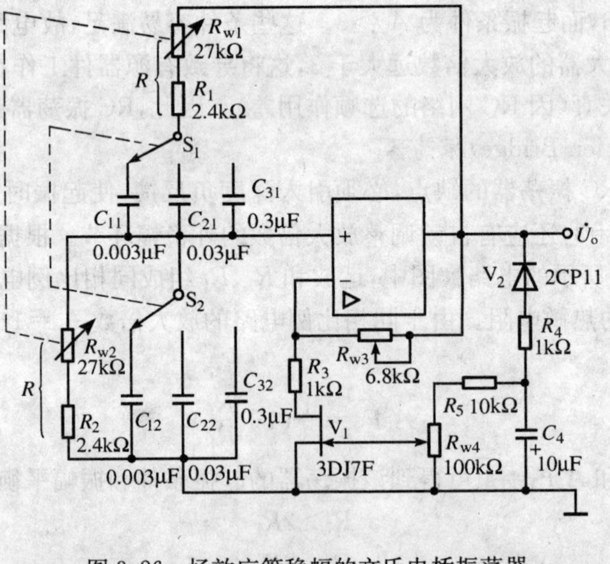

图 3.26　场效应管稳幅的文氏电桥振荡器

由于场效应管工作在变阻区时，它的漏源电阻 R_{DS} 是一个受 U_{GS} 控制的可变电阻，因此可利用场效应管的可变电阻特性进行稳幅。图中，场效应管 V_1 的 R_{DS} 和 R_3 串联代替图 3.25(a)中的 R_1，负反馈支路由 R_{w3} 和 R_{DS}、R_3 组成。输出电压经二极管 V_2 整流和 R_4、C_4

滤波后，再通过 R_5 和 R_{w4} 为场效应管提供一个与振荡振幅成比例的负栅压 U_{GS}，适当调节 R_{w4}，可保证场效应管工作在变阻区。当振幅增大时，$|U_{GS}|$ 也随之增大(或 U_{GS} 减小)，管子的 R_{DS} 增大，负反馈增强，放大倍数 A_u 减小；反之，当振幅减小时，R_{DS} 也减小，负反馈减弱，A_u 增大。这样，就达到稳幅的目的。

由于振荡频率 $f_0=1/2\pi RC$，因此调节 R 或 C 均能改变振荡频率。为了能在较宽的频率范围内调节振荡频率，在图 3.26 中采用双刀多掷波段开关来换接不同容量的电容作为频率粗调，而用同轴双联电位器 R_{w1}、R_{w2} 作为频率细调。

*3.5 间歇振荡和寄生振荡

在调试振荡器时，有时会发生间歇振荡现象；在调试放大器、振荡器等电路时，常常出现寄生振荡现象。本节将对上述两种振荡现象进行简单的分析。

3.5.1 间歇振荡

间歇振荡(Squegging Oscillate)是指振荡器工作时，时而振荡、时而停振的一种现象。为了阐明间歇振荡的物理实质，必须先简述一下反馈式 LC 振荡器中**自生偏压**的产生。

下面以图 3.27(a)所示的电容三点式振荡器为例说明自生偏压的产生。图中，L、C_1 和 C_2 构成振荡回路。图 3.27(a)电路的基极回路可用图 3.27(b)来等效，其中 $R_b=R_{b1}/\!/R_{b2}$，$V_{BB}=R_{b2}V_{CC}/(R_{b1}+R_{b2})$。因此，发射结静态电压 $U_{BE}=V_{BB}-I_BR_b-I_ER_e$。适当选择电路参数，使 $U_{BE}>U_{on}$，则管子工作在甲类状态，保证振荡器满足起振条件。由图 3.27(b)可以看出，静态时 C_b 将被充电到 $U_B=V_{BB}-I_BR_b$，极性为上正下负。刚起振时，由于 C_2 两端的反馈电压 u_f 的极性为上负下正(这是由正反馈决定的)，则发射结两端的瞬时电压 $u_{BE}=U_{BE}+u_f$。

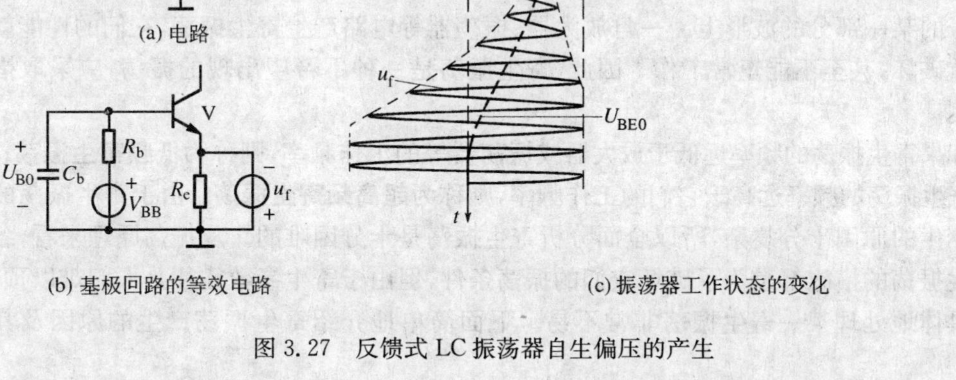

(a) 电路

(b) 基极回路的等效电路

(c) 振荡器工作状态的变化

图 3.27 反馈式 LC 振荡器自生偏压的产生

由于振荡开始时 u_f 振幅很小，u_{BE} 在 u_f 的正、负半周都大于 U_{on}，三极管在全周期导通而处于甲类状态，因此 A_u 很大，u_f 的振幅迅速增大。当 u_f 的振幅增大到某一程度后，u_f 为负半周的某一段时间因 $u_{BE} \leqslant U_{on}$ 而使管子截止，而在其他时间管子仍导通。当管子截止时，C_b 被充电；当管子导通时，C_b 放电。由于放电时间常数小于充电时间常数，故一周期内 C_b 放掉的电荷比充到的电荷多，C_b 的两端电压 U_{B0}（即基极偏压）由静态值 U_B 逐渐降低，发射结偏压 U_{BE0} 也由静态值 U_{BE} 逐渐降低到零，甚至为反向偏压，管子的工作状态就从甲类向乙类、甚至丙类过渡，A_u 也逐渐减小，如图 3.27(c)所示。随着 U_{BE0} 的降低，管子的截止时间变长，则 C_b 的充电时间变长，放电时间变短，即 C_b 放掉的电荷减少，充到的电荷增多。到某一时刻，一周期内 C_b 充电和放电的电荷量相等，U_{B0} 就稳定下来，U_{BE0} 也稳定为 U_{BEZ}，自生偏压就建立起来了。此时振荡进入平衡状态，满足振幅平衡条件 $A_u F_u = 1$。

采用这种自生偏压的振荡电路，可以使振荡器容易起振，并且有较强的稳幅作用。根据电路中振荡建立后产生自生偏压的现象，可以简便地判断一个振荡器是否起振：使电路停振，再测量器件的偏压有无变化。例如，把图 3.27(a)电路中 L 两端短路，用万用表直流电压挡测量 R_e 两端电压，如果该电压有变化，说明电路已起振，否则电路未振荡。

显然，为了保证自生偏压的产生，充电时间常数要足够大，即 C_b 要足够大。但是，如果 C_b 太大，起振后随着振荡振幅的增大，基极偏置电压 U_{B0} 和发射结偏置电压 U_{BE0} 将迅速下降，管子很快进入丙类状态，A_u 也迅速下降，振荡减弱，其振幅逐渐衰减为零，振荡器停振。停振后，V_{BB}（实际上是 V_{CC}）对 C_b 充电，使基极偏压缓慢上升，经过一段时间后，电路又满足起振条件，于是振荡又可发生。如此周而复始，形成间歇振荡，输出电压波形如图 3.28 所示。

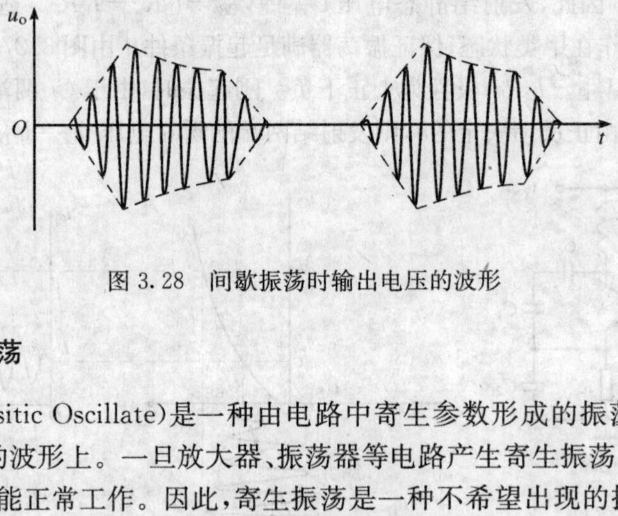

图 3.28　间歇振荡时输出电压的波形

3.5.2　寄生振荡

寄生振荡(Parasitic Oscillate)是一种由电路中寄生参数形成的振荡，它常常叠加在有用信号的某一部分的波形上。一旦放大器、振荡器等电路产生寄生振荡，它们的性能就会受到严重破坏，甚至不能正常工作。因此，寄生振荡是一种不希望出现的振荡，应采取措施加以抑制。

如果寄生振荡的频率远低于放大器或振荡器等的工作频率，则称为**低频寄生振荡**；反之，如果寄生振荡的频率远高于它们的工作频率，则称为**超高频寄生振荡**。由于寄生振荡的现象及其产生的原因十分复杂，所以全面分析寄生振荡是十分困难的。从振荡原理来看，各种防止寄生振荡的措施都是为了破坏它们的振荡条件，但由于寄生参数往往是人们难以预料的，所以具体地处理某一寄生振荡非常不易。下面简单地介绍寄生振荡产生的原因及其防止措施。

(1) 公用电源内阻的寄生耦合，往往会产生寄生振荡。为此，应采用加大滤波电容、并用一个小电容与之并联的措施，使在低频或高频时都能降低公用电源内阻，从而消除可能出现的低频或高频寄生振荡。

(2) 低频寄生振荡一般是由放大器或振荡器中的高频扼流圈和隔直、旁路电容引起的。因此，消除这种寄生振荡的措施是：尽可能减少扼流圈的个数，适当减小扼流圈的电感量，接入损耗电阻(串接小电阻或并接大电阻)降低寄生振荡回路的 Q 值，有时可用电阻代替扼流圈；适当选择隔直、旁路电容的电容量。

(3) 超高频寄生振荡一般是由放大器或振荡器中的极间电容、分布电容和引线电感等引起的。因此，消除超高频寄生振荡的措施是：采用粗而短的引线，减小引线电感；缩短接线，必要时安装屏蔽罩，减小分布电容；在管子的基极串接一个小的无感电阻，可破坏寄生振荡的起振条件。

(4) 元器件之间的寄生耦合，是产生寄生振荡的重要原因。因此，在电路的结构设计和安装时，元器件的排列和布线必须合理，避免放大器的输入级和输出级安装在相互接近的位置，尽量减小各种寄生耦合。

小结

(1) 正弦波振荡器是一种非线性电路。反馈式正弦波振荡器由放大器、反馈网络、选频网络和稳幅环节组成。要得到一个较稳定的正弦振荡信号，振荡器在直流偏置合理的前提下，还必须满足振荡的平衡条件和起振条件(此外还有稳定条件)。

(2) 反馈式 LC 振荡器可以产生频率很高的正弦波，它有变压器反馈式、电感三点式和电容三点式三种基本形式。在回路 Q 值很高时，LC 振荡器的振荡频率 $f_0 \approx 1/2\pi\sqrt{LC}$。

(3) 频率稳定度是振荡器最重要的技术指标。为了提高 LC 振荡器的频率稳定度，可采用提高回路 Q 值、减小管子与回路之间的耦合等措施，改进型电容三点式振荡器就是基于上述原理而设计出来的。

(4) 石英晶体振荡器有串联型和并联型两种电路，在振荡频率高时可采用泛音晶体振荡器。石英晶体振荡器具有高频率稳定度的原因是由于晶体的 Q 值极高、接入系数极小和它相当于一特殊电感等。

(5) RC 正弦波振荡器的振荡频率较低。常用的 RC 振荡器是文氏电桥振荡器，其振荡频率 $f_0 = 1/2\pi RC$，只取决于 R、C 的数值。

各种正弦波振荡器的性能比较如表 3-1 所示。

表 3-1　各种正弦波振荡器性能比较

振荡器名称	频率稳定度	振荡波形	适用频率	频率调节范围	其他
变压器反馈式	$10^{-2} \sim 10^{-4}$	一般	几千赫～几十兆赫	可在较宽范围内调节频率	易起振，结构简单
电感三点式	$10^{-2} \sim 10^{-4}$	差	同上	可在较宽范围内调节频率	易起振，输出振幅大

续表 3-1

振荡器名称	频率稳定度	振荡波形	适用频率	频率调节范围	其他
电容三点式	$10^{-3}\sim10^{-4}$	好	几兆赫～几百兆赫	只能在小范围内调节频率（适用于固定频率）	经常采用改进型电容三点式振荡器
改进型电容三点式	$10^{-3}\sim10^{-5}$	好	同上	克拉泼电路：适用于固定频率 西勒电路：调节频率范围较宽	常用在要求较高的高频振荡场合
石英晶体	$10^{-5}\sim10^{-11}$	好	几百千赫～一百兆赫	只能在极小范围内微调频率（适用于固定频率）	用在精密仪器设备中
文氏电桥	$10^{-2}\sim10^{-3}$	差	200 kHz 以下	频率调节范围较宽	在低频信号发生器中被广泛采用
* 负阻式	较差	一般	一百兆赫～几十吉赫	频率调节范围较宽	电路简单，稳定性较好

习题三

3-1 判断下列说法的正确或错误，并分别用"√"或"×"示于括号内。

(1) 振荡器与放大器的主要区别之一是：放大器的输出信号与输入信号频率相同，而振荡器一般不需要输入信号。（ ）

(2) 只要存在正反馈，电路就能产生自激振荡。（ ）

(3) 对于正弦波振荡器而言，若相位平衡条件得不到满足，则即使放大倍数再大，它也不可能产生正弦波振荡。（ ）

3-2 根据相位平衡条件，判断图 P3.1 各电路是否可能产生振荡。若可能，画出其实际电路；若不可能，改正后再画出其实际电路。

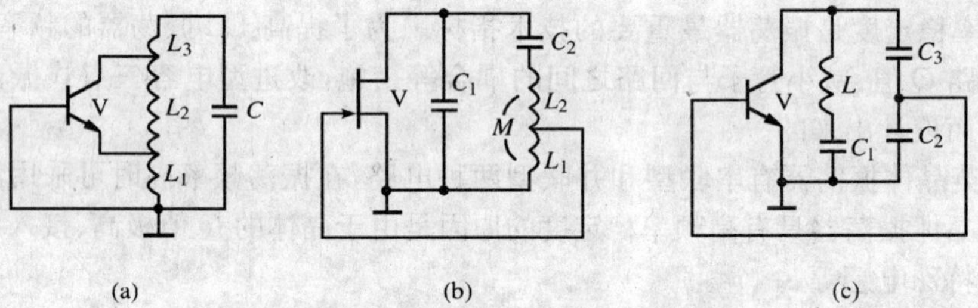

图 P3.1

3-3 标出图 P3.2 各振荡器互感线圈的同名端，并画出实际电路。

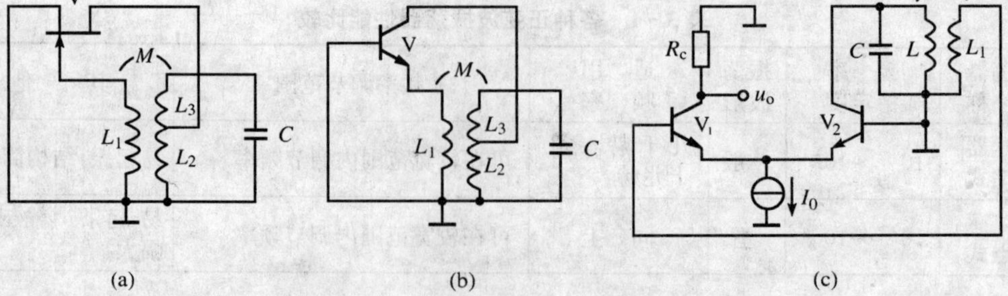

图 P3.2

3-4　根据相位平衡条件，判断图 P3.3 各电路哪些可能产生振荡，哪些应附加什么条件才可能振荡，哪些不能振荡。

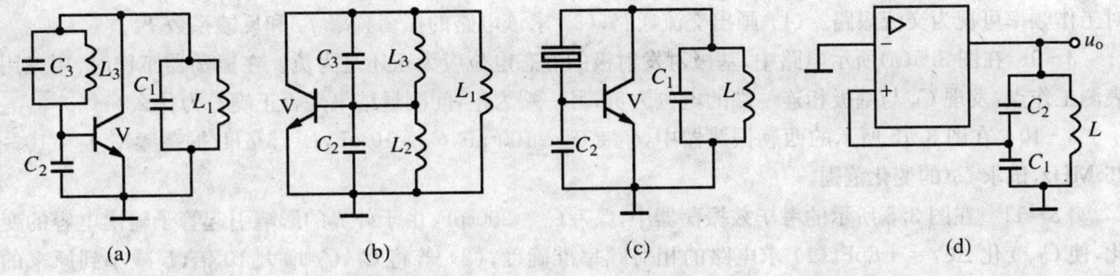

图 P3.3

3-5　判断图 P3.4 所示电路中，哪些可能产生振荡，哪些不能振荡。说明理由，并把错误的加以改正（图中 C_e、C_b 和 C_c 均视为交流短路）。

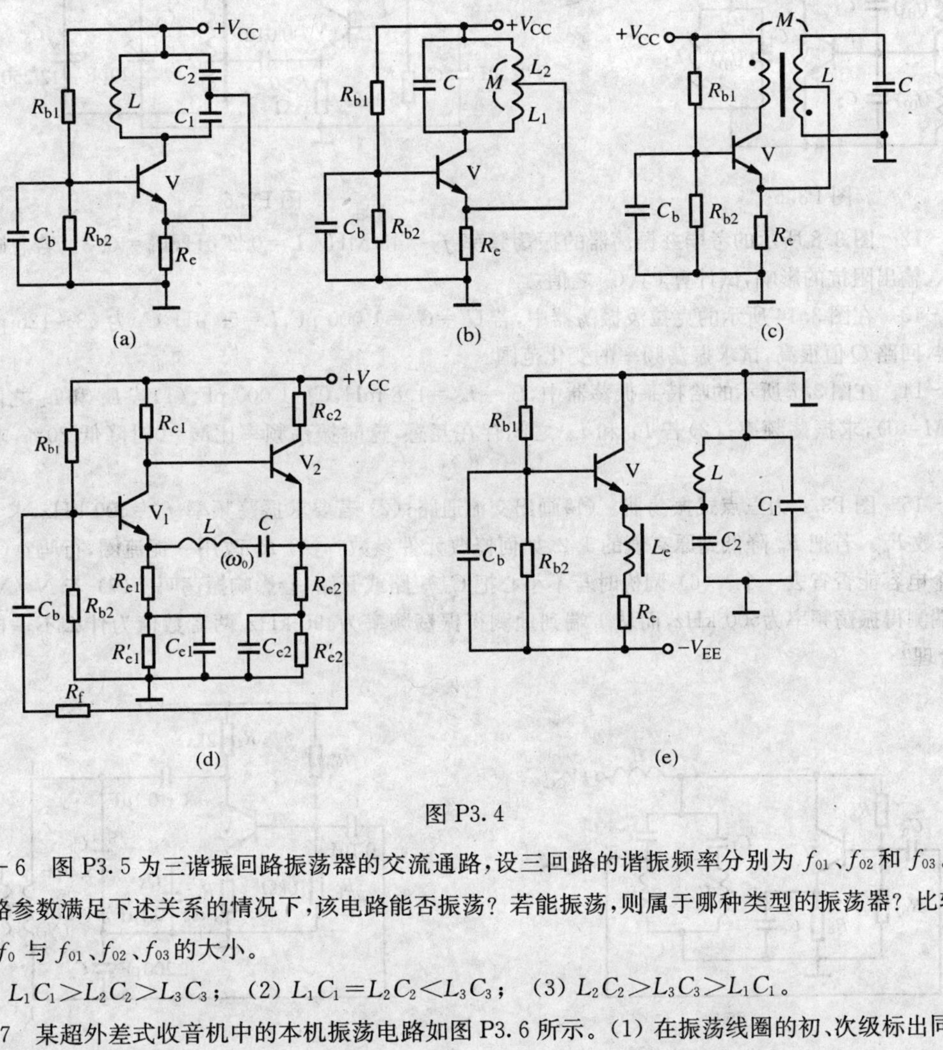

图 P3.4

*3-6　图 P3.5 为三谐振回路振荡器的交流通路，设三回路的谐振频率分别为 f_{01}、f_{02} 和 f_{03}。试分析在电路参数满足下述关系的情况下，该电路能否振荡？若能振荡，则属于哪种类型的振荡器？比较其振荡频率 f_0 与 f_{01}、f_{02}、f_{03}的大小。

(1) $L_1C_1>L_2C_2>L_3C_3$；　(2) $L_1C_1=L_2C_2<L_3C_3$；　(3) $L_2C_2>L_3C_3>L_1C_1$。

3-7　某超外差式收音机中的本机振荡电路如图 P3.6 所示。(1) 在振荡线圈的初、次级标出同名端；(2) 增大或减小 L_{23}，对振荡回路的 Q 值和反馈系数 F_u 有什么影响？(3) 说明电容 C_1、C_2 的作用。若去掉

C_1(即令其开路),电路能否维持振荡?为什么?(4) 试计算当 $L_{13}=100\ \mu H$、$C_4=10$ pF时,在可变电容 C_5 的变化范围内,电路的振荡频率可调范围。

3-8　振荡电路如图 P3.7 所示,其中 $C_1=0.01\ \mu F$,$C_2=300$ pF,$L_1=200\ \mu H$,$L_2=10\ \mu H$,且 C_b、C_e 对工作频率可视为交流短路。(1) 画出交流通路;(2) 求该电路的振荡频率 f_0 和反馈系数 F_u。

3-9　在图 3.5(a)所示电路中,基极对发射极的静态电位应为正还是为负?在振荡器工作时,用三用表测工作点,发现 C_b 与基极相连一端的电位为负,另一端为正,问测量结果是否正确?为什么?

3-10　在图 3.15 所示的西勒振荡器中,$C_1=C_2=100$ pF,$C_3=10$ pF,$L=5\ \mu H$,振荡频率 $f_0=10\sim15$ MHz,试求 C_4 的变化范围。

*3-11　在图 3.8 所示的考毕兹振荡器中,$C_1=C_2=200$ pF。由于外界的影响引起管子输出电容的变化,使 C_1 变化 $\Delta C_1=+8$pF。(1) 求电路的相对频率准确度;(2) 若将 C_1、C_2 增大 10 倍,L 减小到原来的 1/10,ΔC_1 仍为原值,则电路的相对频率准确度变为多少?

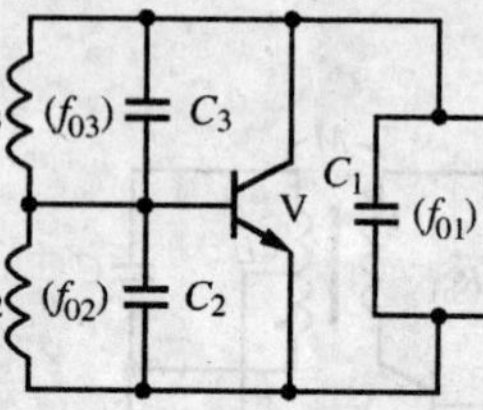

图 P3.5

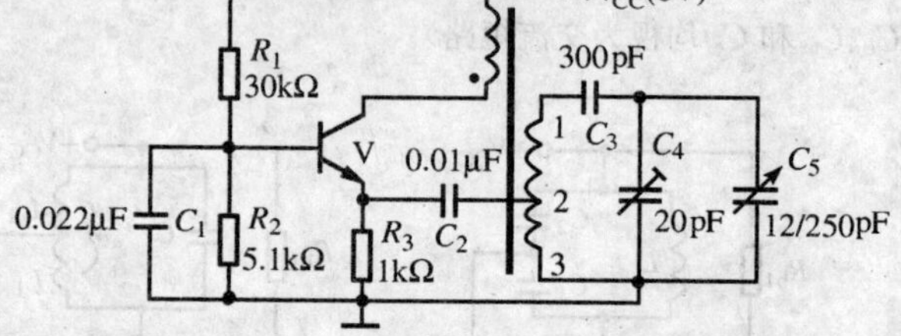

图 P3.6

3-12　图 3.8 所示的考毕兹振荡器的振荡频率 $f_0=45$ MHz,$L=0.2\ \mu H$,$F_u=0.3$。若忽略三极管的输入、输出阻抗的影响,试计算 C_1、C_2 之值。

3-13　在图 3.14 所示的克拉泼振荡器中,若 $C_1=C_2=1\ 000$ pF,$L=50\ \mu H$,C_3 为 68~125 pF的可变电容器,回路 Q 值很高,试求振荡频率的变化范围。

3-14　在图 3.7 所示的哈特莱振荡器中,$L_1=L_2=1.8$ mH,$C=1\ 000$ pF。(1)若 L_1 和 L_2 之间不存在互感($M=0$),求振荡频率;(2)若 L_1 和 L_2 之间存在互感,这时振荡频率比$M=0$时降低 20%,求耦合系数 k。

3-15　图 P3.8 为三点式振荡器。(1)画出交流通路;(2) 若要求振荡频率 $f_0=500$ kHz,求 L;(3)求反馈系数 F_u。若把 F_u 降低到原有值的 1/2,如何修改元件参数?(4) R_c 改用一扼流圈,行吗?(5) C_3 和 C_4 两个电容能否省去一个?(6) 调机时若不小心把 C_5 短路或开路,会影响振荡吗?(7) 若 $N_2/N_1\ll1$,从 2-2′端测得振荡频率为500 kHz,而从 1 端到地测得振荡频率为490 kHz。两者数值为什么不一样?哪个数值合理?

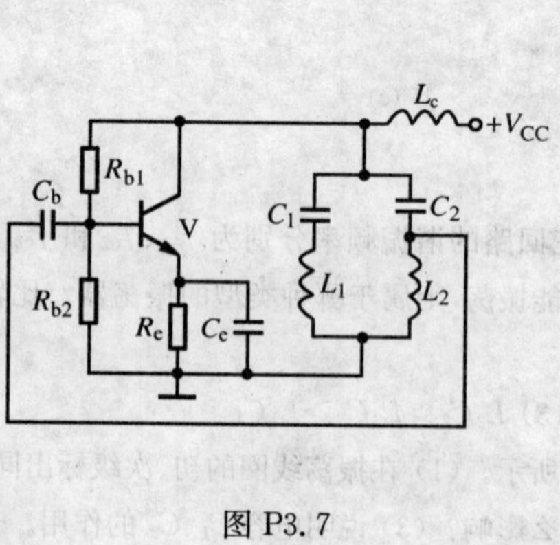

图 P3.7

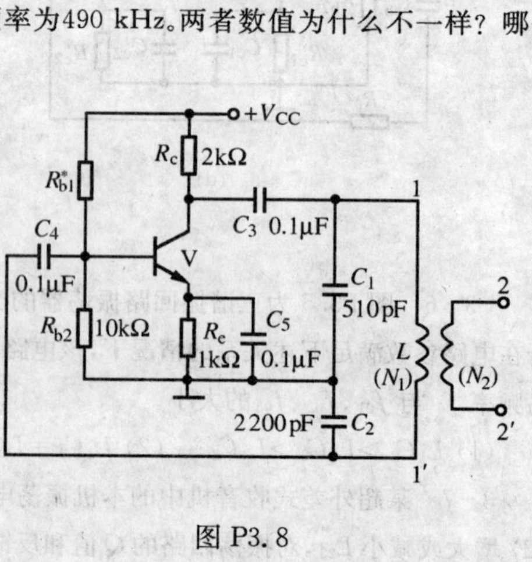

图 P3.8

3-16　正弦波振荡器如图 P3.9 所示，设 $L=10\ \text{mH}$，$C=0.01\ \mu\text{F}$，$R_1=5\ \text{k}\Omega$，$R_2=100\ \text{k}\Omega$，$R_3=10\ \text{k}\Omega$。求：(1) 振荡频率 f_0；(2) 能够产生振荡的 R 的最小值($R_{\min}$)。

3-17　图 P3.10 是皮尔斯振荡器的另一种形式，试画出交流通路，并说明 L、C_1 应满足什么条件电路才能振荡。该电路的输出波形较好，为什么？

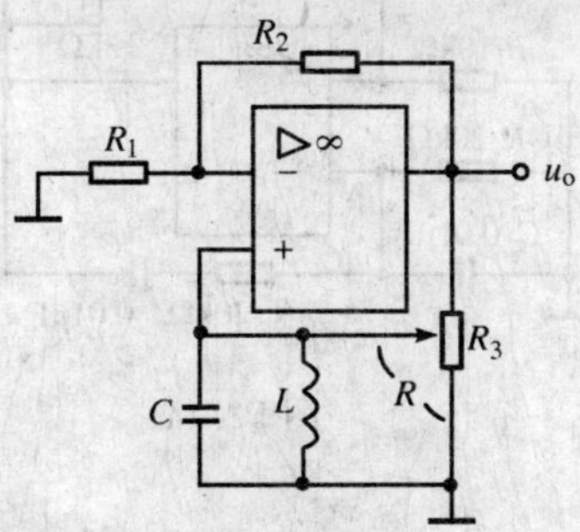

图 P3.9

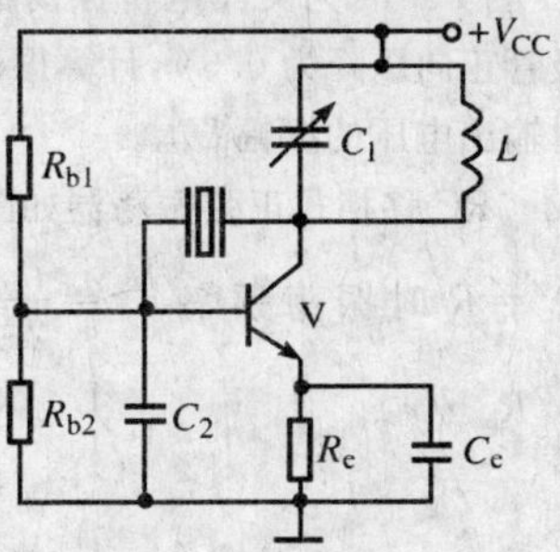

图 P3.10

3-18　某石英晶体振荡器如图 P3.11 所示，若 $f_{01}=1/2\pi\sqrt{L_1C_1}$，$f_{02}=1/2\pi\sqrt{L_2C_2}$，该电路能否产生振荡？若能振荡，则振荡频率 f_0 与 f_{01}、f_{02} 之间有什么关系？

3-19　一石英晶体振荡器电路如图 P3.12 所示。若晶体的参数为：$L_q=20\ \text{H}$，$C_q=1.25\times10^{-4}\ \text{pF}$，$r_q=10\ \Omega$，$C_0=5\ \text{pF}$。(1) 求晶体的串联谐振频率 f_q、并联谐振频率 f_p、f_p 与 f_q 之差和品质因数 Q_q；(2) 画出交流等效电路，说明晶体的作用。

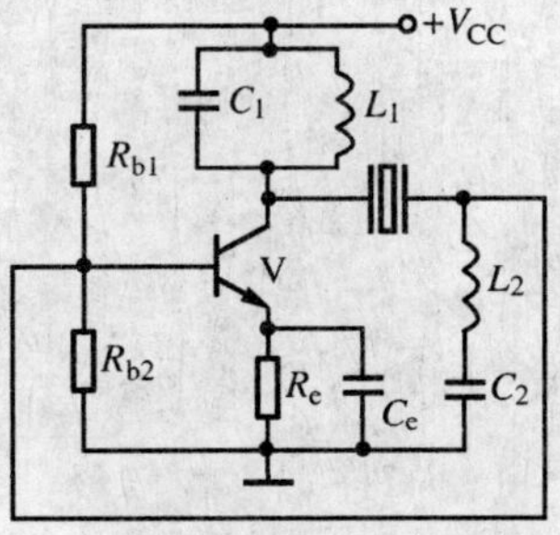

图 P3.11

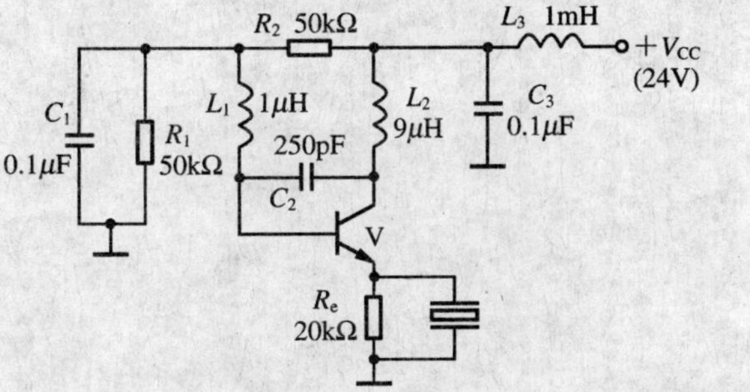

图 P3.12

3-20　判断图 P3.13 所示的 RC 振荡器中，哪些可能振荡，哪些不能振荡，为什么？

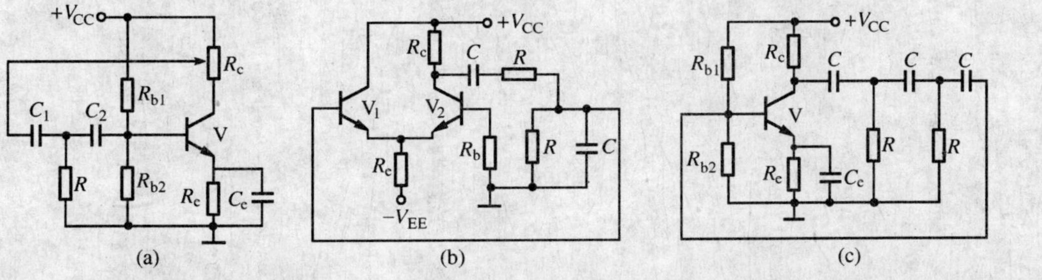

图 P3.13

3-21　图 3.26 所示的文氏电桥振荡器的振荡频率分为三档可调，在图中所给的参数条件下，求每档的频率调节范围(设R_{w1}、R_{w2}阻值的变化范围为0～27 kΩ)。

3-22　设图3.25(a)所示的文氏电桥振荡器中,R_1=10 kΩ,C=0.22 μF。若希望产生$f_0=2$ kHz的正弦波,试估算电阻R和R_f的阻值。

3-23　图P3.14为文氏电桥振荡器,说明它的稳幅原理。设二极管正向压降为0.6V,计算振荡频率f_0和波形基本不失真时输出电压的振幅U_{om}。

*3-24　RC移相式正弦振荡器如图P3.13(c)所示,试证明,在$R_c=R$时振荡频率$f_0=\dfrac{1}{2\pi RC\sqrt{6+4R_i/R}}$,式中$R_i=R_{b1}/\!/R_{b2}/\!/r_{be}$。

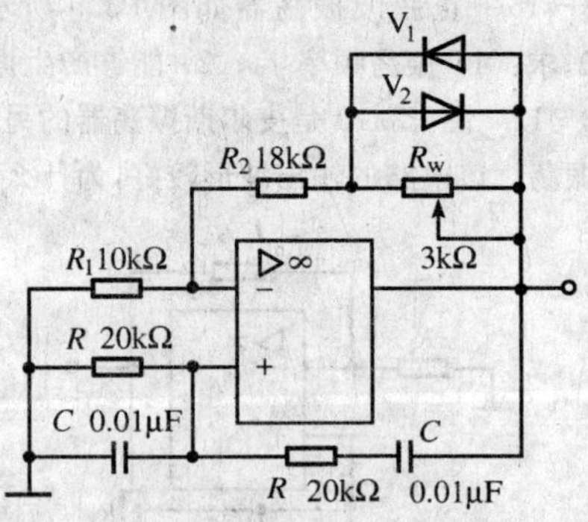

图 P3.14

4 频率变换和模拟乘法器

在通信和电子技术中，频率(或频谱)变换是很重要的概念。本章先简单介绍频率变换的基本概念，接着讨论实现频率变换的最重要的器件——集成模拟乘法器及其简单应用，最后分析频谱搬移的实现原理。

4.1 频率变换的基本概念

4.1.1 信号的频谱

尽管各种电子线路的功能和组成是不同的，但是它们的工作对象都是信号。我们知道，正弦信号是最基本和最常用的信号，而任何一个复杂信号都可以看成由许多不同频率、不同振幅的正弦信号叠加而成。信号的**频谱**是指组成信号的各个频率正弦分量按频率的分布情况，如果我们以频率 f 为横坐标、以组成这个信号的各个频率正弦分量的振幅 U_m 为纵坐标作图，就可以得到该信号的频谱图，简称频谱①。用频谱表示信号，可以更直观地了解信号的频率组成和特点，例如信号的频带宽度(带宽)等。

因此，一个信号的表示方法大致有三种：一是写出它的数学表达式，二是画出它的波形，三是画出它的频谱。由于信号的三种表示方法在本质上是相同的，因此可由一种表示方法得到其他两种表示方法。应该指出，对于某些复杂的信号或无规律的信号，要写出它的数学表达式或画出它的波形很困难，这时用频谱来表示这种信号既容易、又方便。为了使读者对上述三种信号的表示方法有较深入的了解，下面举几个例子加以说明。

[**例 4-1**] 某电压信号的数学表达式为 $u(t)=5\cos\omega_0 t$ V，试画出它的波形和频谱。

解 这是一个单一频率的正弦信号②，其频率 $f_0=\omega_0/2\pi$，其波形如图 4.1(a)所示。由于振幅 $U_m=5$ V，故其频谱如图 4.1(b)所示。

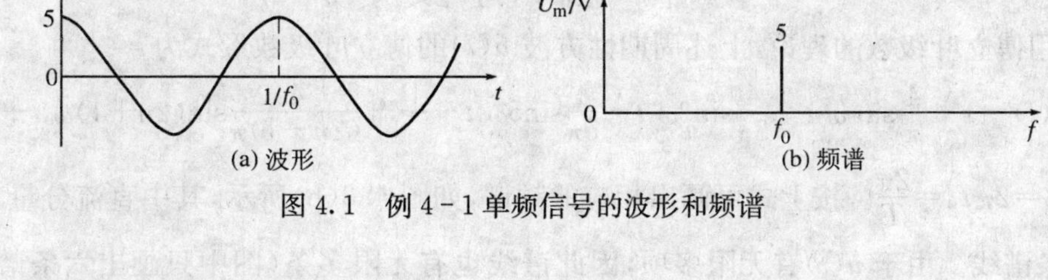

图 4.1 例 4-1 单频信号的波形和频谱

① 实际上这是指振幅谱，还有一种叫相位谱，即组成信号的各个频率正弦分量的相位与频率的关系，振幅谱和相位谱合称为信号的频谱。不过由于常用的是振幅谱，因此习惯上把振幅谱称为频谱。

② 余弦信号与正弦信号并无本质的不同，故常不加区别地称为正弦信号。

［**例 4－2**］　某电压信号的频谱如图 4.2(a)所示，试求出它的数学表达式，并画出它的波形(设 $f_c \gg F$)。

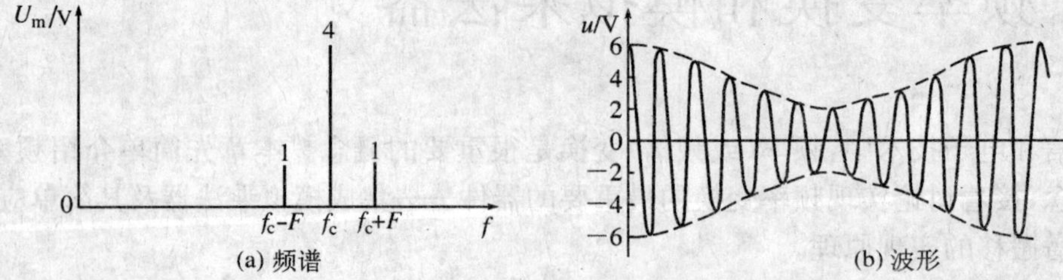

图 4.2　例 4－2 信号的频谱和波形

解　设 $\omega_c = 2\pi f_c$，$\Omega = 2\pi F$，由图 4.2(a)可以得到该电压信号的数学表达式

$$\begin{aligned} u(t) &= 4\cos\omega_c t + \cos(\omega_c - \Omega)t + \cos(\omega_c + \Omega)t^{①} \\ &= 4\cos\omega_c t + 2\cos\omega_c t\cos\Omega t \\ &= 4(1 + 0.5\cos\Omega t)\cos\omega_c t(\mathrm{V}) \end{aligned}$$

由上述的数学表达式可画出 $u(t)$ 的波形，如图 4.2(b)所示，图中虚线为 $u(t)$ 的包络。

［**例 4－3**］　一周期性方波(矩形脉冲)的波形如图 4.3(a)所示，写出相应的数学表达式，并画出它的频谱。

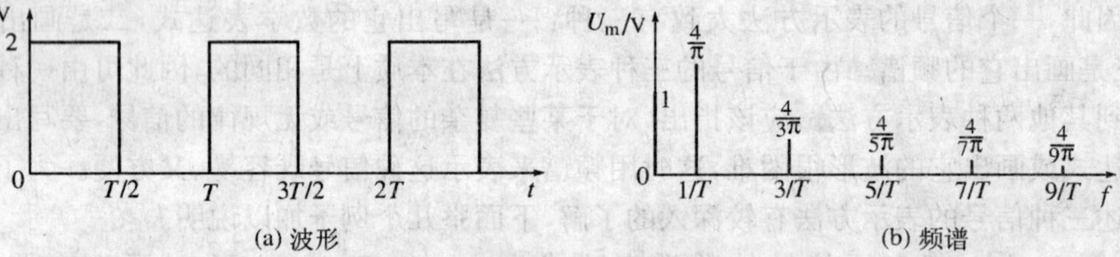

图 4.3　例 4－3 周期性方波的波形和频谱

解　图 4.3(a)所示波形的数学表达式为

$$u(t) = \begin{cases} 2 & nT \leqslant t \leqslant (2n+1)T/2 \\ 0 & (2n+1)T/2 < t < (n+1)T \end{cases} \quad (n\text{ 为整数})$$

应用傅立叶级数的理论，上述周期性方波 $u(t)$ 的傅立叶级数形式为

$$u(t) = 1 + \frac{4}{\pi}\sin\omega_0 t + \frac{4}{3\pi}\sin 3\omega_0 t + \frac{4}{5\pi}\sin 5\omega_0 t + \cdots + \frac{4}{(2n+1)\pi}\sin(2n+1)\omega_0 t + \cdots$$

式中，$\omega_0 = 2\pi f_0 = \frac{2\pi}{T}$。按上式可画出相应的频谱，如图 4.3(b)所示，其中直流分量对应 $f = 0$ 的那条谱线。由于 $u(t)$ 有无限多项，因此谱线也有无限多条(图中只画出六条谱线)。但是，随着 f 的升高，谱线的长度迅速减小。

---

① 式中的每一项的余弦也可写成正弦形式，这是因为频谱图中没有给出各分量的相位关系。尽管如此，二者的数学表达式与波形并无实质上的不同。

4.1.2 频率变换

在绪论中，介绍了调制、解调和变频的概念。从频谱的角度来看，调制是把低频的调制信号频谱变换为高频的已调波频谱；解调恰与调制相反，它把高频的已调波频谱变换为低频的调制信号频谱；变频则把高频的已调波频谱变换为中频的已调波频谱。因此，调制、解调和变频电路都属于频谱变换电路。频谱变换又称为频率变换。所谓**频率变换**，是指输出信号的频率与输入信号的频率不同，而且满足一定的变换关系。

根据频谱变换的不同特点，频率变换电路分为频谱搬移电路和频谱非线性变换电路两大类。前者的作用是将输入信号频谱沿频率轴进行不失真的搬移，搬移前后各频率分量的相对大小和相互间隔（即频谱内部结构）保持不变，调幅、检波和变频电路都是这类电路。后者的作用是将输入信号频谱进行特定的非线性变换，调频和鉴频、调相和鉴相等电路都属于频谱非线性变换电路。这些电路将在后面章节中进行详细的分析。

4.2 模拟乘法器

随着集成技术的发展和应用的日益广泛，集成模拟乘法器已成为继集成运放后最通用的模拟集成电路之一，本节将对模拟乘法器的工作原理和应用进行简单的讨论。

4.2.1 模拟乘法器的概念

模拟乘法器（Analog Multiplier）简称乘法器，是一种实现两个模拟信号相乘的电路，其符号如图 4.4 所示。由图可以看出，模拟乘法器有两个输入端 X、Y 和一个输出端 Z。若输入信号分别用 u_X、u_Y 表示，输出信号用 u_O 表示，则 u_O 与 u_X、u_Y 的乘积成正比，即

$$u_O = K_M u_X u_Y \qquad (4-1)$$

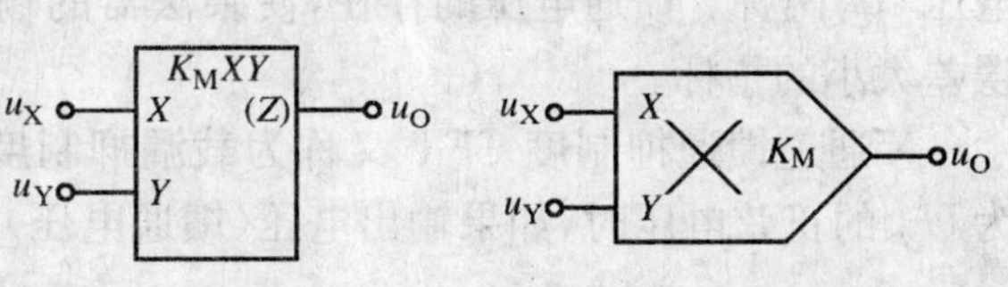

(a) 新符号　　(b) 旧符号

图 4.4　模拟乘法器的符号

式中，K_M 为比例系数，称为模拟乘法器的**相乘增益**，其量纲为 V^{-1}。在模拟运算中，常取 $K_M = 1/10V$，这时若 u_X 和 u_Y 允许的最大数值（又称满标度幅度）为 10V，则 u_O 允许的最大数值也是 10V，这种乘法器就是十伏制模拟乘法器。

《模拟电子线路（一）》介绍过的乘法器，只能在 u_X、u_Y 均为正值时工作，像这种要求两个输入电压均为单极性（二者分别为某一极性）的乘法器，称为**单象限乘法器**。如果只要求一个输入电压为单极性，而允许另一个输入电压的极性可正可负，这种乘法器称为**二象限乘法器**。如果两个输入电压的极性均为可正可负，这种乘法器称为**四象限乘法器**。

在一般情况下，乘法器是一个典型的非线性器件。例如，当乘法器的两个输入电压相等，即 $u_X = u_Y = u_I$ 时，则 $u_O = K_M u_I^2$，即输出电压不是正比于输入电压，而是正比于输入电压的平方。但是，如果乘法器的某一输入电压为恒定值，例如 $u_Y = U_{REF}$，而 $u_X = u_I$，则 $u_O = K_M U_{REF} u_I$，输出电压正比于输入电压，这时乘法器表现为一个线性器件，它是乘法器非线性本质中的一种特殊情况。

实现相乘技术的方法很多，如霍尔效应法、1/4 平方差法、三角波平均法、对数和-反对数法与可变跨导法等。在上述的方法中，最易于用集成技术实现的是后两种方法，其中对数和-反对数法已作过介绍。对单片集成技术来说，可变跨导法最为适宜，而目前单片集成模拟乘法器几乎都是采用可变跨导法制作的，因此本章仅介绍可变跨导型集成模拟乘法器。

由于可变跨导型的模拟乘法器主要也是由差动放大器等构成的(详见下文)，因此它的性能指标有些和集成运放类似，例如输入偏置电流 I_{IBX} 和 I_{IBY}(因为它有两路输入)、输入失调电流 I_{IOX} 和 I_{IOY}、共模抑制比 K_{CMR}、输出失调电流(或输出不平衡电流)I_{OO}、输出失调电压 U_{OO} 等。此外，模拟乘法器还有反映相乘功能的指标，主要有：

(1) 运算精度 E_R

运算精度又称为线性精度，是反映运算误差的一个参数。它定义为：若乘法器的各种失调均调零，在两个输入端所加电压 u_X、u_Y 的绝对值为最大允许值时(例如，$u_X=\pm 10$ V，$u_Y=\pm 10$ V)，实际输出电压 u'_O 与理想输出电压 u_O 的最大相对误差，常用百分数表示，即

$$E_R=\frac{u'_O-u_O}{u_O}\times 100\% \qquad (4-2)$$

式中，理想输出电压指按式(4-1)计算出来的电压值。显然，由于 u_X、u_Y 各有正、负两种极性，因此就有 4 种输入，则其相对误差就有 4 个值，E_R 是这 4 个值中的最大者。

(2) X 通道馈通抑制度 CFT 和 Y 通道馈通抑制度 SFT

若模拟乘法器的某一输入电压为零而另一输入电压不为零，例如 $u_X=0$、$u_Y\neq 0$ 或 $u_Y=0$、$u_X\neq 0$，其输出电压 u_O 应为零。实际上，此时乘法器的输出电压并不完全为零，即有一部分输入电压泄漏到输出端，这就是**馈通电压**，它有 X 通道馈通电压 U_{FX} 和 Y 通道馈通电压 U_{FY} 两种。馈通电压的存在，使乘法器的输出产生了误差。**馈通抑制度**是衡量乘法器误差大小的指标。

X 通道馈通抑制度 CFT 又称为**载漏抑制度**，它定义为：当 $u_Y=0$、而 X 输入端加幅度为 U_{xm} 的正弦电压时，如果输出电压(馈通电压)的幅度为 U_{om1}，则载漏抑制度

$$\text{CFT}=20\lg\frac{U_{xm}}{U_{om1}}\ (\text{dB}) \qquad (4-3)$$

Y 通道馈通抑制度 SFT 又称为**信漏抑制度**，它定义为：当 $u_X=0$、而 Y 输入端加幅度为 U_{ym} 的正弦电压时，如果输出电压(馈通电压)的幅度为 U_{om2}，则信漏抑制度

$$\text{SFT}=20\lg\frac{U_{ym}}{U_{om2}}\ (\text{dB}) \qquad (4-4)$$

显然，CFT 和 SFT 越大越好。

*4.2.2 模拟乘法器的基本工作原理

可变跨导型模拟乘法器是在差动放大器的基础上发展起来的，因此，要介绍模拟乘法器的工作原理，必须先从差动放大器谈起。

1) 恒流源差动放大器的传输特性

图 4.5(a)为恒流源差动放大器，其输入电压 $u_X=u_{BE1}-u_{BE2}$。设 $u_X=0$ 时输出电压 $u_O=0$，且两管 V_1、V_2 的参数完全相同。考虑到一般情况下 u_{BE1}、u_{BE2} 较大，则由图得

$$i_{C1}\approx i_{E1}\approx I_{sat}e^{u_{BE1}/U_T}, \qquad i_{C2}\approx i_{E2}\approx I_{sat}e^{u_{BE2}/U_T}$$

式中，I_{sat} 为发射结反向饱和电流，$U_T\approx 26$mV。而恒流源电流为

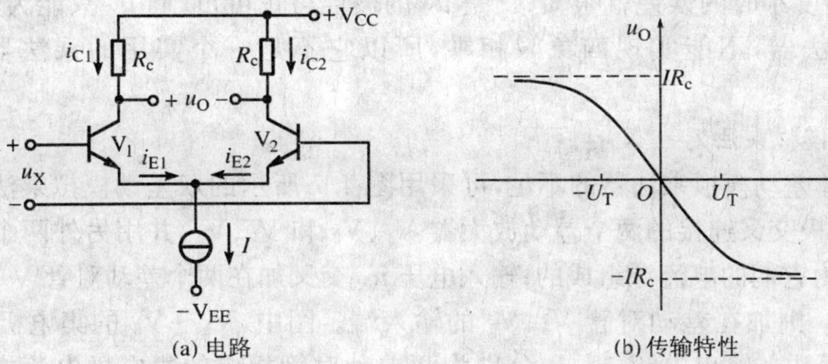

(a) 电路 (b) 传输特性

图 4.5 恒流源差动放大器

$$I=i_{E1}+i_{E2}\approx i_{C1}+i_{C2}=i_{C1}(1+i_{C2}/i_{C1})=i_{C2}(1+i_{C1}/i_{C2})$$

由上述各式可得

$$i_{C1}=\frac{I}{1+e^{-u_X/U_T}},\quad i_{C2}=\frac{I}{1+e^{u_X/U_T}}$$

故

$$\begin{aligned}u_O&=u_{C1}-u_{C2}=i_{C2}R_c-i_{C1}R_c=(i_{C2}-i_{C1})R_c\\&=-IR_c\,\frac{e^{u_X/2U_T}-e^{-u_X/2U_T}}{e^{u_X/2U_T}+e^{-u_X/2U_T}}=-IR_c\,\text{th}\left(\frac{u_X}{2U_T}\right)\end{aligned}\tag{4-5}$$

式中，$\text{th}(u_X/2U_T)$称为双曲正切函数①。按上式画出的恒流源差动放大器的传输特性曲线如图 4.5(b)所示。若$|u_X|\ll 2U_T$，则 $\text{th}(u_X/2U_T)\approx u_X/2U_T$，故由式(4-5)得

$$u_O\approx-\frac{R_c}{2U_T}I\,u_X\tag{4-6}$$

上式表明，当$|u_X|\ll 2U_T$ 时，u_O 与 u_X 成线性关系。

2) 单差动模拟乘法器

由式(4-6)可以看出，如果图 4.5(a)中的电流源是一个压控电流源，即 I 与另一个输入电压 u_Y 成正比，那么差动放大器的输出电压 u_O 将与 u_X 和 u_Y 的乘积成正比，即实现了模拟相乘。按照上述意图组成的电路如图 4.6 所示，这就是单差动模拟乘法器。

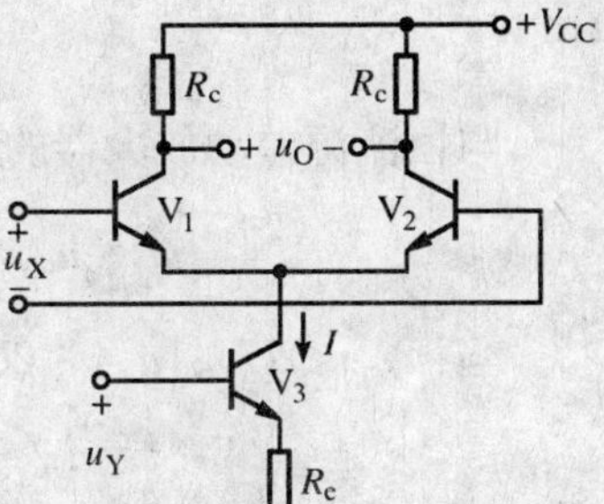

图 4.6 单差动模拟乘法器

图中，三极管 V_3 和 R_e 组成压控电流源。当 $u_Y\gg u_{BE3}$ 时，$I\approx u_Y/R_e$，则由式(4-6)得

$$u_O\approx-\frac{R_c}{2U_TR_e}u_Xu_Y=K_Mu_Xu_Y\tag{4-7}$$

式中，$K_M=-R_c/2U_TR_e$。因此，图 4.6 电路在$|u_X|\ll 2U_T$ 和 $u_Y\gg u_{BE3}$条件下实现了相乘的功能。从物理意义上来讲，用 u_Y 控制恒流源 I，也就控制了差放管 V_1、V_2 的跨导(因为它们的跨导 $g_m=I/52$)，因此属于**变跨导型模拟乘法器**。

单差动模拟乘法器有两点不足之处：一是由于限定$|u_X|\ll 2U_T$ 和 $u_Y\gg u_{BE3}$，因此 u_X

---

① 双曲正切函数的定义为：$\text{th}x=(e^x-e^{-x})/(e^x+e^{-x})$。

幅度大或 u_Y 幅度小时的误差就很大；二是 u_X 的极性可正可负，而 u_Y 只能为正值，则电路属于二象限乘法器，不能实现四象限相乘，所以它不是一个实用的乘法器，必须加以改进。

3）双差动模拟乘法器

为了克服单差动模拟乘法器的不足，可采用图 4.7 所示的双差动模拟乘法器。可以看出，它是由集电极交叉连接的两个差动放大器 V_1、V_2 和 V_3、V_4，并用另外两个差动放大器 V_5、V_6 分别作为它们的电流源组成的；输入电压 u_X 交叉加在两个差动对管 V_1～V_4 的输入端，输入电压 u_Y 则加在差动对管 V_5、V_6 的输入端。图中，V_1～V_6 的集电极电流分别为 i_1～i_6，乘法器每边的输出电流 i_{13}、i_{24} 分别为两差动对管相应的集电极电流之和，即 $i_{13}=i_1+i_3$，$i_{24}=i_2+i_4$。

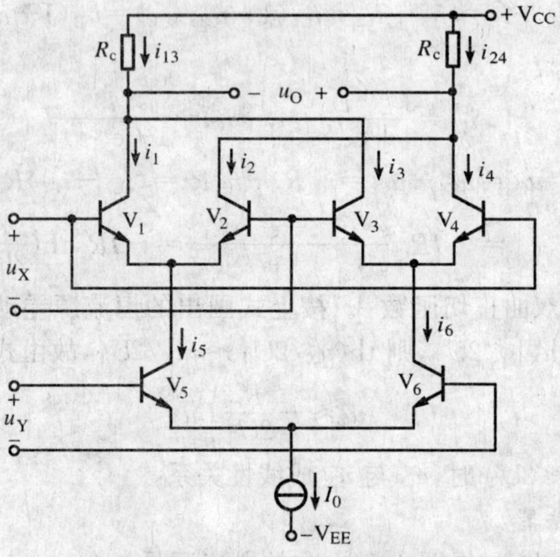

图 4.7　双差动模拟乘法器

与恒流源差动放大器的传输特性的分析方法相类似，可以得到

$$u_O=u_{C4}-u_{C1}=(i_{13}-i_{24})R_c=I_0R_c\ \mathrm{th}(\frac{u_X}{2U_T})\mathrm{th}(\frac{u_Y}{2U_T}) \tag{4-8}$$

当 $|u_X|\ll 2U_T$、$|u_Y|\ll 2U_T$ 时，上式变为

$$u_O\approx\frac{I_0R_c}{4U_T^2}u_Xu_Y=K_Mu_Xu_Y \tag{4-9}$$

式中，$K_M=I_0R_c/4U_T^2$。上式表明，对于小信号 u_X、u_Y 而言，该电路起模拟相乘作用。由于这个电路对 u_X、u_Y 的极性没有限制，即 u_X、u_Y 的极性可正可负，因此是四象限乘法器。

由于双差动模拟乘法器仅当 u_X 和 u_Y 均不为零时才有输出，而在 $u_X=0$ 或 $u_Y=0$ 时输出为零，输出端处于直流平衡的状态，所以这种电路又称为双平衡模拟乘法器。

双差动模拟乘法器的线性动态范围很小，只适用于输入信号很小（10 mV 左右）的场合，其典型产品为 XCC。当输入信号较大时，双差动模拟乘法器的误差增大，因此必须对它进行改进，以扩展它的线性动态范围。常见的改进电路有两种：一种是扩展 u_Y 的线性动态范围的电路，其典型产品为 F1596；另一种是同时扩展 u_X 和 u_Y 的线性动态范围的电路，其典型产品为 F1595。

4.2.3　集成模拟乘法器 F1595

1）电路及工作原理

集成模拟乘法器 F1595 的电路如图 4.8 所示，其中虚线框内为其内部电路，虚线框外为外接元件。与 F1595 同类型的产品，国内有 FZ4、BG314，国外有 MC1595L。

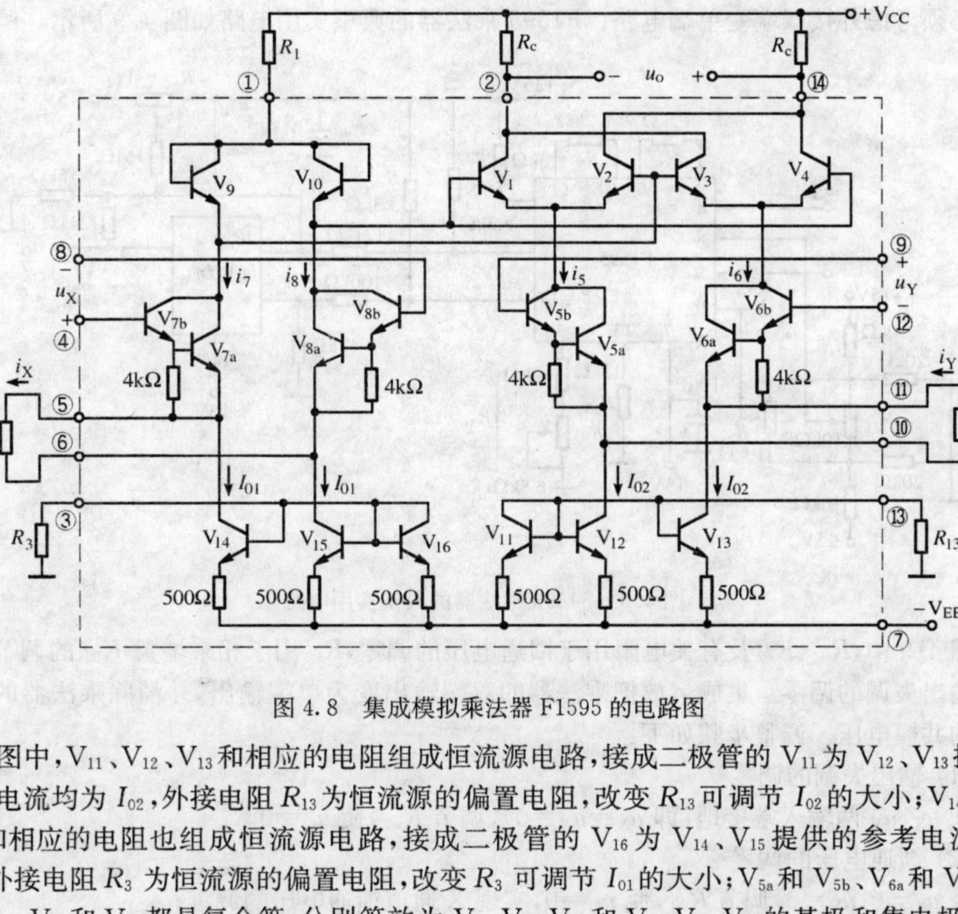

图 4.8　集成模拟乘法器 F1595 的电路图

图中，V_{11}、V_{12}、V_{13}和相应的电阻组成恒流源电路，接成二极管的 V_{11} 为 V_{12}、V_{13}提供的参考电流均为 I_{02}，外接电阻 R_{13}为恒流源的偏置电阻，改变 R_{13}可调节 I_{02}的大小；V_{14}、V_{15}、V_{16}和相应的电阻也组成恒流源电路，接成二极管的 V_{16} 为 V_{14}、V_{15} 提供的参考电流均为 I_{01}，外接电阻 R_3 为恒流源的偏置电阻，改变 R_3 可调节 I_{01}的大小；V_{5a}和 V_{5b}、V_{6a}和 V_{6b}、V_{7a}和 V_{7b}、V_{8a}和 V_{8b}都是复合管，分别等效为 V_5、V_6、V_7 和 V_8；V_9、V_{10}的基极和集电极短接，分别相当于一 PN 结二极管；外接的两个 R_c 为双差动放大器 $V_1 \sim V_4$ 的集电极负载电阻；外接电阻 R_1 为 V_9、V_{10} 等提供直流通路，并确定乘法器①端的电位，保证各管工作在放大区。

图中，接在 V_5、V_6 发射极之间的负反馈电阻 R_y，与两个恒流源 I_{02} 相配合，可扩展乘法器的 u_Y 的线性动态范围；而接在 V_7、V_8 发射极之间的负反馈电阻 R_x，与两个恒流源 I_{01}及对称的 V_9、V_{10}相配合，可扩展乘法器的 u_X 的线性动态范围。可以证明，若 R_y、R_x 均足够大(R_y 远大于 V_5、V_6 的发射结电阻，R_x 远大于 V_7、V_8 的发射结电阻)，且各管的 β 也足够大，则

$$u_O = \frac{2R_c}{I_{01}R_xR_y}u_Xu_Y = K_Mu_Xu_Y \tag{4-10}$$

式中，$K_M=2R_c/I_{01}R_xR_y$。上式表明，F1595 在 R_x、R_y 较大的情况下，可以在较大的输入电压变化范围内实现理想的相乘作用。此外，图 4.7 所示的双差动模拟乘法器由于 u_O 与 U_T 有关，所以电路的温度稳定性较差，而 F1595 的 u_O 与温度无关，所以温度稳定性较好。由式(4-10)可以看出，相乘增益 K_M 的大小与恒流 I_{01} 有关，因此调节外接电阻 R_3 可改变 K_M。

2) F1595 乘法器的实用电路

图 4.8 中画出了 F1595 的外接元件，但还不是实用电路，因为它没有考虑馈通电压的调零(即输入失调的调零)、相乘增益 K_M 的调节等问题。此外，由于 F1595 是双端输出，因此还必须考虑外接双端变单端电路。F1595 乘法器的典型实用电路如图 4.9 所示。

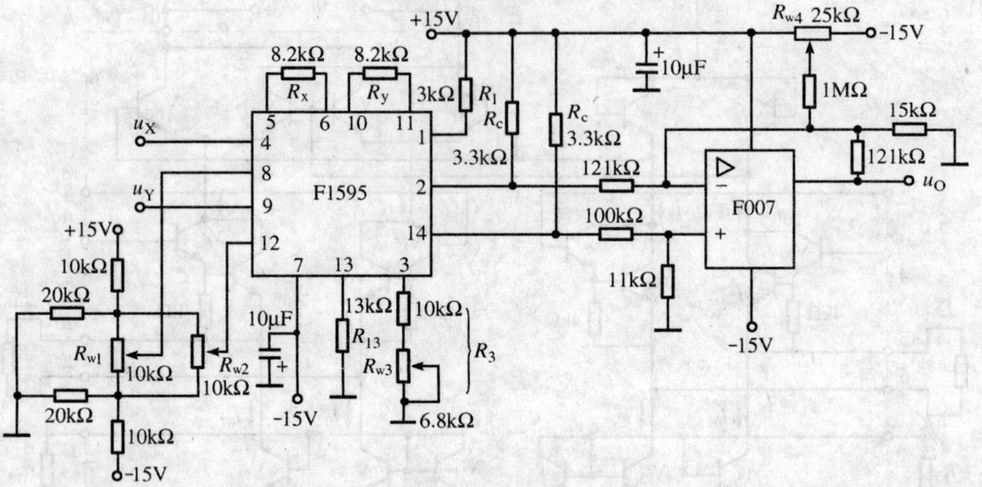

图 4.9　F1595 乘法器的典型实用电路

图 4.9 中，R_{w1}、R_{w2} 及有关电阻用于馈通电压的调零，R_{w3} 用于相乘增益 K_M 的调节，R_{w4} 用于输出失调的调零。集成运放把乘法器的双端输出变为单端输出，并消除乘法器的双端存在的共模电压。调整步骤如下：

(1) 输出失调的调零

把 u_X、u_Y 两输入端接地(即 $u_X=u_Y=0$)，调节 R_{w4}，使 $u_O=0$。

(2) 馈通电压的调零

令 $u_X\neq0$、$u_Y=0$，调节 R_{w1}，使 $u_O=0$，实现 X 通道馈通电压的调零；

令 $u_X=0$、$u_Y\neq0$，调节 R_{w2}，使 $u_O=0$，实现 Y 通道馈通电压的调零。

(3) 相乘增益 K_M 的调整

令 $u_X\neq0$、$u_Y\neq0$，调节 R_{w3}，使 $u_O=K_Mu_Xu_Y$。

应当指出，F1595 在实际使用时不够方便，需外接电阻和双端变单端放大器。为此，把乘法器基本电路和双端变单端放大器以及其他的电阻统统集成在一个基片上，应用时就非常方便，属于这类的乘法器有国外的 MC1594 等。此外，AD534 等又在 MC1594 的基础上，采用有源负反馈，使器件的性能大大提高。

4.2.4　集成模拟乘法器的应用

集成模拟乘法器的应用十分广泛，除了后面各章介绍的组成各种频率变换电路外，还能组成各种模拟运算和压控增益等电路。应该指出，由于一般双端输出的乘法器都需外接双端变单端的放大器，如果把它们看成一个整体，并通过适当连接总可使相乘增益 $K_M>0$，因此下面介绍的各种电路中均认为乘法器的 $K_M>0$。

1）乘方器

利用模拟乘法器很容易接成各种乘方运算电路。如果将同一输入电压 u_I 加到乘法器的两个输入端，如图 4.10(a)所示，则输出电压 $u_O=K_M u_I^2$，即实现了平方运算。

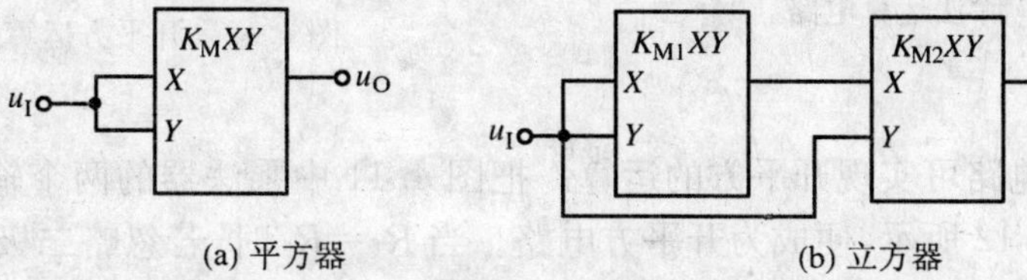

图 4.10　乘方运算电路

如果采用两个乘法器，便可构成立方运算电路，如图 4.10(b)所示，其输出电压 $u_O=K_{M1}K_{M2}u_I^3$。

2）正弦波倍频器

若平方器的输入电压是正弦信号，即

$$u_I=U_{im}\sin\omega t$$

则平方器输出电压

$$u_O=K_M(U_{im}\sin\omega t)^2=\frac{1}{2}K_M U_{im}^2-\frac{1}{2}K_M U_{im}^2\cos 2\omega t$$

如果在平方器的输出端接一个隔直电容，则输出电压 $u_O'=-\frac{1}{2}K_M U_{im}^2\cos 2\omega t$，即得到频率为输入信号频率两倍的正弦波，实现了正弦信号的二倍频。

3）除法器

除法运算电路可以由模拟乘法器和运放组成，如图 4.11 所示。图中，乘法器置于运放的反馈支路中，在运放为负反馈的条件下，利用虚地和虚断的概念，$i_F=i_1=u_{I1}/R_1$。由于乘法器的输出端电位 $u_Z=K_M u_O u_{I2}$，而当 $R_1=R_f$ 时，有

$$u_Z=-i_F R_f=-\frac{u_{I1}}{R_1}R_f=-u_{I1}$$

则

$$u_O=\frac{u_Z}{K_M u_{I2}}=-\frac{1}{K_M}\frac{u_{I1}}{u_{I2}} \tag{4-11}$$

由上式知，该电路的输出电压与两个输入电压之商成正比，于是实现了除法运算。

注意，上述结论仅在运放引入的为负反馈的条件下才成立。由于 $K_M>0$，所以 u_{I2} 必须为正值，否则将由于运放引入正反馈而不能正常工作。由于 u_{I1} 的极性可正可负，因此该电路为两象限除法器。如果希望除法器是四象限的，则可在乘法器的 X 输入端接一绝对值电路。

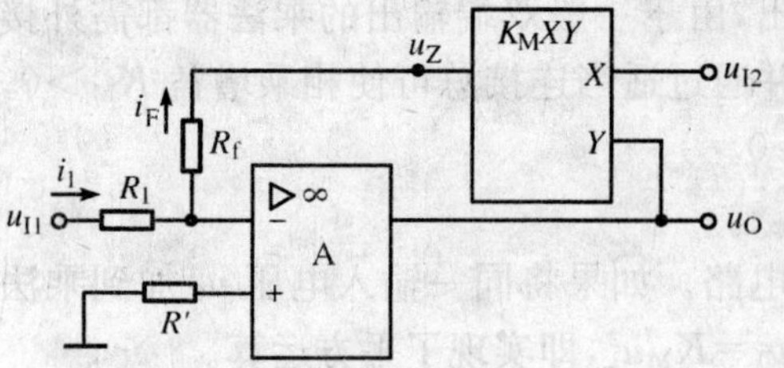

图 4.11 除法运算电路

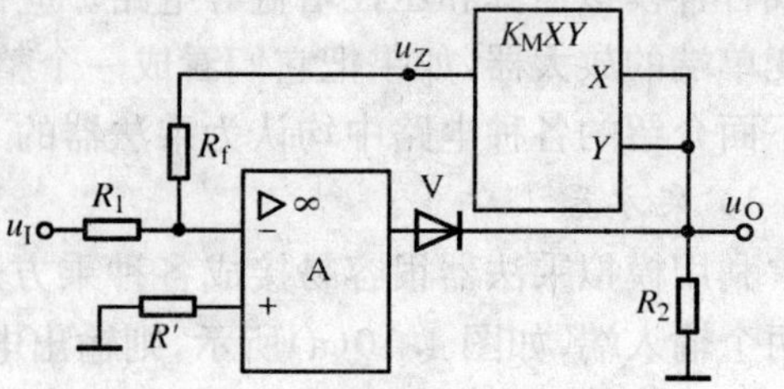

图 4.12 开平方运算电路

4）开方电路

利用除法运算电路可实现开平方的运算。把图 4.11 中乘法器的两个输入端都接至运放的输出端，如图 4.12 所示，便成为开平方电路。当 $R_1=R_f$ 时，若忽略二极管 V 很小的管压降，由图 4.12 容易得到

$$u_O=\sqrt{-u_I/K_M} \tag{4-12}$$

由上式可见，u_I 必须为负值，这时 u_O 与（$-u_I$）的平方根成正比，实现了开平方的运算。若 u_I 为正值，则无论 u_O 是正值还是负值，乘法器的输出电压 u_Z 恒为正值，使运放引入的是正反馈，电路就不能正常工作。如果 $u_I>0$，则必须将图 4.12 中乘法器的输出电压经过一反相器再加到运放的反相输入端。

图中为什么要加二极管呢？这是因为如果没有二极管，当 u_I 因受干扰等原因变为正值时，电路将出现锁定现象，即使干扰消失后 u_I 再变为负值，电路也不能恢复正常工作。有了图中的二极管，即可避免上述现象的发生。

同理，如果在运放的反馈支路中串联多个乘法器，就可以得到开高次方的运算电路。图 4.13 是利用两个乘法器组成的开立方电路，不难求得，其输出电压（$R_1=R_f$ 时）

$$u_O=\sqrt[3]{-u_I/K_{M1}K_{M2}} \tag{4-13}$$

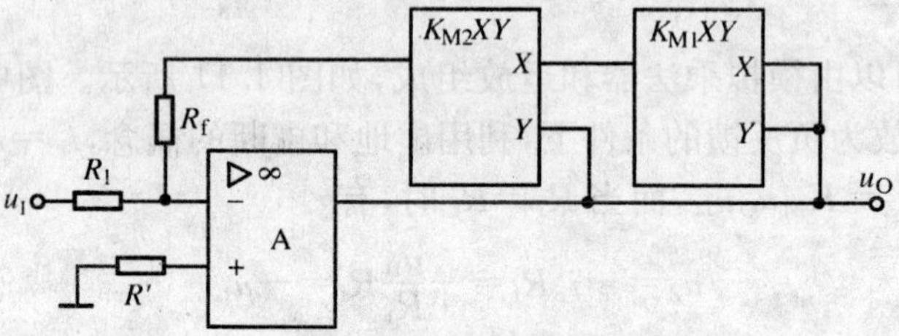

图 4.13 开立方运算电路

5）压控增益电路

若模拟乘法器的一个输入端接直流控制电压 U_C，另一个输入端接输入信号 u_i，则输出电压

$$u_o=K_MU_Cu_i$$

由上式可知，此时乘法器相当于一个电压增益 $A_u=K_MU_C$ 的放大器，其电压增益 A_u 与控制电压 U_C 成正比，即可用电压的大小控制增益的大小，因此是压控增益放大器。

图 4.11 所示的除法器也可用作压控增益放大器。由式（4－11）知，若 $u_{I1}=u_i$，$u_{I2}=U_C$，则

$$u_o = -\frac{1}{K_M U_C} u_i$$ ①

因此，该除法器可看作是输入信号为 u_i、电压增益 $A_u = -1/K_M U_C$ 的压控增益放大器。

4.3 频谱搬移的实现原理

由于频率变换时输出信号的频率与输入信号的频率不同，因此必须采用非线性电路才能实现，其中的器件必须是非线性器件。对于频谱搬移电路，常用的非线性器件是模拟乘法器。本节先介绍用模拟乘法器组成的非线性电路实现频谱搬移的原理，再分析一般非线性器件的相乘作用（即它也能实现频谱搬移）。

4.3.1 模拟乘法器实现频谱搬移的原理

图 4.14(a)为模拟乘法器组成的频谱变换电路原理图，其中乘法器的输入信号为 $u_c(t) = U_{cm}\cos\omega_c t$ 和 $u_1(t)$，输出信号为 $u_O(t)$。为了讨论方便，设相乘增益 $K_M = 1V^{-1}$，$U_{cm} = 1V$，则乘法器的输出电压

$$u_O(t) = u_I(t) u_c(t) = u_I(t) U_{cm}\cos\omega_c t = u_I(t)\cos\omega_c t$$

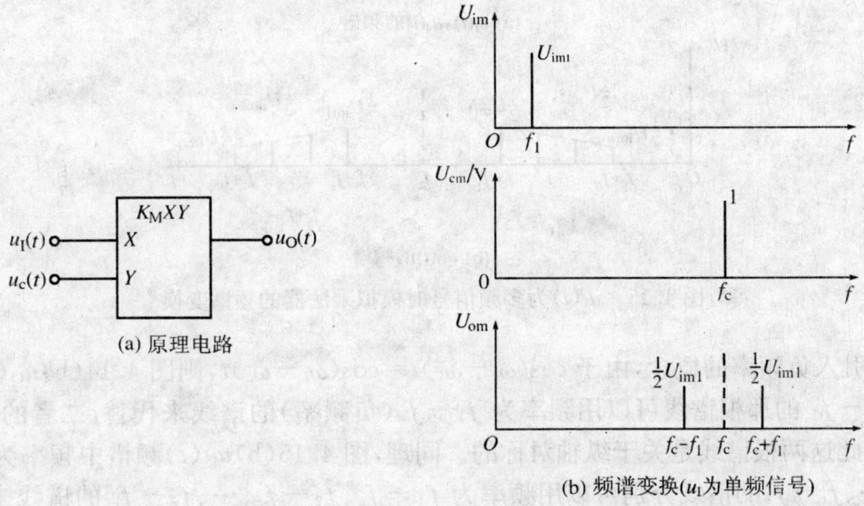

图 4.14 模拟乘法器实现频谱变换

若 $u_I(t)$为单频信号，即 $u_I(t) = U_{im1}\cos\omega_1 t$，设 $\omega_1 < \omega_c$（即 $f_1 < f_c$），则

$$u_O(t) = U_{im1}\cos\omega_1 t\cos\omega_c t = \frac{1}{2}U_{im1}\cos(\omega_c - \omega_1)t + \frac{1}{2}U_{im1}\cos(\omega_c + \omega_1)t \quad (4-14)$$

由上式可知，此时输出信号含有输入信号没有的 $f_c \pm f_1$ 的频率成分，它们的振幅均为 $U_{im1}/2$。输入信号 $u_I(t)$、$u_c(t)$和输出信号 $u_O(t)$的频谱如图 4.14(b)所示。

若 $u_I(t)$为多频信号，即 $u_I(t) = U_{im1}\cos\omega_1 t + U_{im2}\cos\omega_2 t + \cdots + U_{imn}\cos\omega_n t$，设 $\omega_1 < \omega_2 < \cdots < \omega_n < \omega_c$，且 $U_{cm} = 1$ V，则

① 因只含交流分量，故输出电压 u_o 的下标用小写英文字母表示。

$$u_{\mathrm{O}}(t)=(U_{\mathrm{im1}}\cos\omega_1 t+U_{\mathrm{im2}}\cos\omega_2 t+\cdots+U_{\mathrm{im}n}\cos\omega_n t)\ \cos\omega_{\mathrm{c}} t$$

$$=\frac{1}{2}U_{\mathrm{im1}}\cos(\omega_{\mathrm{c}}-\omega_1)t+\frac{1}{2}U_{\mathrm{im2}}\cos(\omega_{\mathrm{c}}-\omega_2)t+\cdots+\frac{1}{2}U_{\mathrm{im}n}\cos(\omega_{\mathrm{c}}-\omega_n)t+$$

$$\frac{1}{2}U_{\mathrm{im1}}\cos(\omega_{\mathrm{c}}+\omega_1)t+\frac{1}{2}U_{\mathrm{im2}}\cos(\omega_{\mathrm{c}}+\omega_2)t+\cdots+\frac{1}{2}U_{\mathrm{im}n}\cos(\omega_{\mathrm{c}}+\omega_n)t \quad (4-15)$$

由上式知，此时 $u_{\mathrm{O}}(t)$ 的频率成分有 $f_{\mathrm{c}}\pm f_1$、$f_{\mathrm{c}}\pm f_2$、…、$f_{\mathrm{c}}\pm f_n$，且它们的振幅分别为 $U_{\mathrm{im1}}/2$、$U_{\mathrm{im2}}/2$、…、$U_{\mathrm{im}n}/2$。由此可画出 $u_{\mathrm{I}}(t)$、$u_{\mathrm{c}}(t)$ 和 $u_{\mathrm{O}}(t)$ 的频谱，如图 4.15(a)、(b)所示。

若 $K_{\mathrm{M}}\neq 1\ \mathrm{V}^{-1}$，$U_{\mathrm{cm}}\neq 1\ \mathrm{V}$，则上述各谱线的长度增大 $K_{\mathrm{M}}U_{\mathrm{cm}}$ 倍，其他均不变。

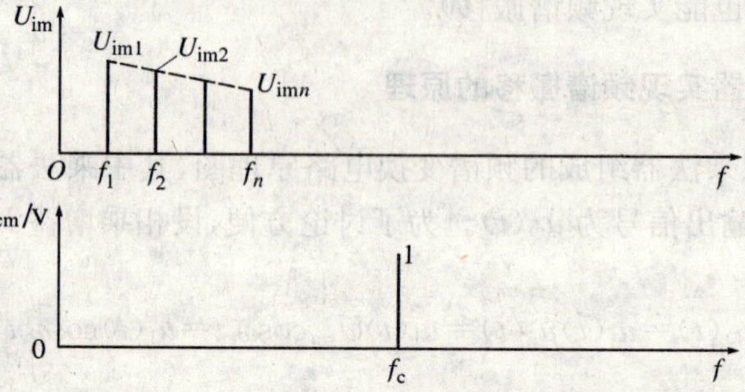

(a) $u_{\mathrm{I}}(t)$、$u_{\mathrm{c}}(t)$的频谱

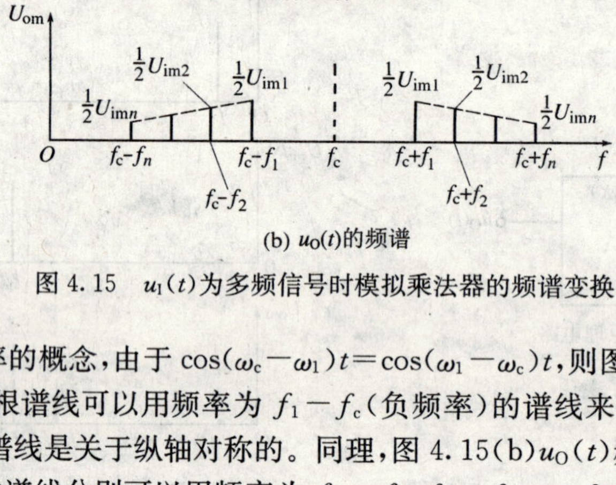

(b) $u_{\mathrm{O}}(t)$的频谱

图 4.15　$u_{\mathrm{I}}(t)$为多频信号时模拟乘法器的频谱变换

如果引入负频率的概念，由于 $\cos(\omega_{\mathrm{c}}-\omega_1)t=\cos(\omega_1-\omega_{\mathrm{c}})t$，则图 4.14(b)$u_{\mathrm{O}}(t)$频谱中频率为 $f_{\mathrm{c}}-f_1$ 的那根谱线可以用频率为 f_1-f_{c}（负频率）的谱线来代替，二者的长度均为 $U_{\mathrm{im1}}/2$，因此这两根谱线是关于纵轴对称的。同理，图 4.15(b)$u_{\mathrm{O}}(t)$频谱中频率为 $f_{\mathrm{c}}-f_1$、$f_{\mathrm{c}}-f_2$、…、$f_{\mathrm{c}}-f_n$的谱线分别可以用频率为 f_1-f_{c}、f_2-f_{c}、…、f_n-f_{c} 的谱线来代替，它们分别关于纵轴对称。由上所述，我们可以得到 $u_{\mathrm{I}}(t)$为单频和多频时模拟乘法器输出电压 $u_{\mathrm{O}}(t)$频谱的另一种形式，如图 4.16(a)、(b)所示。

由图 4.16(a)、(b)可以看到，$u_{\mathrm{O}}(t)$的频谱相当于把 $u_{\mathrm{I}}(t)$的频谱沿频率轴向右和向左搬移 f_{c}、同时谱线长度减半而得到的。显然，在搬移过程中，$u_{\mathrm{I}}(t)$和 $u_{\mathrm{O}}(t)$的频谱内部结构保持不变。因此，模拟乘法器可以组成**频谱搬移电路**。

根据上述分析还可以得到一个重要的结论：信号 $u_{\mathrm{I}}(t)$与 $\cos\omega_{\mathrm{c}}t$ 相乘，相当于把 $u_{\mathrm{I}}(t)$的频谱沿频率轴不失真地向左和向右搬移 f_{c}，且各谱线长度减半。当然，习惯上我们不采用负频率，因此在搬移中若出现负频率的谱线，可把它们按与纵轴对称的原则转换成相应正频率的谱线。

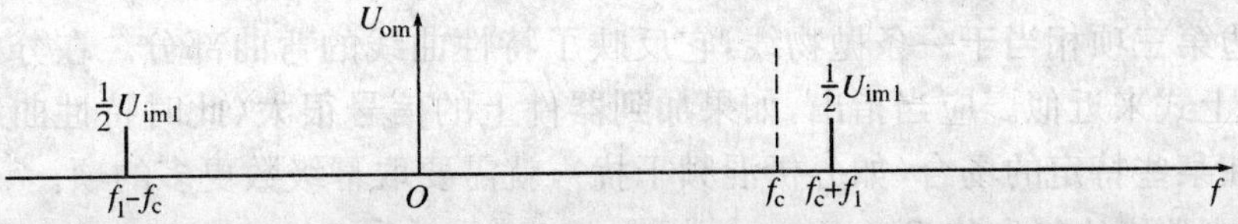

(a) $u_1(t)$为单频信号

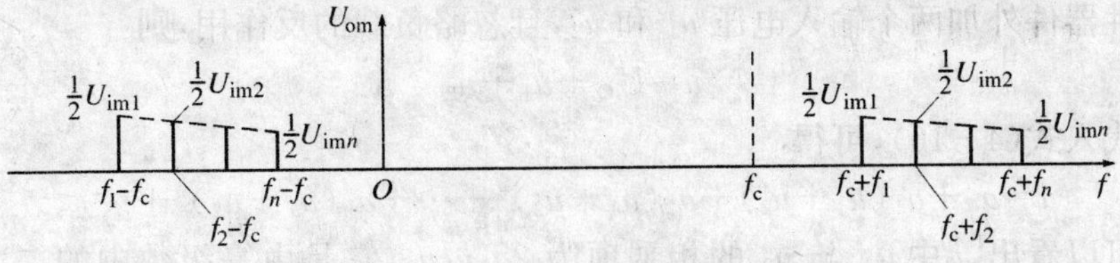

(b) $u_1(t)$为多频信号

图 4.16　模拟乘法器实现频谱搬移

4.3.2　非线性器件的相乘作用

除模拟乘法器外，二极管、三极管、场效应管、变容二极管等也都是非线性器件，它们的伏安特性都不是一条直线。不同非线性器件的伏安特性是不同的，为了使其数学表达式具有普遍意义，伏安特性一般表示为

$$i=f(u)$$

1）非线性器件特性的幂级数表示法

如果非线性器件的静态工作点电压为 U_Q，静态工作点电流为 I_Q，则其伏安特性可在 $u=U_Q$ 附近展开为幂级数（或泰勒级数）

$$i=f(u)=a_0+a_1(u-U_Q)+a_2(u-U_Q)^2+\cdots+a_n(u-U_Q)^n+\cdots \tag{4-16}$$

式中

$$\left.\begin{aligned}a_0&=f(U_Q)=I_Q\\a_1&=\left.\frac{\mathrm{d}i}{\mathrm{d}u}\right|_{u=U_Q}=f'(U_Q)=g\\a_n&=\frac{1}{n!}\left.\frac{\mathrm{d}^n i}{\mathrm{d}u^n}\right|_{u=U_Q}=\frac{1}{n!}f^{(n)}(U_Q)\quad(n=1,2,\cdots)\end{aligned}\right\} \tag{4-17}$$

在幂级数展开式中，$a_0=I_Q$ 为静态工作点电流；$a_1=f'(U_Q)=g$ 为静态工作点处的电导（或动态电阻的倒数），它等于静态工作点处特性曲线切线的斜率。

在实际分析和计算时，总是取上述幂级数的有限项来近似表示非线性器件的伏安特性。究竟要取多少项，这取决于要求近似的准确度和特性曲线的运用范围。一般说来，要求近似的准确度越高，或特性曲线的运用范围越宽，则所取的项数越多。当然，为了计算简单，在工程计算允许的准确度范围内，应尽量选取较少的项数来近似。例如，若非线性器件工作在特性曲线的近似直线的部分，或输入信号足够小，使器件工作在特性曲线很小的一段时，只需取幂级数前两项（取到一次方项），即

$$i\approx a_0+a_1(u-U_Q) \tag{4-18}$$

实际上，这是特性曲线在静态工作点切线的方程式，即把非线性器件近似当作线性器件来处理，以前在分析小信号放大器时就是这样做的。如果非线性器件工作在特性曲线的弯曲部分，则至少要取幂级数的前三项，即用下述的二次三项式来近似：

$$i \approx a_0 + a_1(u - U_Q) + a_2(u - U_Q)^2 \tag{4-19}$$

上式右边第三项相当于一条抛物线，它反映了特性曲线的弯曲部分。在分析频谱搬移电路时，常用上式来近似。应当指出，如果加到器件上的信号很大（此时特性曲线运用的范围很宽），或在某些特定的场合（如分析混频干扰），就需要取幂级数更多的项。

2）非线性器件的相乘作用

若非线性器件外加两个输入电压 u_1 和 u_2，且忽略负载的反作用，则

$$u = U_Q + u_1 + u_2 \tag{4-20}$$

把上式代入式（4-16），可得

$$i = a_0 + a_1(u_1 + u_2) + a_2(u_1 + u_2)^2 + \cdots + a_n(u_1 + u_2)^n + \cdots \tag{4-21}$$

由上式可以看出，i 中 u_1 与 u_2 的相乘项为 $2a_2u_1u_2$，它是由幂级数中的二次方项产生的。因此，凡是伏安特性的幂级数展开式中含有二次方项的非线性器件，都具有相乘的作用，则都可实现频谱搬移。例如，场效应管具有平方律的伏安特性

$$i_D = I_{DSS}\left(1 - \frac{u_{GS}}{U_{GS(off)}}\right)^2$$

因此，场效应管具有相乘作用。但是，由式（4-21）知，一般非线性器件的 i 中除含有用的相乘项 u_1u_2 外，还有 $u_1^m u_2^n$（$m, n = 0, 1, 2, \cdots$；m、n 不能同时为 1）众多无用的相乘项。后面将看到，这些无用相乘项将产生许多不需要的频率成分，必须用滤波器除去，否则将形成干扰。

设 $u_1 = U_{m1}\cos\omega_1 t$，$u_2 = U_{m2}\cos\omega_2 t$，且 $\omega_1 \neq \omega_2$。若取式（4-21）中前四项，利用三角公式进行化简①，得到的结果（具体的化简过程留给读者）表明，输出电流 i 中除了含有直流分量（频率为 0）、基波分量（ω_1、ω_2）及二次谐波分量（$2\omega_1$、$2\omega_2$）之外，还产生了和频、差频分量（$\omega_1 \pm \omega_2$）以及 $3\omega_1$、$3\omega_2$、$\omega_1 \pm 2\omega_2$、$2\omega_1 \pm \omega_2$ 众多的频率分量。这些频率分量可用 $|\pm p\omega_1 \pm q\omega_2|$ 来表示，其中 $p, q = 0, 1, 2, 3$，且 $p + q \leqslant 3$（因特性的幂级数展开式只取到三次方项）。可以想象，如果采用式（4-21），则 i 中含有无限多个频率分量，其一般表达式为 $\omega_k = |\pm p\omega_1 \pm q\omega_2|$，或

$$f_k = |\pm pf_1 \pm qf_2| \qquad (p, q = 0, 1, 2, \cdots) \tag{4-22}$$

上式即为**组合频率**。其中，$p = 1$、$q = 1$ 的组合频率分量（$f_k = |\pm f_1 \pm f_2|$）是有用相乘项产生的，而其他组合频率分量都是无用相乘项产生的，它们将会形成干扰。一般组合频率分量都是成对出现的，例如，有（$f_1 + f_2$）就一定有 $|f_1 - f_2|$，有（$3f_1 + 4f_2$）就一定有 $|3f_1 - 4f_2|$ 等，成对频率分量的振幅都相同。

综上所述，为了实现接近理想的相乘运算，从而实现频谱搬移，可采用模拟乘法器。对于其他的非线性器件，必须减小无用相乘项及其产生的组合频率分量的数目和振幅。为此，在实践中可采取下述措施：选用具有平方律特性的场效应管，或选择合适的静态工作点使器件工作在特性接近平方律的区域；采用多个非线性器件组成的平衡电路，以抵消一部分无用的组合频率分量；减小输入电压幅度 U_{m1} 或 U_{m2}，以便有效地减小 p、q 较大的组合频率分量的振幅；选用合适的滤波器滤掉无用的组合频率分量等，这些措施将在后面章节中详细讨论。

---

① 例如 $\cos^2\omega_1 t = \frac{1}{2}(1 + \cos 2\omega_1 t)$，$\cos^3\omega_1 t = \frac{1}{4}(3\cos\omega_1 t + \cos 3\omega_1 t)$。

小结

(1) 频率变换是通信和电子技术中的重要概念,它有频谱搬移和频谱非线性变换两种类型。

(2) 集成模拟乘法器是继集成运放之后的又一种通用的模拟集成电路,它可实现两个模拟信号的相乘。由于使用方便、性能优良和价格较低,集成模拟乘法器获得广泛的应用,除了用于模拟运算、压控增益等电路中,还广泛用于频谱搬移电路。

(3) 一般非线性器件由于其特性含有二次方项,故也有相乘作用,即也具有频谱搬移作用。

习题四

4-1 某电压信号 $u(t)$ 的频谱如图 P4.1 所示。(1)写出它的数学表达式;(2)画出它的波形。

4-2 若某电压信号 $u(t)=5\sin\Omega t\cos\omega_c t$ V,其中 $\omega_c \gg \Omega$。(1) 画出它的频谱图;(2) 画出它的波形图。

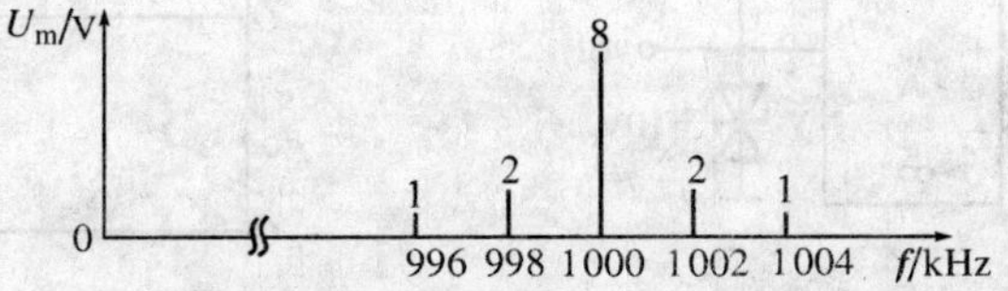

图 P4.1

4-3 图 P4.2 所示为同相输入的除法器,试分析它的正常工作条件,求出输出电压与输入电压的函数关系。与图 4.11 所示电路比较,该电路有什么特点?

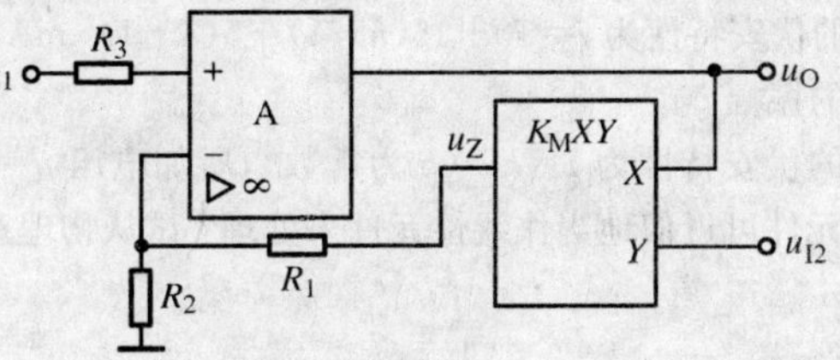

图 P4.2

4-4 试推导图 4.13 电路在 $R_1=R_f$ 时的输出电压的表达式:

$$u_O=\sqrt[3]{-\frac{u_I}{K_{M1}K_{M2}}}$$

4-5 在图 P4.3 所示电路中,已知输入正弦电压 $u_{i1}=U_{im1}\cos\omega t$,$u_{i2}=U_{im2}\cos(\omega t+\varphi)$,求该电路的输出电压 u_O。问电路中 R、C 起什么作用?这个电路具有什么功能?

*4-6 图 P4.4 是一个多变量的运算电路,试分析它的正常工作条件,并证明:

$$u_O=-\frac{R_4}{K_M u_{I4}}\left(\frac{u_{I1}}{R_1}+\frac{u_{I2}}{R_2}+\frac{u_{I3}}{R_3}\right)$$

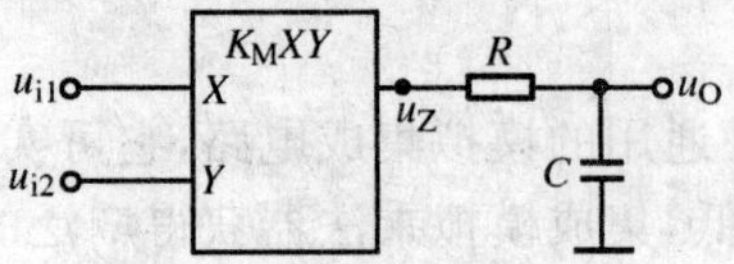

图 P4.3

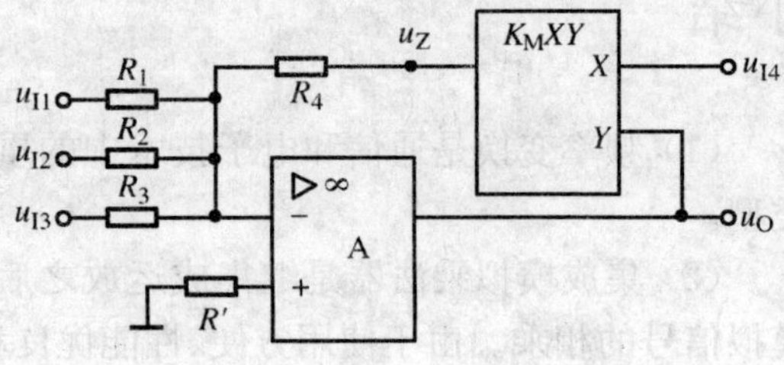

图 P4.4

4-7　电路如图 P4.5 所示。若输入电压 u_i 为正弦波，试在图上画出运放输出电压 u_{O1} 及模拟乘法器输出电压 u_O 的波形。问这个电路的功能是什么？

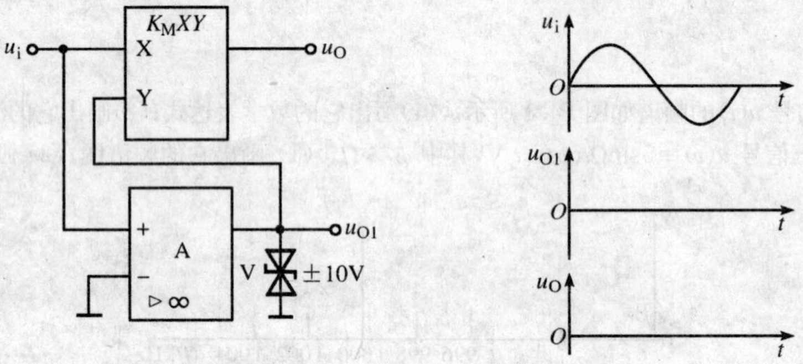

图 P4.5

*4-8　试用模拟乘法器和运放设计电路，实现如下的运算：

(1) $u_O=Ku_I^4$；(2) $u_O=Ku_I^{3/2}$；(3) $u_O=K\sqrt{u_{I1}u_{I2}}$；(4) $u_O=K\sqrt{u_{I1}^2+u_{I2}^2}$。

4-9　某非线性器件的伏安特性为 $i=a_1u+a_3u^3$。试问该器件能否实现相乘作用？为什么？

4-10　设非线性器件的伏安特性为 $i=10+15(u-1)+5(u-1)^2$ mA，式中，$u=1+2\cos\omega t$ V。求 i 的直流、基波和二次谐波分量的振幅。

4-11　若非线性元件的伏安特性为 $i=ku^2$（k 为常数），所加电压 $u=U_Q+U_m\cos\omega t$。问应如何选取 U_Q 和 U_m，才能使该非线性元件可近似地当作线性元件来处理？试从物理意义上加以说明。

5 调幅、检波与变频

调幅、检波和变频电路都是频谱搬移电路。本章将分析调幅、检波和变频中的频率变换关系，介绍几种不同的调幅电路、检波电路和混频电路，并讨论混频器中特有的现象——混频干扰和非线性失真。由于自动增益控制在各种电子设备中得到了普遍的应用，所以本章还将介绍自动增益控制的概念及其相应的电路。

5.1 调幅波的基本性质

5.1.1 调幅波的数学表达式和波形

调幅波信号简称调幅信号或调幅波。设高频载波 $u_c(t)$ 的表达式为

$$u_c(t) = U_{cm}\cos\omega_c t = U_{cm}\cos 2\pi f_c t \tag{5-1}$$

调幅时，载波的频率和相位不变，而振幅将随调制信号 $u_\Omega(t)$ 线性地变化。由于调制信号为零时调幅波的振幅应等于载波振幅 U_{cm}，则调幅波的振幅 $U_{cm}(t)$ 可写成

$$U_{cm}(t) = U_{cm} + k_a u_\Omega(t) \tag{5-2}$$

式中，k_a 是一个与调幅电路有关的比例常数。因此，调幅波的数学表达式为

$$u_{AM}(t) = U_{cm}(t)\cos\omega_c t = (U_{cm} + k_a u_\Omega(t))\cos\omega_c t \tag{5-3}$$

1）单频调制

若调制信号为单频正弦波，即

$$u_\Omega(t) = U_{\Omega m}\cos\Omega t = U_{\Omega m}\cos 2\pi F t \tag{5-4}$$

式中，$F \ll f_c$。把式(5-4)代入式(5-3)，则得

$$\begin{aligned} u_{AM}(t) &= (U_{cm} + k_a U_{\Omega m}\cos\Omega t)\cos\omega_c t = U_{cm}\left(1 + \frac{k_a U_{\Omega m}}{U_{cm}}\cos\Omega t\right)\cos\omega_c t \\ &= U_{cm}\left(1 + \frac{\Delta U_{cm}}{U_{cm}}\cos\Omega t\right)\cos\omega_c t = U_{cm}(1 + m_a\cos\Omega t)\cos\omega_c t \end{aligned} \tag{5-5}$$

式中，$\Delta U_{cm} = k_a U_{\Omega m}$ 为受调后载波电压振幅的最大变化量；$m_a = k_a U_{\Omega m}/U_{cm} = \Delta U_{cm}/U_{cm}$ 称为**调幅系数**或**调幅度**（Amplitude Modulation Index），它反映了载波振幅受调制信号控制的程度，m_a 与 $U_{\Omega m}$ 成正比。此外，$U_{cm}(t) = U_{cm}(1 + m_a\cos\Omega t)$ 是高频振荡的振幅，它反映了调制信号的变化规律，称为调幅波的**包络**。在调制信号的一个周期内，调幅波的最大振幅 $U_{cm\max} = U_{cm}(1 + m_a)$，最小振幅 $U_{cm\min} = U_{cm}(1 - m_a)$，故有

$$m_a = \frac{U_{cm\max} - U_{cm\min}}{U_{cm\max} + U_{cm\min}} = \frac{U_{cm\max} - U_{cm}}{U_{cm}} = \frac{U_{cm} - U_{cm\min}}{U_{cm}} \tag{5-6}$$

根据式(5-4)、(5-1)和(5-5)，可画出 $u_\Omega(t)$、$u_c(t)$ 和 $m_a < 1$ 时的 $u_{AM}(t)$ 的波形，如图5.1(a)、(b)、(c) 所示。可见，调幅波的包络与调制信号的形状完全相同，它反映了调制信号变化的规律。

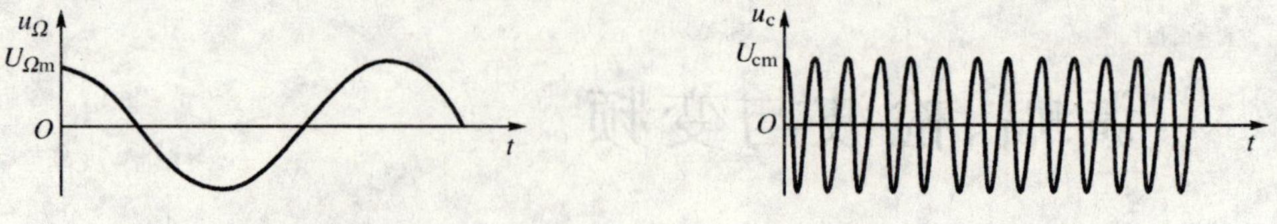

(a) 调制信号波形　　(b) 载波波形

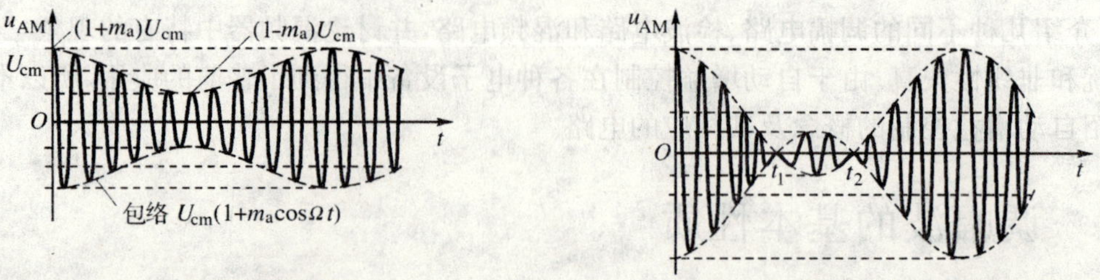

(c) $m_a<1$时调幅波波形　　(d) $m_a>1$时调幅波波形(理想调幅器)

图 5.1　调幅波波形

如果 $m_a>1$，则在某个时间间隔里，$1+m_a\cos\Omega t<0$，即 $U_{cm}(t)<0$。但是，由于振幅值恒大于零，故这时 $u_{AM}(t)$ 应改写为

$$u_{AM}(t)=U_{cm}\mid 1+m_a\cos\Omega t\mid\cos(\omega_c t+180^\circ)$$

可见，与 $1+m_a\cos\Omega t>0$ 时相比，此时调幅波有 180° 的相移，180° 相位突变发生在 $1+m_a\cos\Omega t=0$ 的时刻，如图 5.1(d) 中的 t_1 和 t_2，该图为 $m_a>1$ 时理想调幅器的 $u_{AM}(t)$ 波形。由图可以看出，此时其包络已不能反映调制信号的变化规律。而在实际调幅器中，$t_1\sim t_2$ 时间内由于管子截止，使 $u_{AM}(t)=0$，即出现包络部分中断。显然，$m_a>1$ 时调幅波将产生失真，称为过调幅失真，而 $m_a>1$ 时的调幅称为**过调幅**。因此，为了避免出现过调幅失真，应使调幅系数 $m_a\leqslant1$(实际调幅器考虑到调制信号为多频信号，m_a 一般为 30%)。

2) 多频调制

如果调制信号为多频信号，即

$$u_\Omega(t)=U_{\Omega m1}\cos\Omega_1 t+U_{\Omega m2}\cos\Omega_2 t+\cdots+U_{\Omega mn}\cos\Omega_n t \tag{5-7}$$

式中，相应的频率为 $F_1, F_2, \cdots, F_n$。设 $F_1<F_2<\cdots<F_n\ll f_c$，显然，此时调制信号为非正弦的周期信号。不难得到

$$u_{AM}(t)=U_{cm}(1+m_{a1}\cos\Omega_1 t+m_{a2}\cos\Omega_2 t+\cdots+m_{an}\cos\Omega_n t)\cos\omega_c t$$
$$=U_{cm}(1+\sum_{j=1}^{n}m_{aj}\cos\Omega_j t)\cos\omega_c t \tag{5-8}$$

式中，$m_{a1}=k_aU_{\Omega m1}/U_{cm}$, $m_{a2}=k_aU_{\Omega m2}/U_{cm}$, $\cdots$, $m_{an}=k_aU_{\Omega mn}/U_{cm}$。只要 $|u_\Omega(t)|$ 的最大值不超过 U_{cm}，则 $u_{AM}(t)$ 的包络就反映了 $u_\Omega(t)$ 的变化规律。

5.1.2　调幅波的频谱与带宽

由式(5-5)可得

$$u_{AM}(t)=U_{cm}\cos\omega_c t+\frac{1}{2}m_aU_{cm}\cos(\omega_c-\Omega)t+\frac{1}{2}m_aU_{cm}\cos(\omega_c+\Omega)t \tag{5-9}$$

上式表明，单频正弦信号调制的调幅波是由三个频率分量构成的：第一项为载波分量；

第二项的频率为($f_c - F$),称为**下边频**分量,其振幅为 $m_a U_{cm}/2$;第三项的频率为($f_c + F$),称为**上边频**分量,其振幅也为 $m_a U_{cm}/2$。由此可画出相应的调幅波的频谱,如图 5.2(a) 所示。由于 $f_c \gg F$,所以这三个频率相距很近。由图可以看出,上、下边频分量对称地排列在载波分量的两侧。调幅波的**频谱宽度**(Spectrum Bandwidth) 简称**带宽**,用 f_{bw} 表示。显然

$$f_{bw} = (f_c + F) - (f_c - F) = 2F \tag{5-10}$$

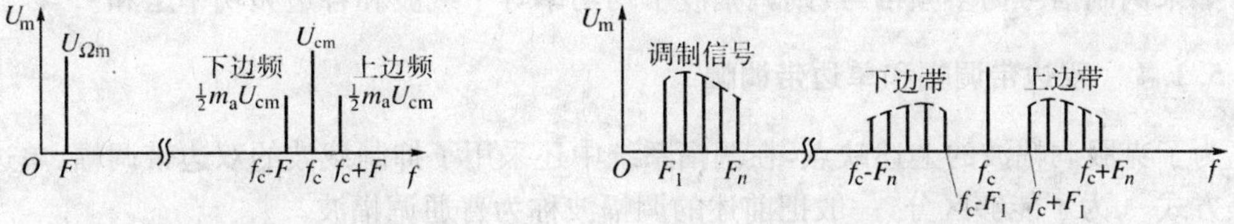

(a) 单频信号调制时的频谱　　(b) 多频信号调制时的频谱

图 5.2　调幅波的频谱

如果调制信号为只含有限带宽的多频信号,其表达式为式(5-7),则由式(5-8)可得

$$u_{AM}(t) = U_{cm}\cos\omega_c t + \sum_{j=1}^{n}\frac{1}{2}m_{aj}U_{cm}\cos(\omega_c + \Omega_j)t + \sum_{j=1}^{n}\frac{1}{2}m_{aj}U_{cm}\cos(\omega_c - \Omega_j)t \tag{5-11}$$

上式表明,多频信号调制的调幅波的频谱是由载波分量和 n 对对称于载波分量的边频分量组成,这些边频分量组成两个频带,其中频率范围为($f_c + F_1$)～($f_c + F_n$)称为**上边带**,($f_c - F_n$)～($f_c - F_1$)称为**下边带**,如图 5.2(b) 所示(图中为简单起见,未标出各分量的振幅)。可见,上、下边带也对称地排列在载波分量的两侧。由于最低调制频率 $F_{min} = F_1$,最高调制频率 $F_{max} = F_n$,故调幅波带宽

$$f_{bw} = 2F_n = 2F_{max} \tag{5-12}$$

因此,调幅电路的作用是在时域实现 $u_\Omega(t)$ 和 $u_c(t)$ 相乘,反映在波形上就是将 $u_\Omega(t)$ 不失真地搬移到高频振荡的振幅上,而在频域则将 $u_\Omega(t)$ 的频谱不失真地搬移到 f_c 的两边。

5.1.3　调幅波的功率关系

设调制信号为单频正弦波,负载电阻为 R_L,则载波功率

$$P_c = \frac{1}{2}\frac{U_{cm}^2}{R_L} \tag{5-13}$$

由于上、下边频的功率均为 $\frac{1}{2}\left(\frac{1}{2}m_a U_{cm}\right)^2/R_L$,故边频功率

$$P_{sb} = (\frac{1}{2}m_a U_{cm})^2/R_L = \frac{1}{2}m_a^2 P_c \tag{5-14}$$

调幅波在调制信号周期内的平均功率

$$P_{av} = \frac{1}{2\pi}\int_0^{2\pi}[U_{cm}^2(1 + m_a\cos\Omega t)^2\cos^2\omega_c t/R_L]\mathrm{d}(\Omega t) = P_c + \frac{1}{2}m_a^2 P_c \tag{5-15}$$

则

$$P_{av} = P_c + P_{sb} \tag{5-16}$$

由上式可知,调幅波的平均功率 P_{av} 和边频功率 P_{sb} 随 m_a 的增大而增加。由于载波不包含待传输的调制信号,而所要传输的信息(即调制信号)只存在于边频功率中,因此从传输

信息的角度来看，调幅波平均功率 P_{av} 中真正有用的是边频功率 P_{sb}，载波功率 P_c 是没有用的。当 $m_a = 1$ 时，P_{sb} 在 P_{av} 中所占比例最大，这时 $P_{sb} = P_{av}/3$；而当 $m_a = 0.3$ 时，$P_{sb} \approx 0.045P_{av}$。因此，有用的边频功率占整个调幅波平均功率的比例很小，发射机的效率很低。

由于调幅波的最大振幅为 $U_{cm}(1+m_a)$，故其最大瞬时功率

$$P_{max} = (1+m_a)^2 P_c \tag{5-17}$$

如果调制信号为多频信号，则调幅波平均功率等于载波和各边频功率之和。

5.1.4 双边带调幅和单边带调幅

为了克服调幅波的上述缺点，在调幅系统中还采用了抑制载波的双边带调幅、单边带调幅等方式①。为了能够区分，一般把前述的调幅波称为普通调幅波。

1）双边带(Double Side Band) 调幅

既然载波分量不包含任何信息，又占整个调幅波平均功率的很大比重，因此，在传输前把它抑制掉，就可以在不影响传输信息的条件下，大大节省发射机的发射功率。这种仅传输两个边带的调幅方式称为抑制载波的双边带调幅，简称**双边带调幅**，用 DSB 表示。

由式(5-3) 可得单频调制时双边带调幅信号的数学表达式：

$$u_{DSB}(t) = k_a u_\Omega(t)\cos\omega_c t = m_a U_{cm}\cos\Omega t\cos\omega_c t \tag{5-18}$$

由式(5-8) 可得多频调制时双边带调幅信号的数学表达式：

$$u_{DSB}(t) = U_{cm}\cos\omega_c t\sum_{j=1}^{n} m_{aj}\cos\Omega_j t \tag{5-19}$$

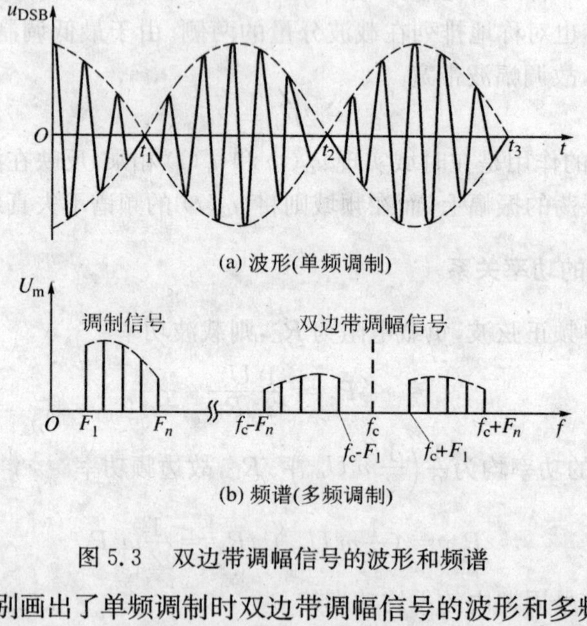

图 5.3　双边带调幅信号的波形和频谱

图 5.3(a)、(b) 分别画出了单频调制时双边带调幅信号的波形和多频调制时双边带调幅信号的频谱。图5.3(a) 中，$t=t_1$、t_2 和 t_3 时波形有 180° 的相位突变，其包络已不再反映 $u_\Omega(t)$ 的变化规律。由图 5.3(b) 可见，双边带调幅仍为频谱搬移电路，$u_{DSB}(t)$ 的带宽仍为 $2F_{max}$。

① 此外还有残留边带(Vestigial Side Band) 调幅，用 VSB 表示，它用在电视发射技术中。

2) 单边带(Single Side Band)调幅

由图 5.3(b) 可以看到,双边带调幅信号的上边带或下边带都包含了调制信号的全部信息。因此,从传输信息的角度来看,还可以进一步把其中的一个边带抑制掉。这种仅传输一个边带(上边带或下边带)的调幅方式称为抑制载波的单边带调幅,简称**单边带调幅**,用 SSB 表示。

当调制信号为单频时,由式(5-9)可得到单边带调幅信号的数学表达式:

$$u_{SSB}(t)=\frac{1}{2}m_aU_{cm}\cos(\omega_c+\Omega)t \quad (上边带) \tag{5-20}$$

或

$$u_{SSB}(t)=\frac{1}{2}m_aU_{cm}\cos(\omega_c-\Omega)t \quad (下边带) \tag{5-21}$$

显然,单频调制的单边带调幅信号仍为等幅波,不过其频率高于或低于载频。当调制信号为多频时,单边带调幅信号就不是等幅波了,由式(5-11)可得到其数学表达式:

$$u_{SSB}(t)=\sum_{j=1}^{n}\frac{1}{2}m_{aj}U_{cm}\cos(\omega_c+\Omega_j)t \quad (上边带) \tag{5-22}$$

或

$$u_{SSB}(t)=\sum_{j=1}^{n}\frac{1}{2}m_{aj}U_{cm}\cos(\omega_c-\Omega_j)t \quad (下边带) \tag{5-23}$$

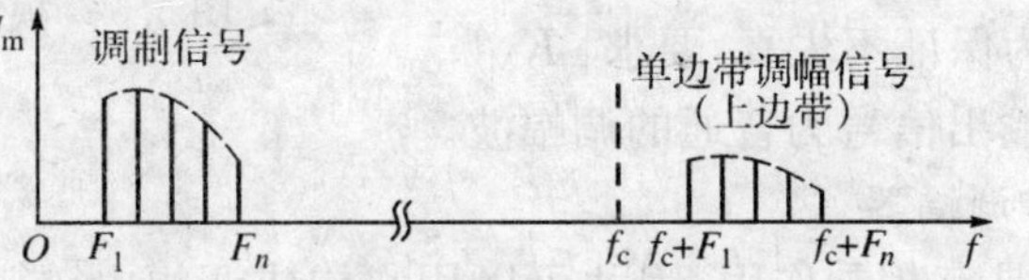

图 5.4 单边带调幅信号(上边带)的频谱

图 5.4 为多频调制的上边带信号的频谱。可见,单边带调幅仍为频谱搬移电路,其带宽

$$f_{bw}=(f_c+F_n)-(f_c+F_1)\approx F_n=F_{max}$$

因此,单边带调幅把 AM 或 DSB 信号的带宽压缩一半,这对于提高短波波段的频带利用率具有重大的现实意义。

综上所述,普通调幅方式所占的频带较宽,还要传输不含信息的较大载波功率,但它的发射机和接收机都较简单。因此,在拥有众多接收机的广播系统中,多采用普通调幅方式,以降低接收机的成本。双边带调幅方式可以大大节省发射机的功率,但所占的频带较宽,且发射机和接收机都较复杂,因此应用得很少。单边带调幅方式既可大大节省发射机的功率,又能节约频带,因此,虽然它的发射机和接收机较复杂,却在短波无线电通信中得到广泛的应用。

5.2 调幅电路

按照产生调幅波方式的不同,调幅电路有普通调幅电路、双边带调幅电路和单边带调幅电路等。按照输出功率的高低,调幅电路分为低电平调幅电路和高电平调幅电路。

低电平调幅的调制过程是在低电平级进行的,因此所需的调制功率小,但是输出的调幅波功率也小。在需要大功率调幅波的场合,低电平调幅电路产生的小功率调幅波必须经过线性功率放大器的放大，达到所需的发射功率。属于这类的调幅方法有：模拟相乘调幅、平衡调幅、环形调幅、斩波调幅和平方律调幅等。

高电平调幅的调制过程是在高电平级进行的，因此所需的调制功率大，而输出的调幅波功率也大，可满足发射机输出功率的要求，故常置于发射机的最后一级。由于高电平调幅电路不需要采用效率较低的线性功率放大器，因此调幅发射机常采用这种调幅电路。属于这类的调幅方法有：基极调幅、集电极调幅等。

5.2.1 普通调幅电路

1）模拟乘法器调幅电路

由模拟乘法器构成的普通调幅电路如图 5.5 所示。图中，乘法器的输出电压 $u_Z(t)=K_M u_\Omega(t)u_c(t)$，集成运放构成相加器。若 $u_\Omega(t)=U_{\Omega m}\cos\Omega t$ 为单频信号，$u_c(t)=U_{cm}\cos\omega_c t$ 为载波信号，则输出电压

$$\begin{aligned}u_O(t)&=-(u_c(t)+u_Z(t))\\&=-U_{cm}(1+K_M U_{\Omega m}\cos\Omega t)\cos\omega_c t\\&=-U_{cm}(1+m_a\cos\Omega t)\cos\omega_c t \qquad (5-24)\end{aligned}$$

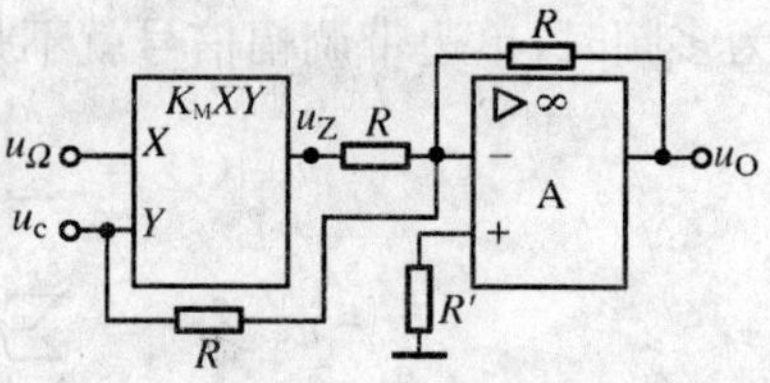

图 5.5　模拟乘法器普通调幅电路

式中，$m_a=K_M U_{\Omega m}$。为保证不失真，要求 $|K_M U_{\Omega m}|<1$。显然，该电路的输出信号为普通的调幅波。

2）二极管平方律调幅器

由于非线性器件具有相乘作用，因此可以用它构成调幅电路，图 5.6 为用二极管构成的普通调幅器的原理图。

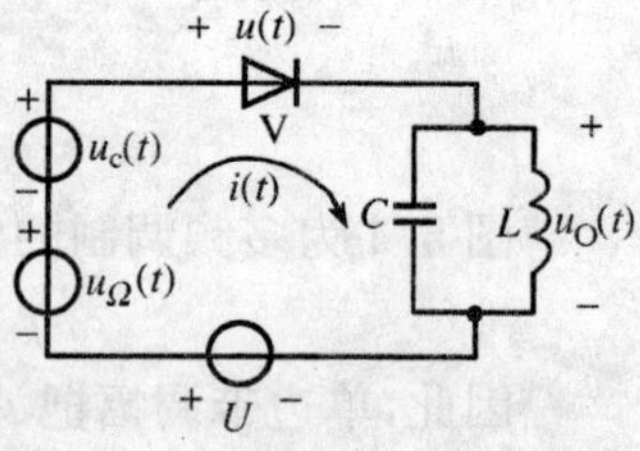

图 5.6　二极管平方律调幅器原理图

图 5.6 中，U 为偏置电压，使二极管的静态工作点位于特性曲线的非线性较严重的区域；调制信号 $u_\Omega(t)$ 和载波 $u_c(t)$ 相加后（图中未画出相加器），再和 U 叠加；L、C 组成中心频率为 f_c 的带通滤波器。若忽略输出电压的反作用（这种忽略不会影响电路的定性分析），则二极管两端电压

$$\begin{aligned}u(t)&=U+u_\Omega(t)+u_c(t)\\&=U_Q+U_{\Omega m}\cos\Omega t+U_{cm}\cos\omega_c t\end{aligned}$$

式中，$U_Q=U$ 为静态工作点电压。由式(4-16)得，流过二极管的电流

$$\begin{aligned}i=f(u)=a_0+a_1(U_{\Omega m}\cos\Omega t+U_{cm}\cos\omega_c t)+a_2(U_{\Omega m}\cos\Omega t+\\U_{cm}\cos\omega_c t)^2+\cdots+a_n(U_{\Omega m}\cos\Omega t+U_{cm}\cos\omega_c t)^n+\cdots\end{aligned}$$

上式含有无限多个频率成分，由式(4-22)，其一般表达式为：$f_k=|\pm pf_c\pm qF|$ $(p,q=0,1,2,\cdots)$。该组合频率中含有 f_c、$f_c\pm F$ 的频率成分，被中心频率为 f_c、通带宽度为 $2F$ 的带通滤波器选出，而其他组合频率成分被滤掉（设其滤波特性是理想的），则 $u_O(t)$ 为普通调幅波。设 L、C 回路的谐振电阻为 R_0，且 $i=f(u)$ 的幂级数展开式只取前三项，不难推出：

$$u_O(t)=a_1U_{cm}R_0(1+m_a\cos\Omega t)\cos\omega_c t \qquad (5-25)$$

式中，$m_a=2a_2U_{\Omega m}/a_1$。由于 i 中有用相乘项的存在才能得到调幅波，而有用相乘项是由幂级数展开式中二次方项产生的，所以该电路称为**平方律调幅器**。

实际上，由于带通滤波器是非理想的，因此许多组合频率成分未能滤除，即 $u_O(t)$ 中除

了我们希望得到的 f_c、$f_c \pm F$ 频率成分外，还有不希望得到的频率成分，如与 $f_c \pm F$ 十分接近的 $f_c \pm 2F$、$f_c \pm 3F$ 等成分。这样，调幅波将产生失真。为了减小这种失真，应适当选择工作点，使 a_3，a_4，$a_5 \cdots$ 尽量小。

为了实现平方律调幅，器件应工作在甲类非线性状态，因此效率不高。

3) 基极调幅和集电极调幅电路

实现普通调幅的另一种基本方法是丙类谐振功率放大器调幅，它属于高电平调幅(High Level AM)。这种调幅一般置于大功率发射机的最后一级，它既利用丙类谐振放大器进行功率放大，又实现调幅。属于这类的调幅电路有基极调幅电路和集电极调幅电路等。

(1) 基极调幅电路(Base AM Circuit)

基极调幅是利用三极管的非线性特性，用调制信号来改变丙类谐振功放的基极偏压，从而实现调幅的，其电路如图 5.7 所示。图中，载波 $u_c(t)$ 通过高频变压器 T_{r1} 加到基极，调制信号 $u_\Omega(t)$ 通过低频变压器 T_{r2} 加到基极回路，C_2 为高频旁路电容，C_1 和 C_e 对高、低频均旁路，L、C 谐振在载频 f_c 上。显然，$u_c(t)$、$u_\Omega(t)$ 和基极直流偏置电压 V_{BB} 相串联加到发射结上，即

$$u_{BE} = V_{BB} + u_\Omega(t) + u_c(t) = V_{BB}(t) + u_c(t) \tag{5-26}$$

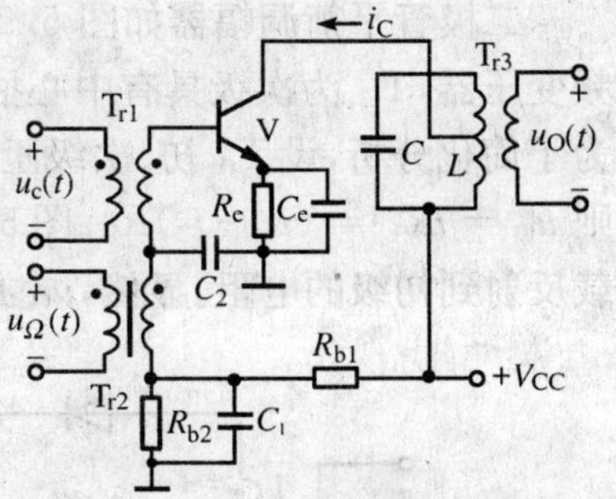

图 5.7　基极调幅电路

式中，$V_{BB} = \dfrac{R_{b2}}{R_{b1} + R_{b2}} V_{CC} - I_E R_e$，而等效基极偏置电压

$$V_{BB}(t) = V_{BB} + u_\Omega(t) \tag{5-27}$$

根据第 2 章图 2.10 所示的基极调制特性，在欠压状态下，集电极电流 i_C 的基波分量振幅 I_{cm1} 随基极偏压 $V_{BB}(t)$ 成线性地变化，经过 LC 回路的选频作用，输出电压 $u_O(t)$ 的振幅就随调制信号的规律变化，即 $u_O(t)$ 为普通的调幅波。显然，基极调幅电路可看成是以载波为激励信号、基极偏压受调制信号控制的丙类谐振功放。

由于工作在欠压区，则基极调幅电路的效率低，但是调制信号所需的功率小，故电路简单。

(2) 集电极调幅电路(Collector AM Circuit)

集电极调幅也是利用三极管的非线性特性，用调制信号来改变丙类谐振功放的集电极电源电压，从而实现调幅的，其电路如图 5.8 所示。图中，载波 $u_c(t)$ 通过高频变压器 T_{r1} 加到基极，调制信号 $u_\Omega(t)$ 通过低频变压器 T_{r2} 加到集电极回路，C_1、C_2 均为高频旁路电容，L、C 也谐振在载频 f_c 上。该电路工作时，基极电流的直流分量 I_{B0} 流过 R_b，使管子工作在丙类状态。显然，$u_\Omega(t)$ 与集电极电源电压 V_{CC} 相串联，则等效集电极电源电压

$$V_{CC}(t) = V_{CC} + u_\Omega(t) \tag{5-28}$$

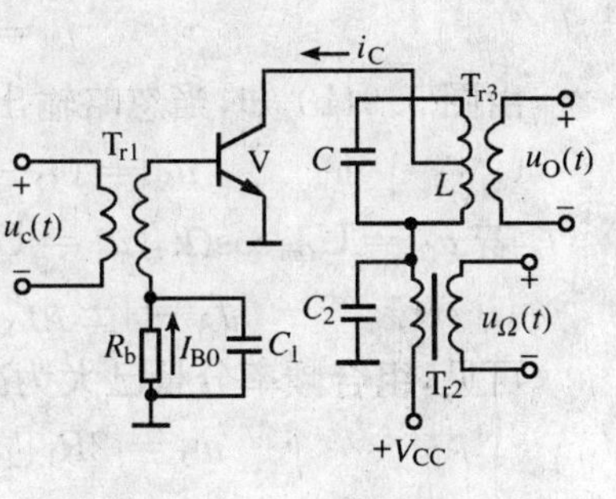

图 5.8　集电极调幅电路

根据第 2 章图 2.9 所示的集电极调制特性，在过压状态下，集电极电流 i_C 的基波分量振幅 I_{cm1} 随集电极电源电压 $V_{CC}(t)$ 成线性地变化，经过 LC 回路的选频作用，输出电压 $u_O(t)$ 的振幅就随 $u_\Omega(t)$ 的规律变化，即 $u_O(t)$ 为普通的调幅波。显然，集电极调幅电路可看成是以

载波为激励信号、集电极电源电压受调制信号控制的丙类谐振功放。

由于工作在过压区，则集电极调幅电路的效率高，但是调制信号所需的功率大。此外，若 $u_\Omega(t)$ 减小，则 $V_{CC}(t)$ 也减小，电路将工作在强过压状态，i_C 的凹陷加深，使集电极调制特性的线性变差。为此，可采用双重调幅电路。由于篇幅所限，本书不介绍双重调幅电路，读者可参阅有关文献。

5.2.2 双边带调幅电路

1）二极管平衡调幅器（Diode Balanced Amplitude-Modulator）

（1）工作原理

二极管平衡调幅器如图 5.9(a) 所示，其中 V_1、V_2 为两个特性相同的二极管，T_{r3} 为高频变压器，T_{r2} 为次级具有中心抽头的低频变压器，T_{r1} 为初级具有中心抽头的高频变压器。为了简化分析，设 T_{r1} 初、次级匝数比为 $2\times1:1$。由于 i_1 和 i_2 在 T_{r1} 中产生的磁通互相削弱，则 $u_O = iR_L = (i_1 - i_2)R_L$。图 5.9(a) 可简化为图 5.9(b) 所示电路，其中两个 R_L 为次级负载反射到初级的电阻。显然，u_O 必须从两个 R_L 的两端取出，才能满足 $u_O = (i_1 - i_2)R_L$。

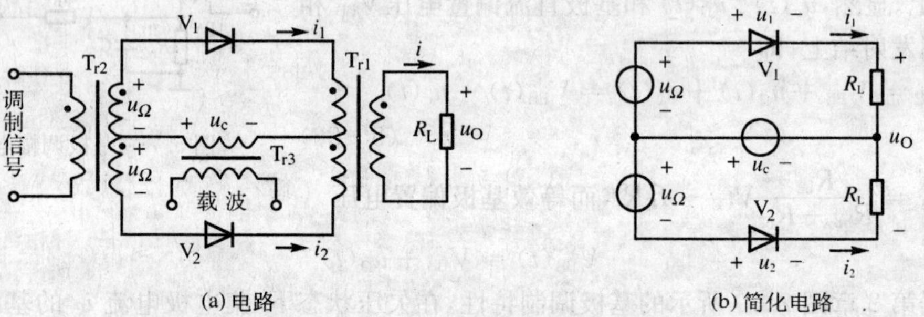

图 5.9　二极管平衡调幅器

由图 5.9(b) 可以看出，平衡调幅器可以看成是两个平方律调幅器连接而成的。特性相同的二极管 V_1、V_2 的伏安特性分别为

$$i_1 = a_0 + a_1u_1 + a_2u_1^2 + \cdots + a_nu_1^n + \cdots$$

$$i_2 = a_0 + a_1u_2 + a_2u_2^2 + \cdots + a_nu_2^n + \cdots$$

由图 5.9(b) 知，当忽略输出电压的反作用时，$u_1 = u_c + u_\Omega$，$u_2 = u_c - u_\Omega$，则

$$u_O = (i_1 - i_2)R_L = (2a_1u_\Omega + 4a_2u_\Omega u_c + \cdots)R_L$$

若 $u_\Omega = U_{\Omega m}\cos\Omega t$，$u_c = U_{cm}\cos\omega_c t$，则由上式可以得到 u_O 中的组合频率

$$f_k = |\pm pf_c \pm (2q+1)F| \quad (p,\ q = 0,\ 1,\ 2,\cdots) \tag{5-29}$$

可见，组合频率分量已大为减少。如果上述幂级数展开式只取前三项，则可得到

$$u_O = 2R_L[a_1U_{\Omega m}\cos\Omega t + a_2U_{cm}U_{\Omega m}\cos(\omega_c+\Omega)t + a_2U_{cm}U_{\Omega m}\cos(\omega_c-\Omega)t] \tag{5-30}$$

由式(5-30) 可知，输出中没有载波分量。若用中心频率为 f_c、通带宽度为 $2F$ 的带通滤波器接在输出端，则得到只含有($f_c \pm F$) 的上、下边频分量，即实现了双边带调幅。

（2）平衡斩波调幅

在实际运用时经常遇到大载波和小调制信号的情况，即 $U_{cm} \gg U_{\Omega m}$。这时可以认为二极

管工作在受 u_c 控制的开关状态，即二极管在 $u_c \geqslant 0(\cos\omega_c t \geqslant 0)$ 时导通、在 $u_c < 0(\cos\omega_c t < 0)$ 时截止。因此，这时图 5.9(b) 可画成图 5.10 所示的等效电路，图中 r_d 为二极管导通时的电阻，而开关 S 的作用可用开关函数 $S_1(t)$ 来表示：

$$S_1(t) = \begin{cases} 1 & \cos\omega_c t \geqslant 0 \\ 0 & \cos\omega_c t < 0 \end{cases} \tag{5-31}$$

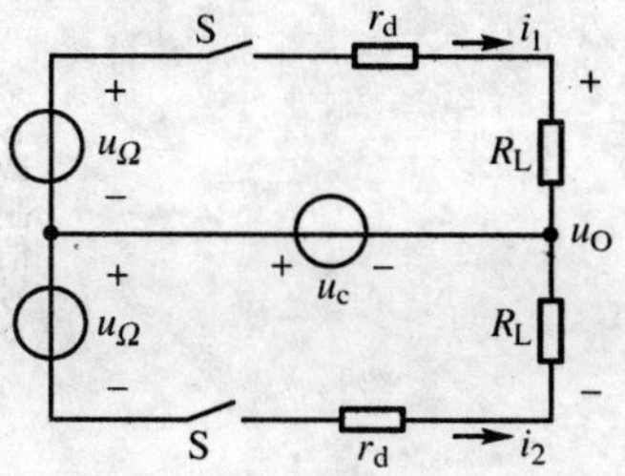

图 5.10　平衡斩波调幅时的等效电路

$S_1(t)$ 为幅度等于 1、频率等于 f_c 的方波，波形如图 5.11(b) 所示。当 $\cos\omega_c t \geqslant 0$ 时，$u_c(t) \geqslant 0$，则 V_1、V_2 导通，分别有电流 i_1、i_2 流过；而当 $\cos\omega_c t < 0$ 时，$u_c(t) < 0$，V_1、V_2 截止，$i_1 = i_2 = 0$。考虑到 $R_L \gg r_d$，由图 5.10 可得

$$i_1 = \frac{u_c + u_\Omega}{R_L + r_d} S_1(t) \approx \frac{u_c + u_\Omega}{R_L} S_1(t), \quad i_2 = \frac{u_c - u_\Omega}{R_L + r_d} S_1(t) \approx \frac{u_c - u_\Omega}{R_L} S_1(t)$$

故

$$u_O = (i_1 - i_2) R_L \approx 2u_\Omega(t) S_1(t) \tag{5-32}$$

$u_O(t)$ 的波形如图 5.11(c) 所示，它仿佛是调制信号 $u_\Omega(t)$ 的波形被 $S_1(t)$“斩”去一部分而变成频率为 f_c 的脉冲，故称为斩波，这种调幅方法称为**平衡斩波调幅**。

$S_1(t)$ 可展开成下列傅里叶级数：

$$S_1(t) = \frac{1}{2} + \frac{2}{\pi}\cos\omega_c t - \frac{2}{3\pi}\cos 3\omega_c t + \frac{2}{5\pi}\cos 5\omega_c t + \cdots$$

则

$$u_O(t) = u_\Omega(t) + \frac{4}{\pi} u_\Omega(t) \cos\omega_c t - \frac{4}{3\pi} u_\Omega(t) \cos 3\omega_c t + \cdots \tag{5-33}$$

如果 $u_\Omega(t) = U_{\Omega m}\cos\Omega t$，则由上式知，$u_O(t)$ 中的组合频率为 F 和 $(2p+1)f_c \pm F$。可见，平衡斩波调幅与平衡调幅相比，组合频率分量大大减少，频谱也“干净”多了。如果在输出端接一个中心频率为 f_c、通带宽度为 $2F$ 的带通滤波器，就可取出其中的 $f_c \pm F$ 分量，于是就获得双边带调幅信号 $u_{DSB}(t)$，其波形如图 5.11(d) 所示。

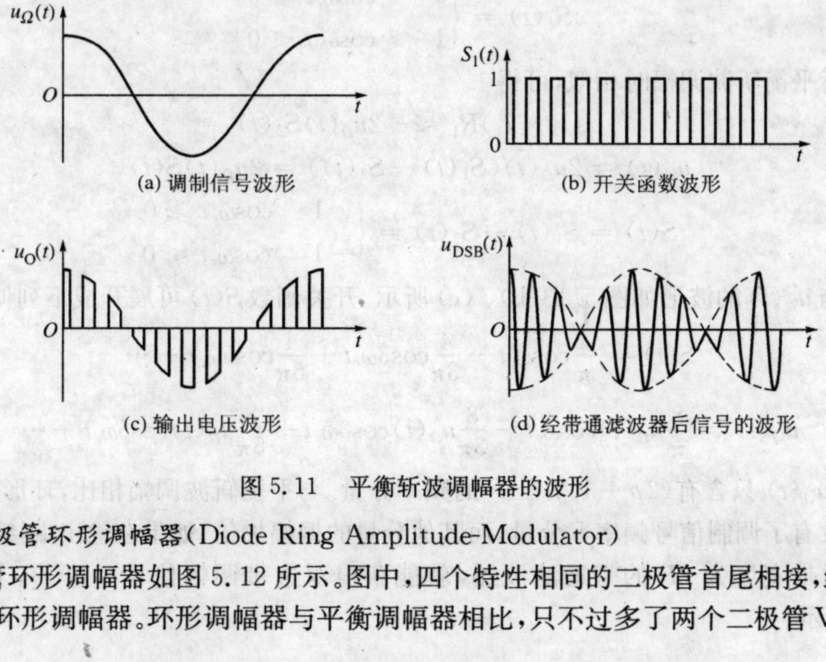

(a) 调制信号波形　(b) 开关函数波形

(c) 输出电压波形　(d) 经带通滤波器后信号的波形

图 5.11　平衡斩波调幅器的波形

2）二极管环形调幅器(Diode Ring Amplitude-Modulator)

二极管环形调幅器如图 5.12 所示。图中，四个特性相同的二极管首尾相接，组成一个环路，故称为环形调幅器。环形调幅器与平衡调幅器相比，只不过多了两个二极管 V_3、V_4，因此

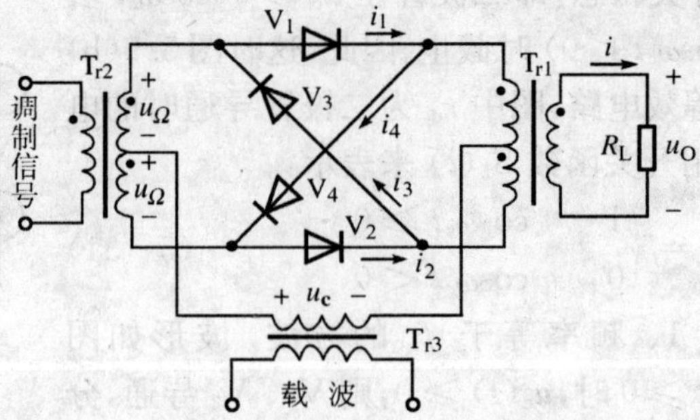

图 5.12　二极管环形调幅器

其工作原理大致相似。环形调幅器也常用于大载波、小调制信号的情况，这时也出现斩波调幅，称为**环形斩波调幅**，下面对此进行分析。

设调制信号为$u_\Omega(t)=U_{\Omega m}\cos\Omega t$，载波为$u_c(t)=U_{cm}\cos\omega_c t$，且$U_{cm}\gg U_{\Omega m}$。由图5.12可知，当$\cos\omega_c t\geqslant 0$时，$u_c(t)\geqslant 0$，则$V_1$、$V_2$导通，$V_3$、$V_4$截止，分别有电流$i_1$、$i_2$流过，而$i_3=i_4=0$，这时环形调幅器相当于由$V_1$、$V_2$和变压器$T_{r1}$、$T_{r2}$、$T_{r3}$组成的平衡调幅器；当$\cos\omega_c t<0$时，$u_c(t)<0$，则$V_1$、$V_2$截止，$V_3$、$V_4$导通，分别有电流$i_3$、$i_4$流过，而$i_1=i_2=0$，这时环形调幅器相当于由$V_3$、$V_4$和变压器$T_{r1}$、$T_{r2}$、$T_{r3}$组成的平衡调幅器。因此，环形调幅器又称为**双平衡调幅器**(Double-balanced Amplitude-Modulator)。根据电流在T_{r1}中的流向，有

$$u_O(t)=(i_1-i_2+i_3-i_4)R_L$$

由式(5-32)得

$$(i_1-i_2)R_L\approx 2u_\Omega(t)S_1(t)$$

根据上述分析，$u_c(t)$对V_3、V_4的作用可用开关函数$S_2(t)$来表示：

$$S_2(t)=\begin{cases}0 & \cos\omega_c t\geqslant 0\\ 1 & \cos\omega_c t<0\end{cases}$$

与分析平衡斩波调幅时相似，可得

$$(i_3-i_4)R_L\approx -2u_\Omega(t)S_2(t)$$

则
$$u_O(t)=2u_\Omega(t)(S_1(t)-S_2(t))=2u_\Omega(t)S(t)\tag{5-34}$$

式中
$$S(t)=S_1(t)-S_2(t)=\begin{cases}1 & \cos\omega_c t\geqslant 0\\ -1 & \cos\omega_c t<0\end{cases}\tag{5-35}$$

$S(t)$与$u_O(t)$的波形如图5.13(b)、(c)所示。开关函数$S(t)$可展开成下列傅里叶级数：

$$S(t)=\frac{4}{\pi}\cos\omega_c t-\frac{4}{3\pi}\cos3\omega_c t+\frac{4}{5\pi}\cos5\omega_c t+\cdots$$

故
$$u_O(t)=\frac{8}{\pi}u_\Omega(t)\cos\omega_c t-\frac{8}{3\pi}u_\Omega(t)\cos3\omega_c t+\frac{8}{5\pi}u_\Omega(t)\cos5\omega_c t+\cdots\tag{5-36}$$

显然，$u_O(t)$只含有$(2p+1)f_c\pm F$的频率分量。与平衡斩波调幅相比，环形斩波调幅输出电压中没有了调制信号频率F分量，而其他分量的振幅加倍。如果在输出端接一个中心频率为f_c、通带宽度为$2F$的带通滤波器，就能获得双边带调幅信号$u_{DSB}(t)$，其波形如图5.13(d)所示。

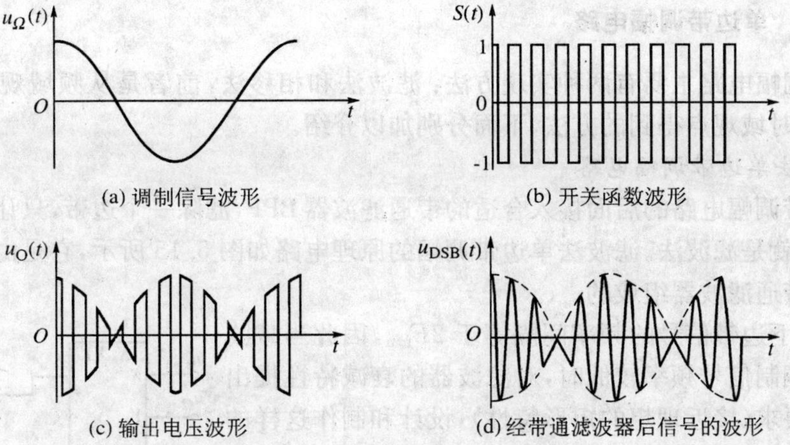

图 5.13　环形斩波调幅器的波形

3）模拟乘法器双边带调幅电路

由模拟乘法器构成的双边带调幅电路如图 5.14(a) 所示。若 $u_\Omega(t)=U_{\Omega m}\cos\Omega t$，$u_c(t)=U_{cm}\cos\omega_c t$，当 $U_{\Omega m}$ 和 U_{cm} 都不很大，乘法器工作在线性动态范围内时，其输出电压

$$u_O(t)=K_M u_\Omega(t)u_c(t)=K_M U_{\Omega m}U_{cm}\cos\Omega t\cos\omega_c t$$

显然，$u_O(t)$ 为双边带调幅信号。如果出现大载波、小调制信号的情况，则当载波振幅远远超出乘法器 X 输入端的线性动态范围时，也将出现斩波调幅。

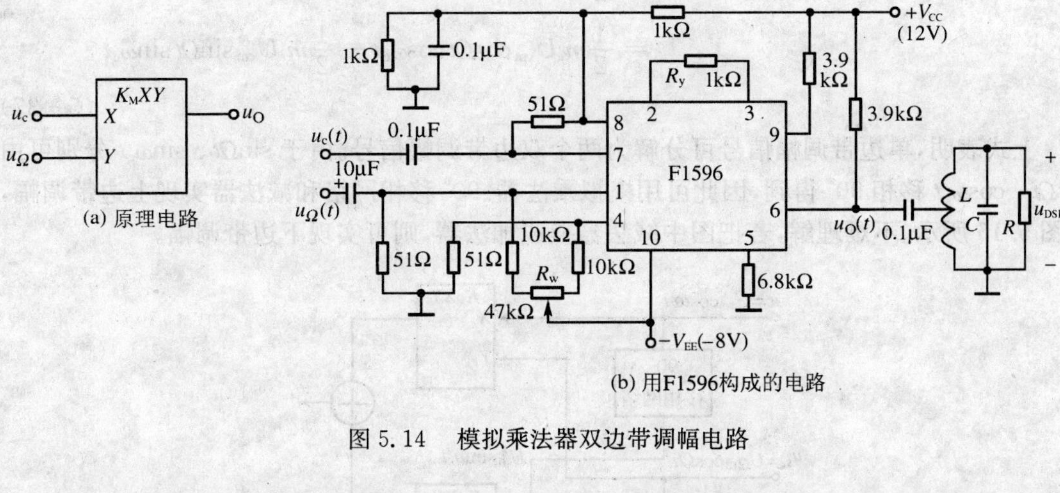

图 5.14　模拟乘法器双边带调幅电路

图 5.14(b) 为用集成模拟乘法器 F1596 构成的双边带调幅电路。图中，⑥ 端和 ⑨ 端外接的 3.9 kΩ 电阻为内部双差动放大器的集电极负载电阻；调制信号 $u_\Omega(t)$ 通过 10 μF 电容加至 ① 端，载波信号 $u_c(t)$ 通过 0.1 μF 电容加至 ⑦ 端，⑧ 端通过 0.1 μF 电容交流接地；① 端和 ④ 端外接的两个10 kΩ、51 Ω 电阻及 R_w 为偏置电阻，其中 R_w 还起输出失调调零的作用；与 $+V_{CC}$ 连接的两个1 kΩ 电阻也为偏置电阻；R_y 起扩展 Y 输入端(u_Ω) 线性动态范围的作用；⑤ 端连接的6.8 kΩ 电阻决定 F1596 内部的恒流源电流。在大载波 $u_c(t)$ 作用下，该电路将出现斩波调幅，其 ⑥ 端的输出电压 $u_O(t)$ 经 L、C、R 构成的中心频率为 f_c、带宽为 $2F$ 的带通滤波器后，输出双边带调幅信号 $u_{DSB}(t)$。

*5.2.3 单边带调幅电路

单边带调幅电路主要有两种实现方法：滤波法和相移法，前者是从频域观点得到的方法，后者是从时域观点得到的方法，下面分别加以介绍。

1）滤波法单边带调幅电路

在双边带调幅电路的后面接入合适的带通滤波器BPF，滤除一个边带，只让一个边带输出，这种方法就是滤波法。滤波法单边带调幅的原理电路如图5.15所示，它是由一个模拟乘法器和一个带通滤波器组成的。

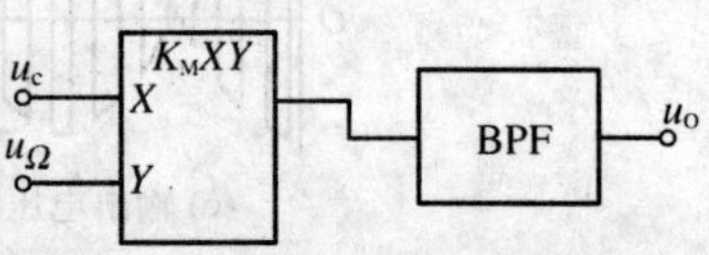

图5.15　滤波法单边带调幅的原理电路

由于上、下边带信号的频率间隔等于$2F_{min}$，因此当载波频率较高而调制信号频率较低时，对滤波器的衰减特性提出十分陡峭的要求（接近理想的矩形特性），设计和制作这样的滤波器既困难又价格昂贵。为此，一般在低载频上产生单边带调幅信号，然后用混频器（将在后文介绍）将载频提升到所需的载波频率上。本书不再对上述内容作详细介绍，读者可参阅有关文献。

2）相移法单边带调幅电路

相移法就是利用移相的方法实现单边带调幅。下面以上边带调幅为例说明相移法的原理。由式（5-20）可知，上边带调幅信号

$$u_{SSB}(t)=\frac{1}{2}m_a U_{cm}\cos(\omega_c+\Omega)t$$

$$=\frac{1}{2}m_a U_{cm}\cos\Omega t\cos\omega_c t-\frac{1}{2}m_a U_{cm}\sin\Omega t\sin\omega_c t \tag{5-37}$$

上式表明，单边带调幅信号可分解为两个双边带调幅信号。由于$\sin\Omega t$、$\sin\omega_c t$分别可由$\cos\Omega t$、$\cos\omega_c t$移相90°得到，因此可用模拟乘法器、90°移相网络和减法器实现上边带调幅，如图5.16所示。不难理解，若把图中减法器换成加法器，则可实现下边带调幅。

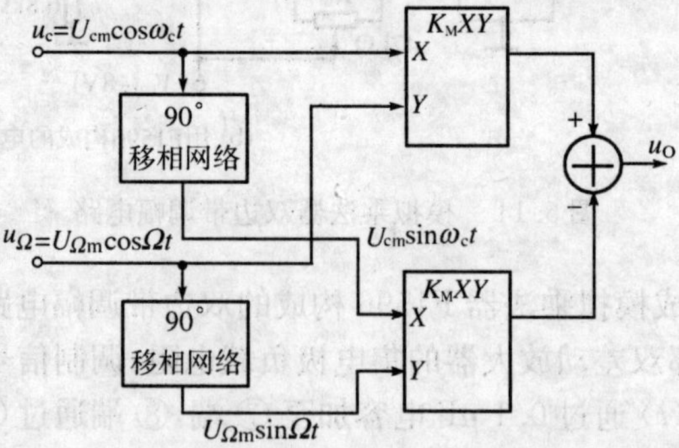

图5.16　相移法单边带调幅的原理电路（上边带）

在调制信号为多频信号时，相移法要求对调制信号中的各个频率分量均移相90°，这实际上是很难做到的。因此，滤波法和相移法各有其优缺点，究竟采用哪一种方法，应根据实际情况而定。

5.3 检波器概述

5.3.1 检波器的作用和组成

从高频调幅波中恢复原调制信号的过程，称为检波，完成这个功能的电路称为检波器(Detector)。

显然，检波是调幅的逆过程，则其频谱变换也与调幅相反，即把调幅波的频谱由高频不失真地搬到低频。图 5.17 画出了检波器的频谱变换，其中图(a) 为输入的普通调幅波 $u_I(t)$ 的频谱，图(b) 为输出的原调制信号 $u_O(t)$ 的频谱，其频谱向左搬移了 f_c。可见，检波器也是频谱搬移电路。

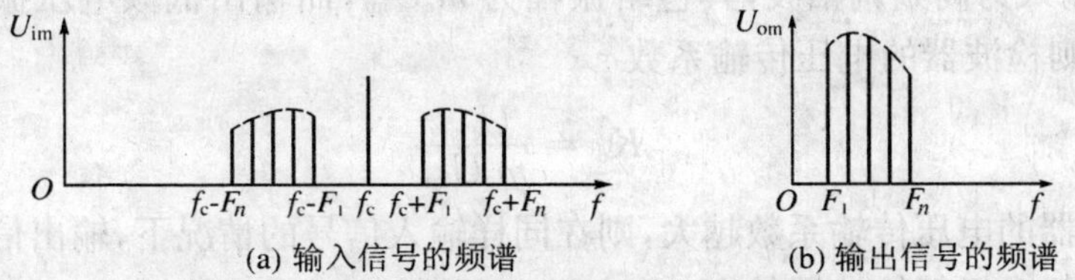

(a) 输入信号的频谱　　(b) 输出信号的频谱

图 5.17　检波器的频谱变换(普通调幅波)

对于普通调幅波，由于其包络反映了调制信号变化的规律，因此对普通调幅波进行检波，检波器的输出电压 $u_O(t)$ 的波形与输入调幅波 $u_I(t)$ 的包络相同，如图 5.18 所示。其中图(a) 输入为高频等幅波，故输出为直流电压；图(b) 输入为单频正弦信号调制的普通调幅波，故输出为正弦波。

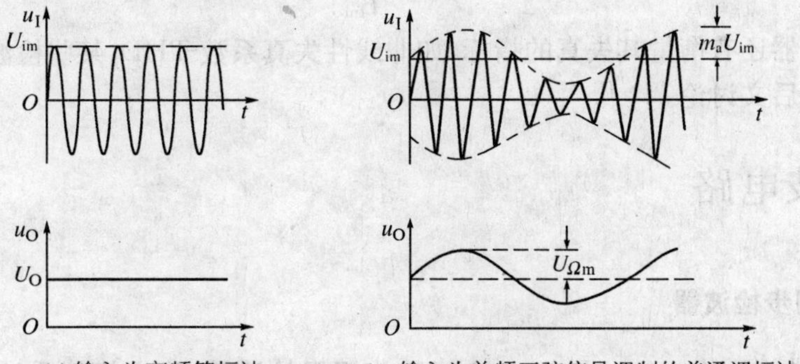

(a) 输入为高频等幅波　　(b) 输入为单频正弦信号调制的普通调幅波

图 5.18　检波器的输入与输出信号波形(普通调幅波)

既然检波器也是一个频谱搬移电路，则可以用乘法器等非线性器件实现这种频谱搬移，同时用低通滤波器滤除无用的频率分量，取出所需的原调制信号的频率分量。值得注意的是，为了实现上述的频谱搬移，根据频谱搬移原理，乘法器等非线性器件应输入一个与输入载波同频同相的本地参考电压，即同步电压 $u_r(t)=U_m\cos\omega_c t$。因此，检波器由乘法器(或其他非线性器件)、低通滤波器和同步信号发生器组成，这种检波器就称为**同步检波器**，它适合于各种调幅波的检波。

要产生与输入载波同频同相的同步信号，其实现电路比较复杂。而对于普通调幅波，由于它含有载频分量，因此检波时可以不需要同步信号，则相应的检波器由非线性器件和低通滤波器构成，这种检波器的输出信号（原调制信号）与调幅波的包络变化规律一致，故称为**包络检波器**。

5.3.2　检波器的主要性能指标

1）电压传输系数 K_d

电压传输系数用来说明检波器对高频信号的解调能力，又称为**检波效率**，用 K_d 表示。

若检波器输入为高频等幅波，其振幅为 U_{im}，而输出直流电压为 U_O，如图5.18(a) 所示，则检波器的电压传输系数

$$K_d = \frac{U_O}{U_{im}} \tag{5-38}$$

若检波器输入为高频调幅波，其包络振幅为 $m_a U_{im}$，而输出低频电压振幅为 $U_{\Omega m}$，如图5.18(b) 所示，则检波器的电压传输系数

$$K_d = \frac{U_{\Omega m}}{m_a U_{im}} \tag{5-39}$$

显然，检波器的电压传输系数越大，则在同样输入信号的情况下，输出信号就越大，即检波效率越高。一般二极管检波器的 K_d 总小于 1，K_d 越接近于 1 越好。

2）输入电阻 R_i

检波器的输入电阻 R_i 是指从检波器输入端看进去的等效电阻，用来说明检波器对前级电路的影响程度。定义 R_i 为输入高频等幅波的电压振幅 U_{im} 与输入高频脉冲电流（即二极管电流）中的基波振幅 I_{1m} 之比：

$$R_i = \frac{U_{im}}{I_{1m}} \tag{5-40}$$

此外，检波器还有衡量其失真的指标，如非线性失真系数 THD，某些检波器还存在特殊的失真，这将在后文讨论。

5.4　检波电路

5.4.1　同步检波器

同步检波器(Synchronous Detector) 又称为**相干检波器**，常由模拟乘法器和低通滤波器 LPF① 组成，因此这种检波器也称模拟相乘检波器，其原理电路如图 5.19(a) 所示。模拟乘法器除输入调幅信号 $u_I(t)$ 外，还输入本地参考信号 —— 同步信号 $u_r(t)$。

1）工作原理

上一节已从频谱搬移角度说明同步检波器的工作原理，下面作进一步的数学分析。

设 $u_I(t)$ 为单频正弦信号调制的调幅波，而同步电压

$$u_r(t) = U_{rm}\cos\omega_c t \tag{5-41}$$

① 设其通带电压放大倍数 $A_{up}=1$，下同。

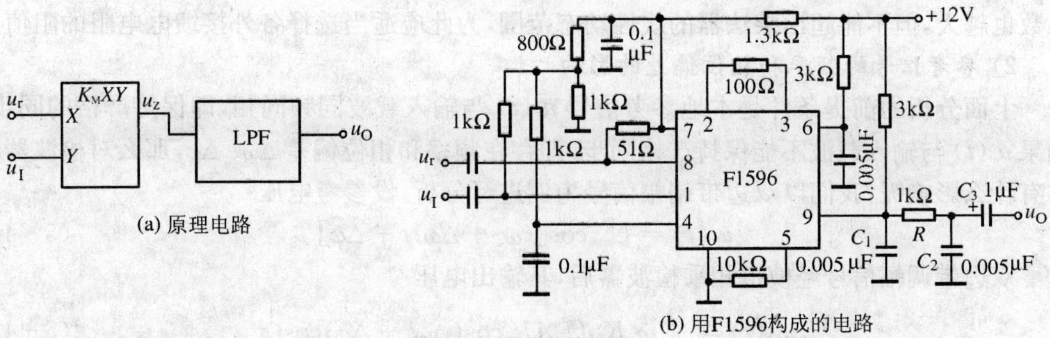

图 5.19　同步检波器

(1) $u_I(t)$ 为普通调幅波

由于 $u_I(t)$ 为普通调幅波，故

$$u_I(t) = U_{im}(1 + m_a\cos\Omega t)\cos\omega_c t$$

乘法器输出电压

$$u_Z(t) = K_M u_I(t)u_r(t) = K_M U_{rm}U_{im}(1 + m_a\cos\Omega t)\cos^2\omega_c t$$
$$= \frac{1}{2}K_M U_{rm}U_{im} + \frac{1}{2}m_a K_M U_{rm}U_{im}\cos\Omega t + \frac{1}{2}K_M U_{rm}U_{im}\cos 2\omega_c t +$$
$$\frac{1}{4}m_a K_M U_{rm}U_{im}\cos(2\omega_c + \Omega)t + \frac{1}{4}m_a K_M U_{rm}U_{im}\cos(2\omega_c - \Omega)t$$

可见，$u_Z(t)$ 中含有 0、F、$2f_c$、$2f_c \pm F$ 频率分量，经过 LPF 滤去 $2f_c$、$2f_c \pm F$ 分量，再阻隔直流后，就得到

$$u_O(t) = \frac{1}{2}m_a K_M U_{rm}U_{im}\cos\Omega t = U_{\Omega m}\cos\Omega t \tag{5-42}$$

式中，$U_{\Omega m} = m_a K_M U_{rm}U_{im}/2$。可见，$u_O(t)$ 已恢复了原调制信号。检波器的电压传输系数

$$K_d = \frac{U_{\Omega m}}{m_a U_{im}} = \frac{1}{2}K_M U_{rm} \tag{5-43}$$

(2) $u_I(t)$ 为双边带调幅信号

若 $u_I(t) = m_a U_{im}\cos\Omega t\cos\omega_c t$，同样分析可以得到，此时 $u_O(t)$ 与 K_d 的表达式仍分别如式(5-42)、式(5-43) 所示。

(3) $u_I(t)$ 为单边带调幅信号

设 $u_I(t)$ 为上边带调幅信号，即

$$u_I(t) = \frac{1}{2}m_a U_{im}\cos(\omega_c + \Omega)t$$

不难得到，检波器的输出电压

$$u_O(t) = \frac{1}{4}m_a K_M U_{rm}U_{im}\cos\Omega t = U_{\Omega m}\cos\Omega t \tag{5-44}$$

式中，$U_{\Omega m} = m_a K_M U_{rm}U_{im}/4$。检波器的电压传输系数

$$K_d = \frac{U_{\Omega m}}{m_a U_{im}} = \frac{1}{4}K_M U_{rm} \tag{5-45}$$

综上所述，同步检波器可用于各种调幅信号的检波。用集成模拟乘法器 F1596 构成的同步检波器如图 5.19(b) 所示。图中，F1596 采用单电源供电，C_1、R 和 C_2 构成 π 型低通滤波

器，C_3 为隔直电容。由式(5－43)、式(5－45) 知，同步电压振幅 U_{rm} 越大，检波器的电压传输系数也越大，但不能超出乘法器的线性动态范围，为此应适当选择各外接馈电电阻的阻值。

2) *参考信号的频率和相位偏差的影响*

上面分析的前提条件是本地参考信号 $u_r(t)$ 与输入载波同频同相，即保持严格的同步。如果 $u_r(t)$ 与输入载波不能保持严格同步，即存在频率和相位偏差 $\Delta\omega$、$\Delta\varphi$，那么对检波器输出有什么影响呢?我们以双边带调幅信号为例进行分析。设参考电压

$$u_r(t) = U_{rm}\cos[(\omega_c + \Delta\omega)t + \Delta\varphi] \tag{5-46}$$

双边带调幅信号经模拟相乘检波器后，其输出电压

$$u_O(t) = \frac{1}{2}m_a K_M U_{rm} U_{im}\cos(\Delta\omega t + \Delta\varphi)\cos\Omega t \tag{5-47}$$

上式表明，与原调制信号 $u_\Omega(t) = U_{\Omega m}\cos\Omega t$ 相比，检波器的输出电压 $u_O(t)$ 将是振幅按 $\cos(\Delta\omega t + \Delta\varphi)$ 变化的低频电压，产生了失真。

如果参考电压与输入载波之间同频不同相，即

$$u_r(t) = U_{rm}\cos(\omega_c t + \Delta\varphi) \tag{5-48}$$

则在解调双边带调幅信号时，有

$$u_O(t) = \frac{1}{2}m_a K_M U_{rm} U_{im}\cos\Delta\varphi\cos\Omega t = U_{\Omega m}\cos\Omega t \tag{5-49}$$

上式表明，此时检波器输出电压没有失真，但 $\cos\Delta\varphi$ 的存在使输出低频电压的振幅减小。如果 $\Delta\varphi = 0$，即参考电压与输入载波不但同频，而且同相，则输出低频电压的振幅最大；如果 $\Delta\varphi = 90°$，则 $u_O(t) = 0$。一般情况下希望 $\Delta\varphi$ 越小越好。

总之，为了保证同步检波器不失真地解调出幅度尽可能大的信号，参考电压应与输入载波同频同相，即实现二者的同步。在实际工作时，二者的频率必须相同，而允许有很小的相位差。同步信号又是如何产生的呢?对于双边带调幅来说，它可直接从双边带调幅信号中提取出来；对于具有导频信号的单边带调幅来说，它可用提取出的导频信号去控制本地振荡器而获得。一般情况下可采用频率合成器(见第 7 章) 来产生同步信号。

除了上述的模拟相乘检波器外，还可利用图 5.12 所示的二极管环形调幅器实现同步检波，只要把图中的 $u_\Omega(t)$ 输入改为调幅波输入，$u_c(t)$ 输入改为 $u_r(t)$ 输入即可。限于篇幅，这方面的内容不作进一步的讨论。

5.4.2 大信号包络检波器

前已指出，对于普通调幅波，可采用包络检波器(Envelope Detector) 进行检波。目前应用最广的是二极管包络检波器(集成电路中多采用三极管射极包络检波器)，其电路如图 5.20 所示。显然，在电路结构上，它与半波整流、电容滤波的电路相同。

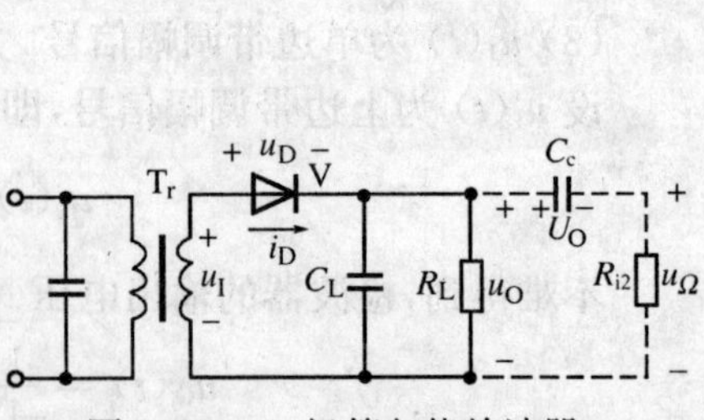

图 5.20　二极管包络检波器

可以看出，该电路是由二极管 V 和 R_L、C_L 组成的低通滤波器串接而成的，R_L 为检波负载电阻，C_L 为检波负载电容。图中，变压器 T_r 将前级的调幅信号送到检波器的输入端，而虚线所示的 C_c 为隔直电容，R_{i2} 为后级输入电阻。本节只讨论大信号输入时的情形。所谓大信号，是指输入高频电压 $u_I(t)$ 的振幅在500 mV 以上，这

时可忽略二极管的开启电压，即认为二极管两端的电压 $u_D(t)$ 为正时就导通，为负时就截止。

1）工作原理

在分析二极管包络检波器的工作原理时，可暂不考虑 C_c 和 R_{i2}（其影响在后文中讨论），并设二极管导通时的电阻为 r_d，且 $r_d \ll R_L$。由图 5.20 可以看到，检波器的输出电压 $u_O(t)$ 就是电容 C_L 两端的电压；通过二极管的电流 i_D 在 R_L、C_L 上产生的电压 $u_O(t)$ 反作用到二极管上，使二极管的两端电压 $u_D = u_I - u_O$。由于 $u_I(t)$ 为大信号，因此 $u_O(t)$ 也很大，其反作用不能忽略。

（1）输入信号 $u_I(t)$ 为高频等幅波

设 $u_I(t) = U_{im}\cos\omega_c t$，且 C_L 上没有初始储存电荷，即 $t = 0$ 时 $u_O(t) = 0$。这时检波电路的分析与半波整流、电容滤波电路的分析相似，即 $u_D = u_I - u_O > 0$ 时二极管导通，C_L 被充电，充电时间常数为 $r_d C_L$；$u_D < 0$ 时二极管截止，C_L 放电，放电时间常数为 $R_L C_L$。由于 $R_L \gg r_d$，即放电时间常数远大于充电时间常数，因此充电快，放电慢，在很短的时间内（高频的几个周期）就达到充放电的动态平衡。此后，u_O 便在平均值 $u_{O(AV)} = U_O$ 上下按频率 f_c 作锯齿状的小波动，如图 5.21(a) 所示。u_O 的锯齿状小波动，实质上是低通滤波器的非理想滤波特性而导致在 C_L 两端产生的残余高频电压。如果 $R_L C_L \gg T_c$（T_c 为高频等幅波 u_I 的周期），则 C_L 放掉的电荷量很少，因此 u_O 的锯齿状波动很小，一般可以忽略，此时 u_O 的波形就近似是 u_I 的包络，如图 5.21(b) 所示。显然，$u_O \approx U_O \approx U_{im}$，即检波效率近似为 1。

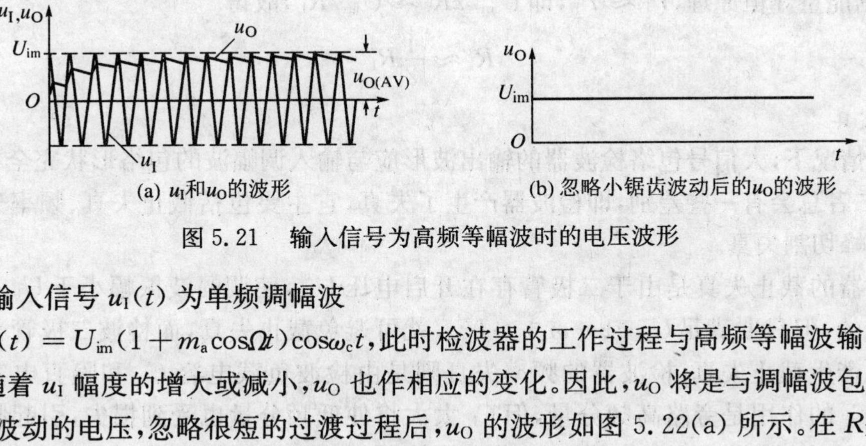

(a) u_I和u_O的波形　　(b) 忽略小锯齿波动后的u_O的波形

图 5.21　输入信号为高频等幅波时的电压波形

（2）输入信号 $u_I(t)$ 为单频调幅波

设 $u_I(t) = U_{im}(1 + m_a\cos\Omega t)\cos\omega_c t$，此时检波器的工作过程与高频等幅波输入时很相似，不过随着 u_I 幅度的增大或减小，u_O 也作相应的变化。因此，u_O 将是与调幅波包络相似的有小锯齿波动的电压，忽略很短的过渡过程后，u_O 的波形如图 5.22(a) 所示。在 $R_L \gg r_d$ 和 $R_L C_L \gg T_c$ 的条件下，u_O 的小锯齿波动可忽略，其波形就近似为 u_I 的包络，如图 5.22(b) 所示，即

$$u_O(t) \approx U_{im}(1 + m_a\cos\Omega t) = U_{im} + m_a U_{im}\cos\Omega t \tag{5-50}$$

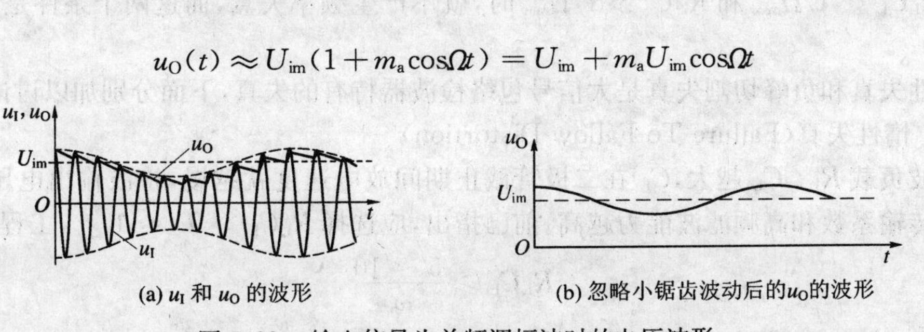

(a) u_I 和 u_O 的波形　　(b) 忽略小锯齿波动后的u_O的波形

图 5.22　输入信号为单频调幅波时的电压波形

$u_O(t)$ 可分解为一个直流分量 $U_O = U_{im}$ 和一个按调幅波包络变化的低频分量 $u_\Omega(t) = m_a U_{im}\cos\Omega t$。如果在检波器输出端并接一个由 C_c 和 R_{i2} 串联的网络(见图 5.20),由于 C_c 的隔直通交作用,$u_O(t)$ 中的直流分量 $U_O = U_{im}$ 将降落在 C_c 上,而 R_{i2} 上就得到低频交流分量 $u_\Omega(t)$,即原来的调制信号。在这种检波器中,由于输出电压 $u_O(t)$ 与输入高频调幅波 $u_I(t)$ 的包络基本相同,所以又称为**峰值包络检波**。

与半波整流、电容滤波电路相比较,大信号包络检波器的输入不是低频等幅交流电压,而是高频调幅波电压。前者要得到的是直流分量,故滤波电容量很大;后者要得到的是低频分量,故检波负载电容较小。

2) 主要性能分析

(1) 电压传输系数(检波效率)K_d

根据上述分析,输入高频等幅波时 $K_d = U_O/U_{im} \approx 1$;而输入高频调幅波时,由式(5-50)知,$u_\Omega(t)$ 的振幅 $U_{\Omega m} \approx m_a U_{im}$,故

$$K_d = \frac{U_{\Omega m}}{m_a U_{im}} \approx 1$$

(2) 输入电阻 R_i

当检波器输入高频等幅波时,$u_I(t) = U_{im}\cos\omega_c t$,检波器从输入信号得到的功率 $P_i = U_{im}^2/2R_i$。由于 $u_O(t) \approx U_{im}$,则检波器输出功率 $P_o \approx U_{im}^2/R_L$。P_i 的一部分转换为 P_o,另一部分消耗在二极管的正向电阻 r_d 上。由于二极管的导通时间很短,消耗在 r_d 上的功率很小,可忽略。根据能量守恒原理,$P_i \approx P_o$,即 $U_{im}^2/2R_i \approx U_{im}^2/R_L$,故得

$$R_i \approx \frac{1}{2}R_L \tag{5-51}$$

3) 失真

理想情况下,大信号包络检波器的输出波形应与输入调幅波的包络形状完全相同。但是实际上,二者总会有一些差别,即检波器产生了失真,它主要包括截止失真、频率失真、惰性失真和负峰切割失真。

检波器的截止失真是由于二极管存在开启电压 U_{on},使调幅波振幅小于 U_{on} 时二极管截止引起的,但只要满足 $U_{im}(1-m_a) \geqslant U_{on}$,就可避免截止失真,而检波二极管采用锗管,就不容易产生截止失真。检波器的频率失真则是由检波负载电容 C_L 和隔直电容 C_c 引起的,其中 C_L 的作用是旁路高频分量,但 C_L 太大将使低频分量也受到损失,引起频率失真;C_c 的作用是让低频分量顺利通过,C_c 太小将使低频分量受到损失,引起频率失真。不难理解,当 $R_L C_L \ll 1/\Omega_{max}$ 和 $R_{i2} C_c \gg 1/\Omega_{min}$ 时,就不产生频率失真,而这两个条件是容易满足的。

惰性失真和负峰切割失真是大信号包络检波器特有的失真,下面分别加以讨论。

(1) 惰性失真(Failure-To-Fallow Distortion)

检波负载 R_L、C_L 越大,C_L 在二极管截止期间放电速度就越慢,检波输出电压就越大,则电压传输系数和高频滤波能力越高。前已指出,应选择 $R_L C_L \gg T_c = 1/f_c$,工程上可选择

$$R_L C_L \geqslant \frac{5 \sim 10}{\omega_c} \tag{5-52}$$

但是,当输入为调幅波时,R_L 和 C_L 太大将使二极管截止期间 C_L 的放电速度太慢,以致

跟不上调幅波包络的下降速度，则出现图 5.23 所示的情况。由图可以看到，在 t_1 时刻 C_L 上电压的下降速度低于调幅波包络的下降速度，使下一个高频正半周的最高电压仍低于此时 C_L 的两端电压 u_O，二极管就不导通，于是 u_O 不再按调幅波的包络变化，而是按 C_L 对 R_L 放电的规律变化，直至 t_2 时刻，u_I 的振幅开始大于此时的 u_O，检波器才恢复正常工作。这样，输出电压 u_O 在 $t_1 \sim t_2$ 期间产生了失真，这种失真是由于 C_L 上电荷来不及放掉的惰性引起的，故称为**惰性失真**，又称为**对角切削失真**。

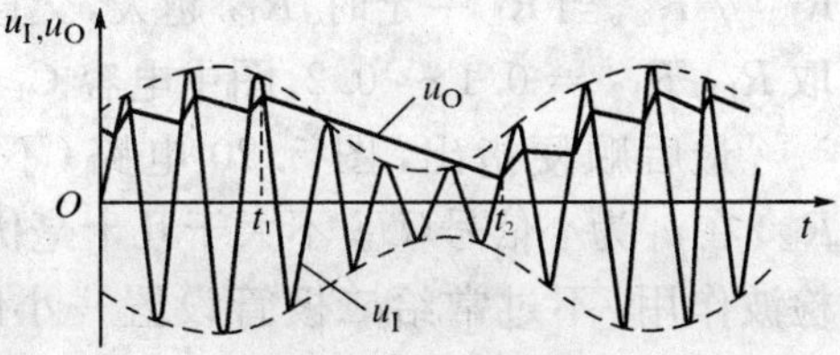

图 5.23 惰性失真

显然，调制信号的频率 Ω 越高，调幅度 m_a 越大，调幅波包络下降的速度就越快，越容易产生惰性失真。可以证明，为了避免产生惰性失真，R_L、C_L 应满足下述条件

$$R_L C_L \leqslant \frac{\sqrt{1-m_a^2}}{m_a \Omega_{max}} \tag{5-53}$$

(2) 负峰切割失真

前已讲到，检波器的输出端要经隔直电容 C_c 接到下一级的输入电阻 R_{i2}，如图 5.20 所示。为了传送低频信号，C_c 的容量很大。根据上面的分析，在检波过程中，C_c 的两端存在直流电压 $U_O \approx U_{im}$，其极性为左正右负。由于 C_c 的容量很大，所以在低频一周内 C_c 上的电压 U_O 基本不变，则可以把它看作一直流电源。U_O 被 R_L、R_{i2} 分压，它在 R_L 上所分得的电压

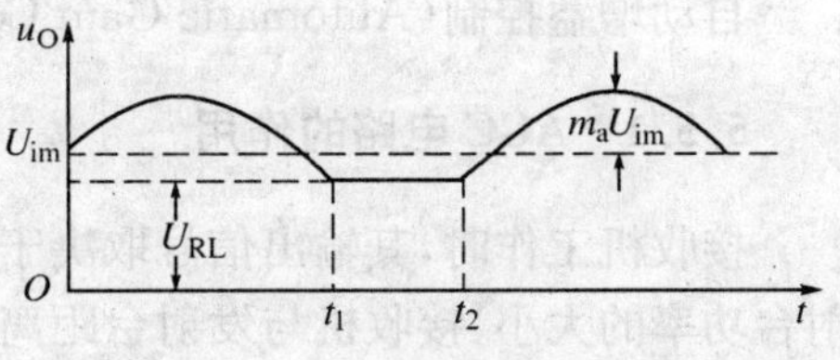

图 5.24 负峰切割失真

$$U_{RL} \approx U_{im} \frac{R_L}{R_L + R_{i2}} \tag{5-54}$$

注意此电压的极性为上正下负，它对二极管来说相当于加入一个额外的反向偏压。若 R_L 比 R_{i2} 大得多，则 U_{RL} 就很大，这就可能使输入调幅波包络在包络负半周的某些时刻小于 U_{RL}，导致二极管在这段时间内截止。这时 R_L 上的电压 $u_O = U_{RL}$ 不随包络变化，从而产生失真，如图 5.24 所示。由于上述失真出现在输出低频信号的负半周，其底部(即负峰)被切割，故称为**负峰切割失真**。

为了避免出现负峰切割失真，必须使输入调幅波包络的最小值 $U_{im}(1-m_a)$ 大于 U_{RL}，即 $U_{im}(1-m_a) > U_{RL}$。于是由该式和式(5-54)可得

$$m_a < \frac{R_{i2}}{R_L + R_{i2}} \tag{5-55}$$

由于检波器的直流负载为 R_L，而低频交流负载 $R_\Omega = R_L \mathbin{/\!/} R_{i2}$，故由上式得

$$m_a < \frac{R_\Omega}{R_L} \tag{5-56}$$

上式表明，负峰切割失真是由于检波器交、直流负载电阻不等和调幅系数较大引起的。R_{i2} 越大，R_Ω 就越接近 R_L，则越不容易出现负峰切割失真。为此，在实际电路中可采取措施来减小交直流负载电阻的差别。例如，图 5.25 所示的电路中把 R_L 分为 R_{L1} 和 R_{L2}，并通过 C_c 将 R_{i2} 并联在 R_{L2} 两端。显然，检波器的直流负载 $R_L = R_{L1} + R_{L2}$，交流负载 $R_\Omega = R_{L1} +$

$R_{L2} // R_{i2}$。当 R_L 一定时，R_{L1} 越大，交直流负载的差别就越小，但输出低频电压也越小，一般取 $R_{L1}/R_{L2} = 0.1 \sim 0.2$。图中电容 C_1 是用来进一步滤除高频分量的。

最后顺便指出，图 5.20 电路（不包括 C_c、R_{i2}）在 u_I 为小信号（U_{im} 不大于几十毫伏）时也起检波作用，不过常给二极管设置一小的正向偏压。分析表明，此时输出电压 $u_O(t)$ 与 U_{im} 的平方成正比，故称为**小信号平方律检波**（Square Law Detector）。小信号平方律检波器的检波效率低，输入电阻小，非线性失真严重，故在广播、通信中应用很少，但利用其平方律特性，却使它在测量仪表中获得广泛的应用。

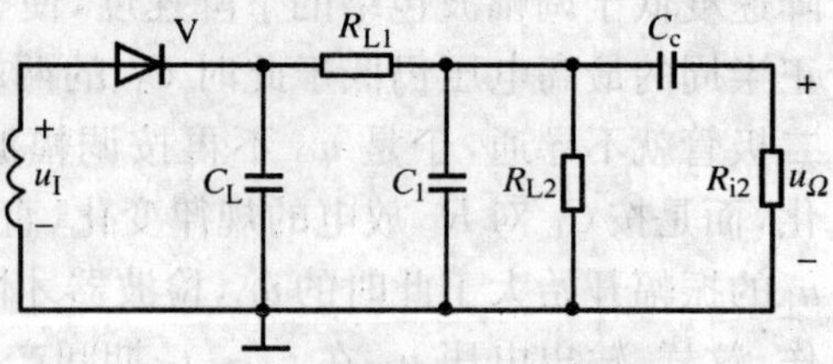

图 5.25　避免负峰切割失真的检波器改进电路

5.5　自动增益控制

自动增益控制（Automatic Gain Control）简称 AGC，是接收机的重要辅助电路之一。

5.5.1　AGC 电路的作用

接收机工作时，其输出信号取决于输入信号和接收机的增益。接收机的输入信号由于发射台功率的大小、接收机与发射台距离的远近、接收环境的迅速改变和电波在传播中衰落等原因而强弱相差很大，从几微伏到几百毫伏不等，如果接收机的增益恒定不变，则输出信号也相差很大。若接收机的增益高，则弱信号时能正常接收，但强信号时将使接收机的晶体管和终端器件（如扬声器）阻塞、过载甚至损坏；若接收机的增益低，则强信号时能正常接收，而弱信号时却接收不到。因此，为了使接收机能正常工作，希望在接收弱信号时增益高，接收强信号时增益低。可见，这时接收机的增益不再是恒定不变了，这就需要增益控制电路。增益控制分为人工增益控制（MGC）和自动增益控制（AGC）。如果输入信号的大小基本上不随时间变化，则采用 MGC，如收音机的音量控制；如果输入信号的大小随时间迅速变化，则必须采用 AGC。

因此，AGC 电路的作用是：当输入信号变化很大时，保持接收机的输出信号基本稳定（变化不大）。即：当输入信号很弱时，接收机的增益高；当输入信号很强时，接收机的增益低。

为了实现自动增益控制，必须有一个随输入信号改变的电压，称为 **AGC 电压**。AGC 电压可正可负，分别用 U_{AGC} 和 $-U_{AGC}$ 表示。利用这个电压去控制接收机的某些级的增益，达到 AGC 的目的。

图 5.26 为具有 AGC 的调幅接收机的方框图。图中，天线接收到的输入信号 $u_I(t)$ 经高频放大、变频和中频放大后得到中频调幅波 $u'_O(t)$，$u'_O(t)$ 经 AGC 检波器和低通滤波器后，得到反映输入信号大小的直流分量，再经直流放大后得到 AGC 电压。显然，输入信号强，$|\pm U_{AGC}|$ 大；反之，则 $|\pm U_{AGC}|$ 小。利用 AGC 电压去控制高放或中放的增益，使 $|\pm U_{AGC}|$ 大时增益低，$|\pm U_{AGC}|$ 小时增益高，就达到自动增益控制的目的。

在实际电路中，AGC 检波和恢复低频信号的检波一般共用一个检波器，直流放大器和

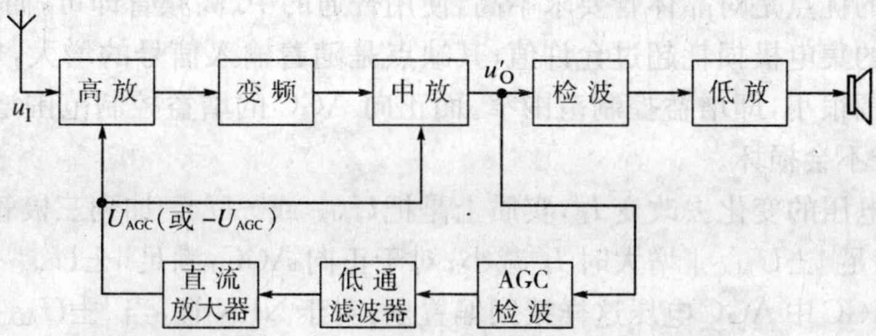

图 5.26 具有 AGC 的调幅接收机方框图

高频放大器常省去，有时 AGC 电压只控制中放的增益。

综上所述，AGC 电路应包括：(1) 产生一个随输入信号大小变化而变化的控制电压，即 AGC 电压；(2) 利用 AGC 电压去控制某些级的增益，实现 AGC。

5.5.2 实现 AGC 的方法

实现 AGC 的方法很多，这里仅介绍其中的两种方法。

1) 改变发射极电流 I_E

这是在分立元件电路组成的接收机中常用的实现 AGC 的方法。由于放大器的增益与晶体管参数β有关，而β又与管子的工作点电流I_E有密切关系，因此可以通过改变I_E来控制放大器的增益。

图 5.27(a)、(b) 分别为普通中、高频管和 AGC 管(如 2G210) 的$\beta \sim I_E$曲线。由图可以看出，前者的上升部分(*AB* 段) 较陡，后者的下降部分(*BC* 段) 较陡，而为了使增益控制灵敏，管子应工作在$\beta \sim I_E$曲线较陡峭的部分。因此，普通中、高频管是利用$\beta \sim I_E$曲线的上升部分实现增益控制的，称为反向自动增益控制(即**反向 AGC**)，而 AGC 管则是利用$\beta \sim I_E$曲线的下降部分实现增益控制的，称为正向自动增益控制(即**正向 AGC**)。无论是反向 AGC 还是正向 AGC，管子的起始工作点应选在曲线的上部(*B* 点)，才能有效地起到 AGC 的作用。

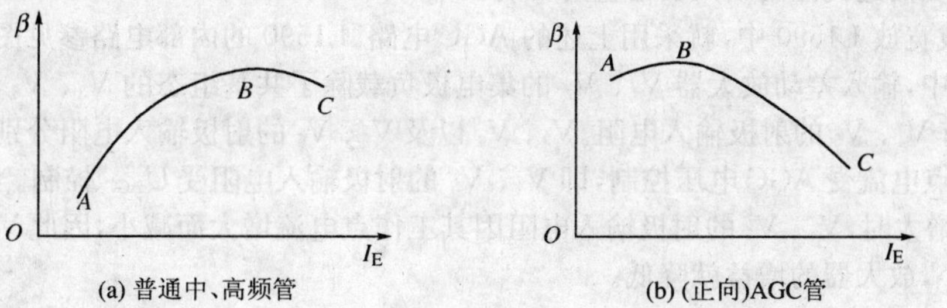

(a) 普通中、高频管　　(b) (正向)AGC管

图 5.27 晶体管的$\beta \sim I_E$曲线

在反向 AGC 中，I_E 必须随着 $|\pm U_{AGC}|$ 的增大而减小，才能使β下降，增益降低，其控制过程可表示为

$$U_{im} \uparrow \rightarrow U'_{om} \uparrow \rightarrow |\pm U_{AGC}| \uparrow \rightarrow I_E \downarrow \rightarrow \beta \downarrow \rightarrow |A_u| \downarrow$$

从而使输出变化减小。而在正向 AGC 中，I_E 必须随着 $|\pm U_{AGC}|$ 的增大而增大，才能使β下降，增益降低，其控制过程留给读者思考。

反向AGC的优点是对晶体管要求不高，使用普通的中、高频管即可，而且管子的电流不大，不致使管子的集电极损耗超过允许值；其缺点是随着输入信号的增大，管子的工作点降得很低，动态范围很小，即增益控制范围窄。而正向AGC的增益控制范围增大，但要求工作电流较大时管子不会损坏。

利用AGC电压的变化去改变I_E，实质上是把U_{AGC}或$-U_{AGC}$加到三极管的发射结上。对于反向AGC，满足$|\pm U_{AGC}|$增大时I_E减小；对于正向AGC，满足$|\pm U_{AGC}|$增大时I_E也增大。因此，反向AGC中AGC电压这样接到偏置上：对于NPN管，当$|\pm U_{AGC}|$增大时，u_{BE}应减小；对于PNP管，当$|\pm U_{AGC}|$增大时，u_{BE}应增大（或u_{EB}应减小）。显然，正向AGC中AGC电压接到偏置上的方法应与反向AGC时相反。图5.28示出了几种AGC电路中AGC电压的具体接法，读者可自己详细分析。

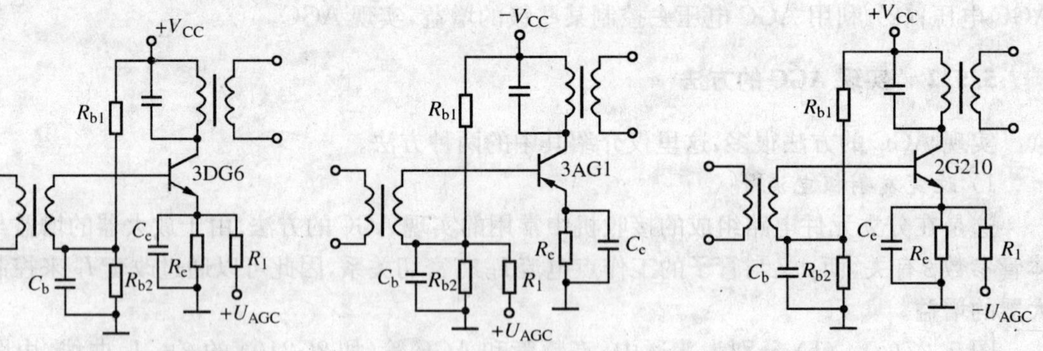

(a) 反向AGC(U_{AGC}，NPN管)　(b) 反向AGC(U_{AGC}，PNP管)　(c) 正向AGC($-U_{AGC}$，NPN管)

图5.28　改变I_E的AGC电路

2）改变放大器的负载

这是在集成电路组成的接收机中常用的实现AGC的方法。由于放大器的增益与负载密切相关，因此通过改变负载就可以控制放大器的增益。在集成电路中，受控放大器的部分负载常是三极管的射极输入电阻（发射结电阻），若用AGC电压控制管子的偏流，则该电阻也随着改变，从而达到控制放大器增益的目的。

在集成宽放L1590中，就采用上述的AGC电路。L1590的内部电路参见图1.7，这里不再画出。图中，输入差动放大器V_1、V_2的集电极负载除了共基组态的V_3、V_6输入电阻外，还分别接有V_4、V_5的射极输入电阻。V_3、V_4以及V_5、V_6的射极输入电阻分别并联，而V_4、V_5的工作点电流受AGC电压控制，即V_4、V_5的射极输入电阻受U_{AGC}控制。当输入信号增大使U_{AGC}增大时，V_4、V_5的射极输入电阻因其工作点电流增大而减小，因此V_1、V_2的集电极负载减小，放大器的增益就降低。

5.5.3　AGC电压的产生

接收机的AGC电压大都是利用它的中频输出信号经检波后产生的。按照AGC电压产生方法的不同，AGC电路可分为平均值型、峰值型、键控型、峰值键控型等。由于平均值型AGC电路最为简单，应用也较广泛，所以下面说明其工作原理。

平均值AGC电路是利用检波器输出电压中的平均直流分量作为AGC电压的，其电路如图5.29所示。图中，二极管V和R_{L1}、C_L、C_1、R_{L2}构成检波器。中频信号$u_I(t)$经检波后，

在 R_{L2} 两端得到含有调制频率分量和平均直流分量的信号，其中调制频率分量 $u_{\Omega}(t)$ 经隔直电容 C_c 输出，而平均直流分量经 R_p、C_p 组成的低通滤波器输出。由于平均直流分量与输入载波分量的振幅成正比，而与调幅度无关，因此该平均直流分量可以作为 AGC 电压，根据二极管的极性，不难判断该 AGC 电压为正，即为 U_{AGC}。

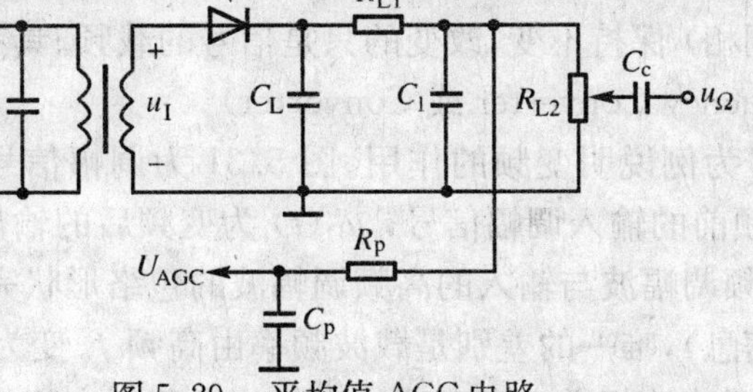

图 5.29　平均值 AGC 电路

注意，低通滤波器的 R_pC_p 应足够大，以滤去调制频率分量，否则 AGC 电压中还含有残余调制频率分量，当该电压加到前级放大器时，将抑制输入调幅波的包络变化，使调制度减小，从而降低检波器输出的原调制信号振幅。但是，若 R_pC_p 太大，则控制电压 U_{AGC} 跟不上外来信号的变化，接收机的增益得不到及时的调整，会失去应有的 AGC 作用。显然，应根据最低调制频率来选择 R_pC_p，一般选择 $R_pC_p = (5 \sim 10)/\Omega_{min}$。

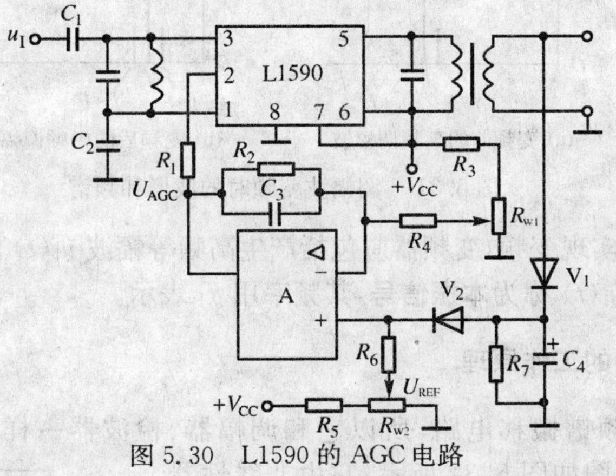

图 5.30　L1590 的 AGC 电路

图 5.30 为 L1590 作中频放大时的 AGC 电路。图中，AGC 检波器由 V_1、R_7 和 C_4 组成，R_7C_4 应足够大。运放 A 为直流放大器，电位器 R_{w2} 的动臂从 $+V_{CC}$ 分取基准电压 U_{REF}，通过 R_6 加到运放的同相输入端。当输入信号较小时，C_4 两端的平均直流分量低于 U_{REF}，二极管 V_2 截止，AGC 不起作用，L1590 的增益较高。当输入信号较大时，C_4 两端的平均直流分量大于 U_{REF}，V_2 导通，运放 A 输出的电压即为 U_{AGC}，它通过 R_1 加至 L1590 的 2 端，使其增益下降。C_3 用来进一步滤除控制电压中的中频分量。电路中其他元件的作用，限于篇幅不再赘述了。

5.6　变频器概述

如前所述，变频(Frequency Conversion) 就是将高频已调波经过频率变换，变为固定中频(Intermediate Frequency)已调波。变频的应用十分广泛,它不但用于各种超外差式接收机中,而且还用于频率合成器等电路或电子设备中。

5.6.1　变频器的作用

在变频过程中,信号频谱的内部结构(即各频率分量的相对振幅和相互间隔)和调制类型(调幅、调频还是调相)保持不变,改变的只是信号的载频。具有这种作用的电路称为变频电路或**变频器**(Frequency Converter 或 Converter)。

下面以调幅信号为例说明变频的作用。图 5.31 为调幅信号变频时的波形和频谱的变化,其中 $u_S(t)$ 为变频前的输入调幅信号,$u_O(t)$ 为变频后的输出调幅信号。由图可以看出,经过变频,输出的中频调幅波与输入的高频调幅波的包络形状完全相同(这表明 $u_O(t)$ 仍携带有原调制信号的信息),唯一的差别是载波频率由高频 f_c 变为中频 f_g;或从频谱变换的角度看来,变频仅把已调波的频谱不失真地从高频位置移到中频位置,而频谱的内部结构并没有发生变化。因此,变频器也是频谱搬移电路。

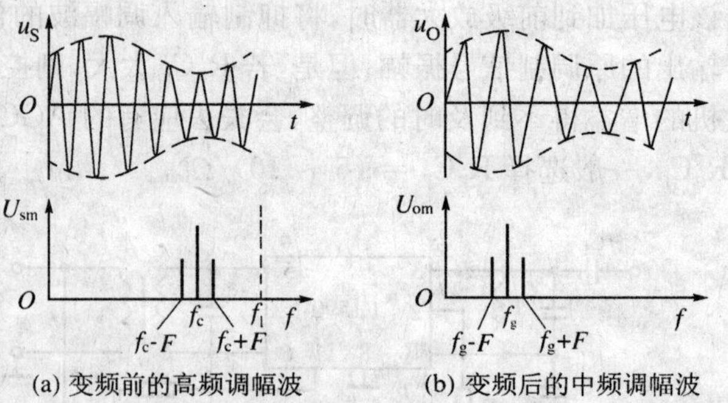

(a) 变频前的高频调幅波　(b) 变频后的中频调幅波

图 5.31　调幅波变频时的波形和频谱

不难理解,为了实现变频,变频器应包括产生高频等幅波 $u_l(t)$ 的本地(或本机)振荡器(Local Oscillator),$u_l(t)$ 称为**本振信号**,其频率用 f_l 表示。

5.6.2　变频器的工作原理

由于变频器是频谱搬移电路,所以它和调幅器、检波器一样,也必须采用非线性器件。变频器的组成框图如图 5.32 所示,它由非线性器件、本地振荡器和带通滤波器组成。本地振荡器产生本振信号 $u_l(t)$;非线性器件将输入的高频信号 $u_S(t)$ 和本振信号 $u_l(t)$ 进行混频,以产生新的频率;带通滤波器则用来从各种频率成分中取出中频信号。通常非线性器件和带通滤波器合在一起称为**混频器**(Frequency Mixer 或 Mixer),即混频器中非线性器件仅实现频率变换,而本振信号由另一器件产生。如果混频器和本地振荡器共用一个器件,即非线性器件既产生本振信号,又实现频率变换,则称之为变频器。

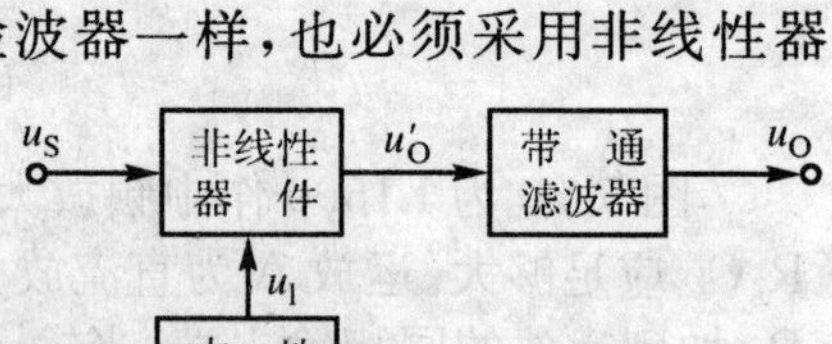

图 5.32　变频器的组成框图

设变频器的高频输入信号为等幅波,即 $u_S(t) = U_{sm}\cos\omega_c t$,而本振信号 $u_l(t) = U_{lm}\cos\omega_l t$。根据 4.3.2 节所述知,流过非线性器件的电流 i 中含有无限多个组合频率分量

$$f_k = |\pm pf_1 \pm qf_c| \qquad (p, q = 0, 1, 2, \cdots)$$

f_k 中含有差频($f_1 - f_c$)及和频($f_1 + f_c$)的频率成分($p = q = 1$)。如果带通滤波器的中心频率为 $f_1 - f_c = f_g$,则它选出差频成分,同时滤除其他成分;如果带通滤波器的中心频率为 $f_1 + f_c = f_g$,则它选出和频成分,同时滤除其他成分。无论是哪一种带通滤波器,都能得到中频成分,不过后者的中频为高中频($f_g > f_c$)。若非线性器件的幂级数展开式只取前三项,则 i 中的中频(差频或和频)分量

$$i_g = a_2 U_{lm} U_{sm} \cos\omega_g t \tag{5-57}$$

式中,a_2 为幂级数展开式中二次方项的系数。f_g 高于 f_c(取和频)的变频称为**上变频**(Up-converter),f_g 低于 f_c(取差频)的变频称为**下变频**(Down-converter)。调幅广播收音机一般采用下变频,其中频为465 kHz。在采用下变频时,一般取本振频率 f_1 高于信号频率 f_c,以减小本地振荡器的波段覆盖系数,使其振幅稳定①。

如果 $u_S(t)$ 为调幅波,即设 $u_S(t) = U_{sm}(1 + m_a\cos\Omega t)\cos\omega_c t$,可以得到,输出的中频电流

$$i_g = a_2 U_{lm} U_{sm}(1 + m_a \cos\Omega t)\cos\omega_g t \tag{5-58}$$

即 i_g 为中频调幅波,其包络与输入信号 $u_S(t)$ 的包络相同。

5.6.3 变频器的主要性能指标

(1) 变频增益

变频增益又称混频增益,它有变频电压增益 A_{uc} 和变频功率增益 A_{pc}。变频器输出的中频电压振幅 U_{gm} 与输入的高频电压振幅 U_{sm} 之比,称为变频电压增益,常用分贝表示,即

$$A_{uc} = 20\lg\frac{U_{gm}}{U_{sm}}(\text{dB}) \tag{5-59}$$

变频功率增益指变频器输出的中频信号功率 P_g 与输入的高频信号功率 P_s 之比,也常用分贝表示,即

$$A_{pc} = 10\lg\frac{P_g}{P_s}(\text{dB}) \tag{5-60}$$

变频增益大,接收机的灵敏度就高,但太大将使非线性干扰也大。

(2) 失真与干扰

变频器的失真有频率失真和非线性失真,我们要求失真尽可能小。此外,由于变频过程中还产生了许多不需要的组合频率成分,这些频率成分将带来一系列的干扰,从而影响接收机的正常工作。变频器的失真与干扰也就是混频器的失真与干扰,将在后文中讨论。

此外,变频器的主要技术指标还有选择性、噪声系数、1dB 压缩电平、隔离度等,这里就不一一说明了。

5.7 混频电路

混频电路的种类很多,本节将介绍常用的模拟相乘混频器、二极管环形混频器和三极管混频器,并讨论混频器的失真和干扰。

① 当然也可取 $f_1 < f_c$,此时 $f_g = f_c - f_1$,但一般很少采用。

5.7.1 模拟相乘混频器

既然混频(或变频)器是频谱搬移电路,因此可用模拟乘法器实现。由图 5.31 知,混频时频谱搬移了 f_l,因此可组成如图 5.33 所示的模拟相乘混频器。

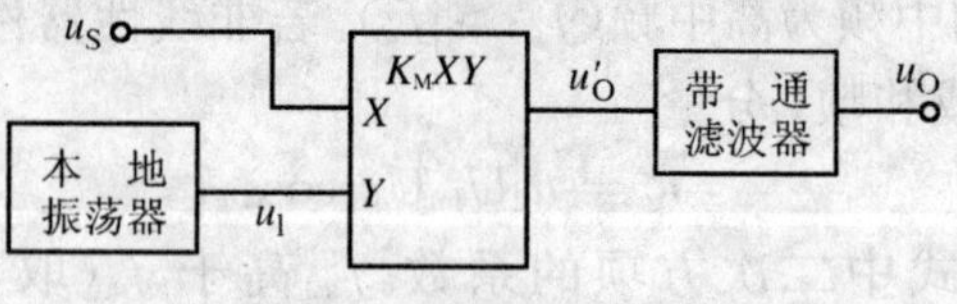

图 5.33 模拟相乘混频器的原理电路

若输入调幅波 $u_S=U_{sm}(1+m_a\cos\Omega t)\cos\omega_c t$,本振信号 $u_l=U_{lm}\cos\omega_l t$,由图 5.33 可得乘法器的输出电压

$$u'_O=K_Mu_Su_l=\frac{1}{2}K_MU_{sm}U_{lm}(1+m_a\cos\Omega t)\cos(\omega_l-\omega_c)t+$$

$$\frac{1}{2}K_MU_{sm}U_{lm}(1+m_a\cos\Omega t)\cos(\omega_l+\omega_c)t$$

上式第一项包含 $f_g=f_l-f_c$、$f_g\pm F$ 频率分量,第二项包含 f_l+f_c、$f_l+f_c\pm F$ 频率分量。若带通滤波器的中心频率为 f_g,通带宽度为 $2F$,则 u'_O 第二项的各频率分量被滤除,于是滤波器输出电压

$$u_O=\frac{1}{2}K_MU_{sm}U_{lm}(1+m_a\cos\Omega t)\cos\omega_g t=U_{gm}(1+m_a\cos\Omega t)\cos\omega_g t \tag{5-61}$$

式中,$U_{gm}=K_MU_{sm}U_{lm}/2$。则变频电压增益

$$A_{uc}=\frac{U_{gm}}{U_{sm}}=\frac{1}{2}K_MU_{lm} \tag{5-62}$$

5.7.2 二极管环形混频器

我们知道,二极管组成的环形电路可用于调幅和检波,其实质是实现两个信号的相乘。因此,这种电路也可用于混频,称为二极管环形混频器(Diode Ring Mixer),又称为双平衡混频器(Double-balanced Mixer),其原理电路如图 5.34(a) 所示。可以看出,它和图 5.12 所示的二极管环形调幅器基本相同,只不过用 u_S、u_l 分别代替了后者的 u_Ω、u_c 而已。因此,在分析环形混频器时,可直接引用环形调幅器的分析结果。在实际运用时经常遇到的是大本振、小输入信号的情况,即若 $u_S=U_{sm}\cos\omega_c t$, $u_l=U_{lm}\cos\omega_l t$,则 $U_{lm}\gg U_{sm}$。在 $U_{lm}\gg U_{sm}$ 条件下,本振电压对二极管的工作起着导通和截止的开关作用,则图 5.34(a) 电路就成了**开关混频器**。显然,此时电路与二极管环形斩波调幅器相类似,则 u_O 中的组合频率分量为 $(2p+1)f_l\pm f_c$,组合频率大大减小,干扰也就大大减小了。如果 T_{r1} 的初次级匝数比为 $2\times1:1$,当接上带通滤波器(中频滤波器)时,由式(5-36)知,输出中频电压

$$u_O=\frac{4}{\pi}U_{sm}\cos\omega_g t \tag{5-63}$$

二极管环形混频器常接成图 5.34(b) 所示的形式。图中,输入信号(射频信号)的端口称为 R 端口,本振信号的端口称为 L 端口,取出中频信号(由 R_L 获得)的端口称为

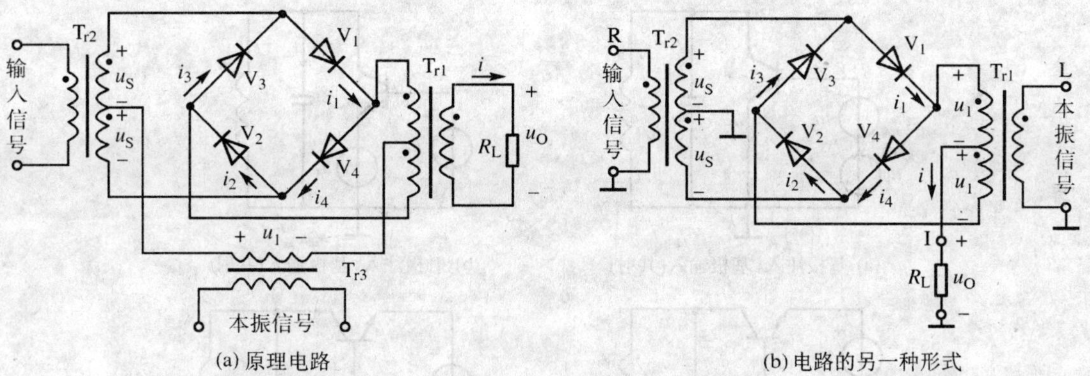

图 5.34　二极管环形混频器

I 端口。不难看出，该电路的工作原理与图 5.34(a) 电路完全相同，分析结果也基本相同，唯一不同的是输出中频电压的振幅为式(5-63)中的一半，这是由于 R_L 接法的不同引起的。

二极管环形混频器具有电路简单、噪声系数低、组合频率分量少、工作频带宽(可工作在几十千赫到几千兆赫)、动态范围大等优点。此外，分析表明，在各二极管特性一致、变压器中心抽头完全对称的理想情况下，各端口(R、L、I)之间有良好的隔离，因此本振信号不会通到R端口而从接收天线辐射出去，避免了对其他接收机的干扰。二极管环形混频器的主要缺点是变频增益低(小于1)，且非理想情况下各端口的隔离度较低。

图 5.34(b) 所示的二极管环形混频器(不含 R_L) 已做成**环形混频器组件**，且其产品形成完整的系列。这种组件由精密配对的肖特基表面势垒二极管(或砷化镓器件) 和传输线变压器组装而成，内部元件用硅胶粘接，外部用小型金属壳屏蔽，各端口的匹配阻抗均为50 Ω，应用时须接入滤波匹配网络。环形混频器组件有一个突出的特点：在其工作频率范围内，从任意两端口输入 u_S 和 u_l，就可以在第三个端口得到中频信号输出。显然，环形混频器组件也可以用于调幅、检波等，不过在用作双边带调幅时，考虑到传输线变压器的低频特性较差，u_Ω 一般加到 I 端，u_c 加到 R 端，u_{DSB} 由 L 端取出。

5.7.3　三极管混频器

三极管混频器是利用晶体三极管的非线性特性实现变频的。由于具有较高的变频增益，故在一般的接收机中，为了简化电路，还有采用三极管混频器的。

1) 电路形式

根据管子组态和本振电压注入方式的不同，三极管混频器有图 5.35 所示的四种基本形式。其中图(a) 和图(b) 都是共射混频电路，即信号电压 u_S 都是从基极输入，区别之处是本振电压 u_l 的注入点不同：图(a) 的 u_l 是从基极注入，图(b) 的 u_l 是从射极注入。图(c) 和图(d) 都是共基混频电路，即信号电压 u_S 都是从射极输入，区别之处也是本振电压 u_l 的注入点不同：图(c) 的 u_l 是从射极注入，图(d) 的 u_l 是从基极注入。图(a)、图(b) 电路应用较广，而图(c)、图(d) 电路一般只用在频率较高的调频接收机中。

应当指出，尽管上述四种形式的混频电路各具有不同的特点，但是它们的混频原理都是相同的。因为不管 u_l 的注入点和 u_S 的输入点如何不同，实际上 u_l 和 u_S 都是串接后加至管子

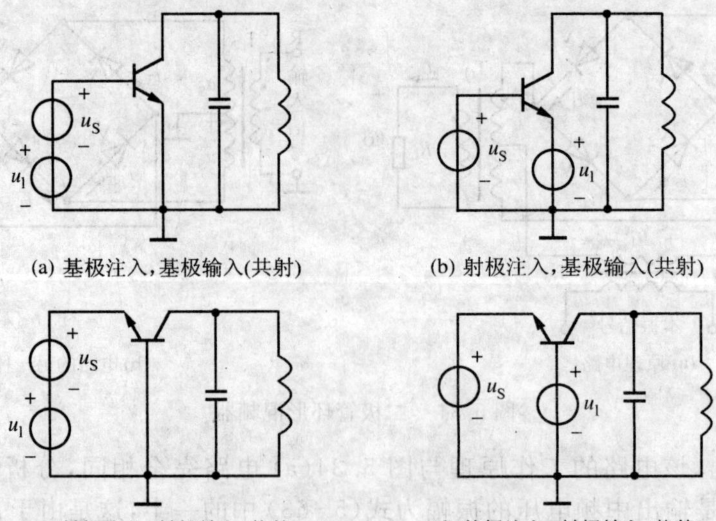

(a) 基极注入，基极输入(共射)　(b) 射极注入，基极输入(共射)

(c) 射极注入，射极输入(共基)　(d) 基极注入，射极输入(共基)

图 5.35　三极管混频器的基本形式

的发射结，利用 i_C 与 u_{BE} 的非线性关系实现频率变换的。

2) 工作原理

三极管混频器的原理电路如图 5.36 所示，实际上它就是上述的基极注入、基极输入电路。图中，L_1、C_1 为输入信号回路，调谐在 f_c 上；L_2、C_2 为输出中频回路，调谐在 f_g 上。由图可见，本振电压 u_l、信号电压 u_S 和基极偏压 V_{BB} 串接在三极管的基极和发射极之间，即

$$u_{BE} = V_{BB} + u_l + u_S \text{ ①}$$

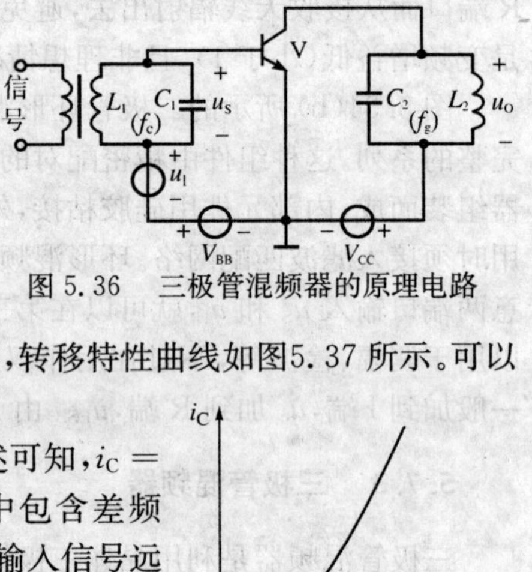

图 5.36　三极管混频器的原理电路

如果忽略 u_{CE} 对 i_C 和 u_{BE} 的影响，则 i_C 仅是 u_{BE} 的函数：$i_C = f(u_{BE})$。$i_C = f(u_{BE})$ 称为三极管的转移特性，转移特性曲线如图5.37 所示。可以看出，i_C 与 u_{BE} 的关系是非线性的。

若 $u_S = U_{sm}\cos\omega_c t$，$u_l = U_{lm}\cos\omega_l t$，由 5.6.2 节所述可知，$i_C = f(u_{BE}) = f(V_{BB} + u_l + u_S)$ 的无限多组合频率分量中包含差频 $(f_l - f_c)$ 及和频 $(f_l + f_c)$ 的频率成分。在一般情况下，输入信号远小于本振信号，即 $U_{sm} \ll U_{lm}$，可以证明，此时 i_C 中的组合频率分量仅为 pf_l 和 $pf_l \pm f_c$。若采用下混频（上混频时结论相同），则可得到 i_C 中的差频（即中频 $f_g = f_l - f_c$）分量

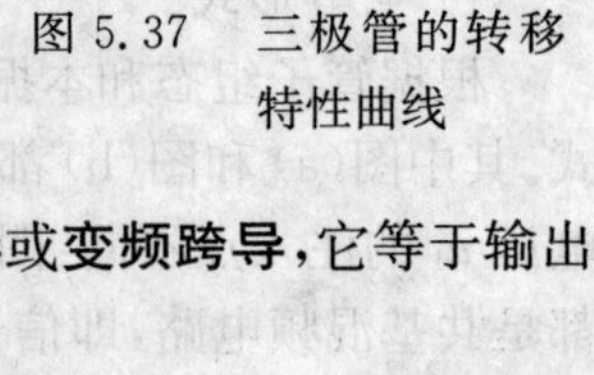

图 5.37　三极管的转移特性曲线

$$i_g = g_c U_{sm}\cos(\omega_l - \omega_c)t = I_{gm}\cos\omega_g t \qquad (5-64)$$

式中，$I_{gm} = g_c U_{sm}$ 为中频电流的振幅，而比例系数 g_c 称为**混频跨导或变频跨导**，它等于输出的中频电流振幅 I_{gm} 与输入电压振幅 U_{sm} 之比：

① 若令 $V_{BB}(t) = V_{BB} + u_l$ 为管子等效的基极偏压，则 $u_{BE} = V_{BB}(t) + u_S$，即混频器可看成以 u_S 为输入信号、但其基极偏压不断变化的电路，称为时变电路。当 u_S 为小信号时，该电路则为**线性时变电路**。用线性时变电路的分析法对混频器进行分析，本书不作介绍，读者可参阅有关文献。

$$g_c = \frac{I_{gm}}{U_{sm}} \tag{5-65}$$

由式(5－64)知，输出中频电流的振幅与输入电压振幅成正比。因此，若输入电压振幅 $U_{sm}(t)$ 按一定规律变化时，则中频电流振幅 $I_{gm}(t)$ 也按相同的规律变化。例如，若 $u_S = U_{sm}(1 + m_a\cos\Omega t)\cos\omega_c t$，则

$$i_g = g_c U_{sm}(1 + m_a\cos\Omega t)\cos\omega_g t \tag{5-66}$$

即混频器输出的中频电流也是调幅波。由于混频器的输出中频回路调谐在 f_g 上，它将抑制 i_C 中其他频率分量，故输出电压仅为中频电压，其振幅等于中频电流振幅与回路谐振电阻 R 之积。因此，混频只改变了信号的载频，其包络形状没有变化。不难得到

$$A_{uc} = -g_c R \tag{5-67}$$

显然，g_c 越大，变频增益越高，因此 g_c 是混频(或变频)电路的主要参数。g_c 与管子的静态电流 I_E、本振电压振幅 U_{lm} 有关。实验表明，当 $I_E = (0.2 \sim 1)$ mA、$U_{lm} = (50 \sim 200)$ mV 时，g_c 近似不变，并接近最大值，此时混频器的噪声系数最低。一般情况下，g_c 可按下式估算：

$$g_c = \frac{I_E/26}{2\sqrt{1 + \left(\frac{f_c}{f_T}\frac{I_E}{26}r_{bb'}\right)^2}} \tag{5-68}$$

式中，f_T 为三极管的特征频率，f_c 为输入信号的载频。

3) 实用电路举例

图 5.38(a) 为收音机的变频器电路图。图中，天线线圈 L_1 和 C_{1a}、C_2 组成的输入回路调谐在信号载频 f_c 上，从而选出所需的电台信号 u_S，经变压器 T_{r1} 输入到 V 的基极；振荡线圈 L_3 和 C_{1b}、C_5、C_6 组成的振荡回路调谐在本振频率 f_1，本振信号 u_1 从 L_3 的抽头和地之间经 C_4 注入到 V 的发射极；u_S 和 u_1 在 V 中混频。T_{r3} 为中频变压器，L_5 和 C_7 调谐在中频频率 f_g 上，故它作为 V 的负载，将选出中频电压并经 T_{r3} 输出。注意，C_3 因容量大可视为交流短路。

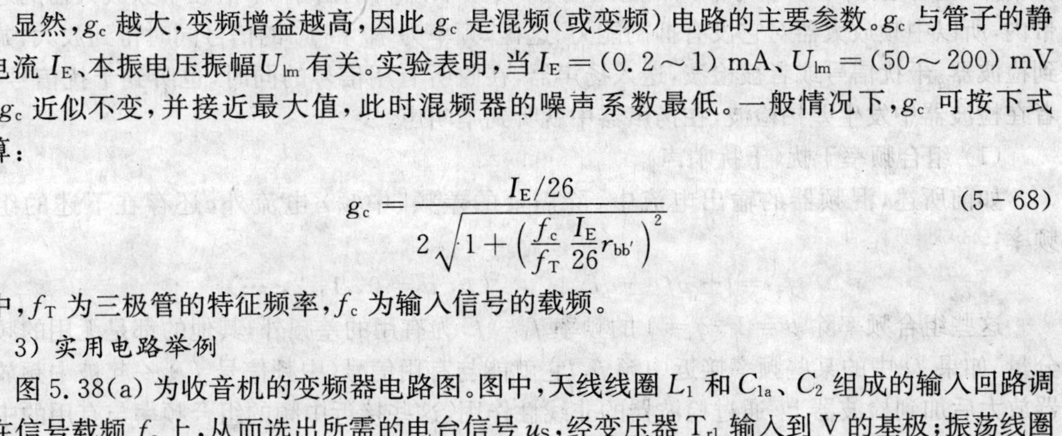

(a) 电路图　　　　(b) 本振电路(交流通路)

图 5.38　收音机的变频器电路

对于本振频率 f_1 而言，L_1 所在的回路和 L_5 所在回路均可看成短路，则 L_2 两端也可看成短路，于是可画出变频器中的本振电路(交流通路)，如图 5.38(b) 所示。由图可知，这是一个变压器反馈式振荡器，其调谐回路接在 V 的发射极，L_4 是反馈线圈。

图中 C_{1a}、C_{1b} 为双联同轴可变电容器，它们和 C_2、L_1 及 C_5、C_6、L_3 等一起，基本保证在

接收各个电台时本振频率 f_1 均高于信号载频 f_c 一个中频 f_g（$f_g = 465\ \text{kHz}$），故需对电路认真调试。

5.7.4 干扰和失真

一般情况下，由于混频器件特性的非线性，混频器将产生各种干扰和失真，下面简单加以讨论。为了叙述方便，下文中均认为混频器采用下混频，即 $f_g = f_1 - f_c$。

1）干扰

混频器的干扰大体上有组合频率干扰和副波道干扰两种，它们的产生过程是相似的：在有用的输入信号与本振信号相互作用得到中频信号（其频率为 f_g）的同时，干扰信号（或无用信号）也产生了中频或与中频相近的信号（其频率为 f'_g）。由于 f'_g 落在中频放大器的通频带内，所以中频放大器对它没有抑制能力。这样，频率为 f_g 和 f'_g 的信号同时得到放大，并送到检波器。干扰信号或者被检波，送入扬声器，在收听有用信号的同时，也听到干扰信号；或者在检波器中发生差拍检波，在扬声器中就听到啸叫声。

（1）组合频率干扰（干扰啸声）

如前所述，混频器的输出电流中，除需要的差频（中频）电流外，还存在下述的组合频率：

$$f_k = |\pm pf_1 \pm qf_c| \qquad (p,\ q = 0,\ 1,\ 2,\ \cdots)$$

这些组合频率除 $p = 1$、$q = 1$ 的频率 $f_1 - f_c$ 为有用的差频外，其他的都是无用的频率分量。如果 f_k 中的某些频率接近中频 f_g，它就能与有用信号（中频信号 f_g）一起被中频放大器放大后加到检波器上。通过检波器的非线性作用，这些接近中频的组合频率与有用的中频 f_g 发生差拍检波，产生音频，在扬声器中以啸叫的形式出现，故这种干扰称为**组合频率干扰**或**干扰啸声**。因此，组合频率干扰是指有用信号 f_c 与本振信号 f_1 的不同组合产生的干扰。

例如，某接收机的中频频率 $f_g = f_1 - f_c = 465\ \text{kHz}$，若接收 $f_c = 931\ \text{kHz}$ 的电台，此时本振频率 $f_1 = f_c + f_g = 1\,396\ \text{kHz}$。$p = 1$、$q = 2$ 的组合频率为

$$f'_g = -f_1 + 2f_c = -1\,396 + 2 \times 931 = 466\ \text{kHz}$$

f'_g 和有用的中频信号 f_g 一起被中频放大器放大后送到检波器，在检波器中进行差拍检波，产生新的频率：$\Delta f = f'_g - f_g = 1\ \text{kHz}$。$\Delta f$ 信号被放大后，在扬声器中就听到干扰啸声。

显然，组合频率只要满足下式，都会产生干扰啸声（$p = q = 1$ 除外）：

$$|\pm pf_1 \pm qf_c| = f_g \pm F$$

式中，F 为可听到的音频频率，一般 $F \ll f_g$。上式可分解为四个关系式：$pf_1 - qf_c = f_g \pm F$，$-pf_1 + qf_c = f_g \pm F$，$pf_1 + qf_c = f_g \pm F$，$-pf_1 - qf_c = f_g \pm F$。由于 $f_g = f_1 - f_c$，故后两种关系式不成立。将前两种关系式合并，且用 $f_1 = f_c + f_g$ 代入后可得

$$f_c = \frac{p \pm 1}{q - p} f_g \pm \frac{F}{q - p} \approx \frac{p \pm 1}{q - p} f_g \qquad (5-69)$$

上式为会产生干扰啸声的输入信号频率。上式表明，当中频选定后，凡某一信号频率满足上式，且落在接收频段内，都会产生干扰啸声。显然，产生干扰啸声的组合频率很多。但是，由于组合频率分量电流的振幅总是随着（$p + q$）的增加而迅速减小，因此能够产生明显干扰啸声的是 p 和 q 较小值的组合，而 p 和 q 较大值组合产生的干扰啸声一般可忽略。

（2）副波道干扰（寄生通道干扰）

如果混频器之前的输入回路和高频放大器(若接收机有高放级)的选择性不够好,则除接收的有用信号外,干扰信号也会进入混频器。这些外来干扰信号与本振信号同样也可以形成接近中频频率的组合频率干扰,人们就会听到干扰信号的声音,这种干扰称为**副波道干扰**或**寄生通道干扰**。

设外来干扰信号的频率为 f_n,对应于接收某一有用信号 f_c 时的本振频率为 f_l,则产生副波道干扰时应满足下列关系式:

$$|\pm pf_l \pm qf_n| \approx f_g$$

同样地,由于 $f_g = f_l - f_c$,则上式可分解为两个关系式:$pf_l - qf_n \approx f_g$ 和 $-pf_l + qf_n \approx f_g$。这两个关系式合并,且用 $f_l = f_c + f_g$ 代入后可得

$$f_n \approx \frac{1}{q}(pf_l \pm f_g) = \frac{1}{q}[pf_c + (p \pm 1)f_g] \quad (5-70)$$

上式为 f_c 或 f_l 确定的情况下(即接收机调谐于 f_c),形成副波道干扰的外来干扰信号频率。该式表明,理论上能形成副波道干扰的 f_n 很多。实际上,只有对应于 p 和 q 较小的干扰信号才会形成明显的副波道干扰。根据上式,产生最强副波道干扰的外来干扰信号有两个:

一个是对应于 $p=0$、$q=1$ 的干扰,此时 $f_n \approx f_g$,即干扰信号频率接近中频频率,故称为**中频干扰**。显然,对于低中频($f_g = f_l - f_c$)接收机,中频干扰易在接收频率较低的信号时发生。

另一个是对应于 $p=1$、$q=1$ 的干扰,此时有

$$f_n \approx f_l + f_g = f_c + 2f_g \quad (5-71)$$

即干扰信号的频率约比本振频率高一个中频。这个特定的干扰频率 f_n 与有用信号频率 f_c 相对于本振频率 f_l 而言,恰成镜像对称关系,即若把 f_l 比作镜面,则 f_n 恰好是 f_c 的镜像,如图 5.39 所示。因此,这个特定的频率称为镜像频率,它所引起的干扰称为镜像频率干扰,简称**镜像干扰**。

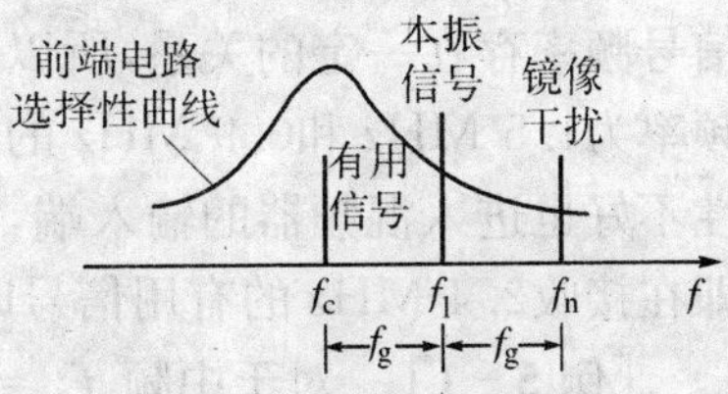

图 5.39　镜像干扰示意图

显然,镜像干扰主要在接收频率较高的信号时发生,尤其是在超短波段更易发生。

由于组合频率干扰和副波道干扰都是信号频率 f_c 或干扰频率 f_n 与本振频率 f_l 经过混频器的非线性变换后,产生接近中频 f_g 的分量而引起的,因此这类干扰是混频器特有的。

2) 失真

(1) 交调失真(Cross-modulation Distortion)

如果接收机前端电路的选择性不好,使干扰信号与有用信号同时加到混频器的输入端,则混频器除了对某些特定频率的干扰信号形成副波道干扰外,还会对任意频率的干扰信号产生交叉调制失真。

计算表明,混频器电流的中频分量振幅不但包含了有用信号的振幅,而且还包含了干扰信号的振幅,后者是由器件特性的幂级数展开式中偶次方项产生的。因此,中频电流分量的包络是在有用信号的包络上叠加了干扰信号的包络,因而产生了失真。换句话说,这种失真是将干扰信号的包络交叉地转移到输出有用中频信号上去的一种非线性失真,故称为交叉调制失真,简称**交调失真**。

当存在交调失真时，人们不仅收听到有用信号的声音，而且也收听到干扰信号的声音；若接收机对有用信号失谐使其声音减小时，干扰信号的声音也减弱；而当有用信号消失时，干扰信号也随之消失。因此，这种失真与选择性不好的邻台干扰是完全不同的。

交调失真程度随着干扰信号振幅的增大而急剧增大，而与有用信号的振幅无关，也与有用信号、干扰信号之间的频率间隔大小无关。因此，减小交调失真不能采用增大有用信号的方法，而应采用提高混频器前端电路的选择性、适当选择混频器件（如乘法器、场效应管）等方法。

(2) 互调失真(Intermodulation Distortion)

如果接收机前端电路的选择性不好，使两个（或两个以上）的干扰信号和有用信号同时加到混频器输入端，由于混频器的非线性作用，干扰信号（频率分别为 f_{n1}、f_{n2}）与本振信号（频率为 f_l）相互混频，产生的组合频率分量为 $|\pm pf_l \pm rf_{n1} \pm sf_{n2}|$。实际上，对下述的互调失真影响较大的是 $p=1$ 时的组合频率分量 $|f_l \pm rf_{n1} \pm sf_{n2}|$。若 r、s 满足

$$|f_l \pm rf_{n1} \pm sf_{n2}| \approx f_g$$

或
$$|\pm rf_{n1} \pm sf_{n2}| \approx f_l - f_g = f_c \quad (r,\ s = 0,\ 1,\ 2,\cdots) \tag{5-72}$$

时，混频器的输出存在寄生中频分量，经中放和检波后产生哨叫声。这种干扰信号彼此混频，产生接近有用信号频率的分量，从而引起混频器输出中频信号的失真，称为互相调制失真，简称**互调失真**。

互调失真是由器件特性的幂级数展开式中二次或更高次项产生的，其两个干扰频率和信号频率存在一定的关系，所以它不同于交调失真。例如，当接收2.4 MHz 的有用信号时，频率为1.5 MHz 和0.9 MHz 的两个电台（此时它们为干扰信号）因接收机前端电路的选择性不好也进入混频器的输入端，它们的和频（$r=s=1$）也为2.4 MHz，从而产生互调失真，即在接收2.4 MHz 的有用信号时，听到上述互调失真引起的哨叫声。

［例 5-1］ 对于中频 $f_g = f_l - f_c = 465$ kHz 的调幅超外差接收机，试分析下列干扰的性质：

(1) 当接收频率 $f_c = 550$ kHz 的电台时，听到频率为1 480 kHz 电台的干扰声；

(2) 当接收频率 $f_c = 1\,400$ kHz 的电台时，听到频率为700 kHz 电台的干扰声；

(3) 在收听频率 $f_c = 1\,396$ kHz 的电台时，听到哨叫声。

解 (1) 由于 $550 + 2 \times 465 = 1\,480$ kHz，所以1 480 kHz 是550 kHz 的镜像频率，此时的干扰为镜像干扰。

(2) 当 $p=1$、$q=2$ 时，由式(5-70) 得

$$f_n = \frac{1}{2}[1\,400 + (1-1) \times 465] = 700(\text{kHz})$$

因此这是 $p=1$、$q=2$ 的副波道干扰。

(3) 由于 $465 \times 3 = 1\,395$ kHz，即 $f_c \approx 3f_g$，由式(5-69) 知，当 $p=2$、$q=3$ 时，$f_c \approx 3f_g$，因此这是 $p=2$、$q=3$ 的组合频率干扰，且它们产生 $1\,396 - 1\,395 = 1$ kHz 的哨叫声。

3) 减小干扰和失真的措施

根据上述对混频器干扰和失真产生原因的分析，可以得到下述的减小干扰和失真的措施。

(1) 混频器的干扰和失真程度与干扰信号的大小有关，因此提高混频器前端电路的选择性(如天线回路和高放级的选择性)，可有效地减小干扰和失真的影响。

(2) 采用高中频，则镜像频率、中频频率和某些副波道干扰的频率离开有用信号频率很远，混频器前端电路很容易将它们滤除，故可基本上抑制镜像干扰、中频干扰和某些副波道干扰。同时，中频放大器可采用晶体滤波器作为它的中频滤波网络，以克服高中频带来的选择性差的缺点。

(3) 选择模拟乘法器和场效应管作为混频器件，可减小输出的组合频率数目，从而有效地减小或抑制干扰和失真。此外，合理选择混频管的工作点，使其主要工作在器件特性的二次方区域，也可减小干扰和失真。

(4) 采用平衡混频器、环形混频器和开关混频器，可大大减小组合频率分量，也就减小了干扰和失真。

(5) 采用二次混频的接收机，可有效地消除镜像干扰。

小结

(1) 普通调幅波的包络反映了调制信号变化的规律，其频谱包含载波和上、下边带。由于载波不含待传输的调制信号，而传输的信息存在于上边带或下边带中，因此可以抑制载波或一个边带，从而得到双边带调幅和单边带调幅。

(2) 实现调幅的方法有：模拟相乘调幅、平衡调幅、环形调幅、斩波调幅、平方律调幅、基极调幅、集电极调幅等。由于它们各自具有不同的特点，因此分别适用于不同的场合。

(3) 检波器有同步检波器和包络检波器两大类。同步检波器可用于各种调幅信号的检波，不足之处是需要与输入载波同频同相的同步信号，故电路复杂，常用于单边带通信设备中。大信号包络检波器性能好、电路简单，故在普通调幅波的检波中得到了广泛的应用，但它存在惰性失真和负峰切割失真，必须正确选择电路元件以避免这两种失真。

(4) AGC 电路是接收机的重要辅助电路之一，它使接收机的输出信号在输入信号变化很大时能基本稳定，故得到广泛的应用。

(5) 变频器仅改变信号的载频，而不改变信号频谱的内部结构，因此是频谱搬移电路。混频电路有模拟相乘混频器、环形混频器和三极管混频器。由于混频电路中存在特有的干扰和失真，因此必须采取措施予以减小甚至消除。

习题五

5-1　画出下列已调波的波形和频谱图(设 $\omega_c = 5\ \Omega$)。

(1) $u(t) = (1 + \sin\Omega t)\sin\omega_c t$ V；

(2) $u(t) = 2\cos\Omega t \sin\omega_c t$ V。

5-2　已知某调幅波的最大振幅为10 V，最小振幅为6 V，求其调幅系数 m_a。

5-3　若单频调幅波的载波功率 $P_c = 1\ 000$ W，调幅系数 $m_a = 0.3$。求：(1) 边频功率 P_{sb}；(2) 平均功率(即总功率)P_{av}；(3) 最大瞬时功率 P_{max}。

5-4　某调幅广播电台的载频为1 300 kHz，音频调制信号的频率为100 Hz ～ 4 kHz，求其频率分布范围和带宽。

5-5　某调幅发射机未调制时发射功率为9 kW，当载波被正弦波调幅时，发射功率为10.125 kW，求调幅度 m_a。如果同时又用另一正弦信号对它进行 40% 的调幅，求此时的发射功率。

5-6　某非线性器件的伏安特性为 $i = a_1u + a_3u^3$，试问它能否实现调幅？为什么？如若不能，则非线性器件的伏安特性应具有什么形式才能实现调幅？

5-7　试求下列调幅波的载频、调制信号频率、带宽及在单位电阻上消耗的平均功率 P_{av}。

(1) $u(t) = 2\cos10^5\pi t + 0.1\cos9\times10^4\pi t + 0.1\cos11\times10^4\pi t$ V；

(2) $u(t) = 4\cos2\times10^6\pi t + 1.6\cos2\,002\times10^3\pi t + 0.4\cos202\times10^4\pi t + 1.6\cos1\,998\times10^3\pi t + 0.4\cos198\times10^4\pi t$ V。

*5-8　调幅波 $u(t) = 10(1 + 0.5\cos2\,000\pi t + 0.1\cos6\,000\pi t)\sin10^7\pi t$ V，若把它加到 $R_L = 10\ \Omega$ 的电阻负载上，求：

(1) 负载电流的频带宽度，画出频谱图；

(2) 负载电流的载波分量和载波功率；

(3) 负载中调幅波电流的有效值和功率。

*5-9　图 P5.1 示出了两个二极管调制电路，其中调制信号 $u_\Omega = U_{\Omega m}\cos\Omega t$，载波 $u_c = U_{cm}\cos\omega_c t$，且 $U_{cm} \gg U_{\Omega m}$，二极管 V_1、V_2 的特性完全相同。

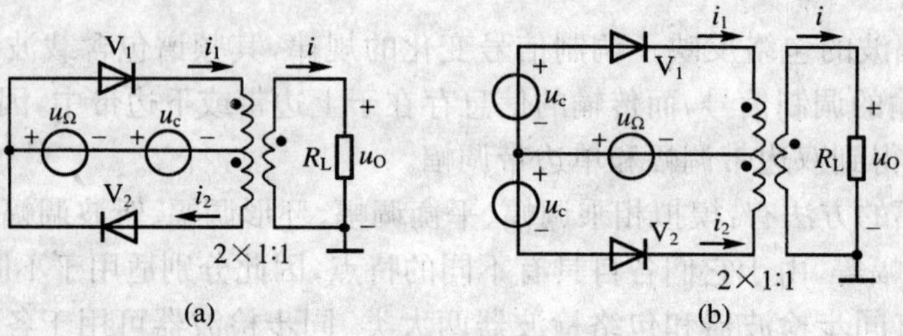

图 P5.1

(1) 哪个电路能实现 AM 调幅？哪个电路能实现 DSB 调幅？为什么？

(2) 若把图中的二极管 V_2 的极性接反，问电路还能实现原来的功能吗？为什么？

5-10　下列的非线性器件各能实现哪一种调幅？比较它们的调幅性能。设 $u_c = U_{cm}\cos\omega_c t$，$u_\Omega = U_{\Omega m}\cos\Omega t$，且 $\omega_c \gg \Omega$。

(1) 三极管，其转移特性为 $i_C = a_0 + a_1u_{BE} + a_2u_{BE}^2 + a_3u_{BE}^3$，其中 $u_{BE} = V_{BB} + u_c + u_\Omega$；

(2) 场效应管，其转移特性为 $i_D = I_{DSS}(1 - u_{GS}/U_{GS(off)})^2$，其中 $u_{GS} = V_{GG} + u_c + u_\Omega$，且 $|u_{GS}| < |U_{GS(off)}|$；

(3) 模拟乘法器，其特性为 $i = K_M u_c u_\Omega$。

5-11　当采用相移法实现单边带调幅时，若要求上边带信号传输的调制信号为 $u_{\Omega1} = U_{\Omega m1}\cos\Omega_1 t$，下边带信号传输的调制信号为 $u_{\Omega2} = U_{\Omega m2}\cos\Omega_2 t$，试画出其实现方框图。

*5-12　在图 P5.2 所示的场效应管调幅电路中，$u_c = U_{cm}\cos\omega_c t$，$u_\Omega = U_{\Omega m}\cos\Omega t$，且 $\Omega \ll \omega_c$，输出回路调谐在 f_c 上，其通带宽度为 $2F$，谐振电阻 $R = 5$ kΩ。场效应管参数 $I_{DSS} = 10$ mA，$U_{GS(off)} = -4$ V，又 $U_{cm} = 1.5$ V，$U_{\Omega m} = 0.5$ V，$V_{DD} = 20$ V，$-V_{GG} = -2$ V。求输出电压 u_O（提示：当 $f = f_c \pm F$ 时，输出回路的阻抗为 $f = f_c$ 时的 $1/\sqrt{2}$，且相移为 $\mp\pi/4$）。

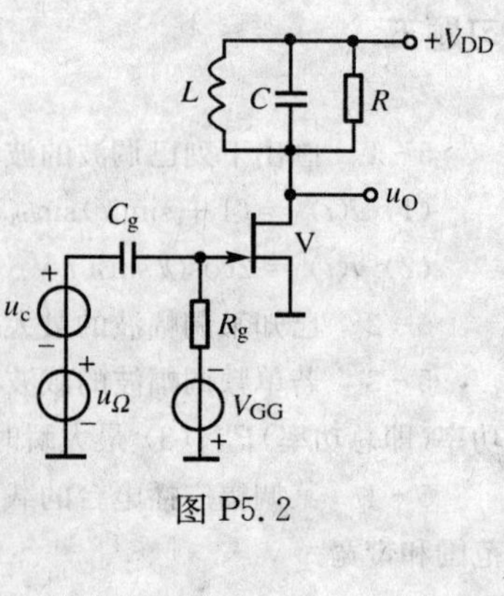

图 P5.2

5-13　一非线性器件的伏安特性为 $i = a_1u + a_2u^2$，式中，$u = u_c + u_\Omega$。设 $u_c = U_{cm}\cos\omega_c t$，当 u_Ω 为下列情况时，试求电流 i 中的组合频率分量 $\pm pf_c \pm qF$（即指出 p、q 的组合）。

(1) $u_\Omega = U_{\Omega m}\cos\Omega t + \frac{1}{2}U_{\Omega m}\cos 2\Omega t$，且 $\Omega \ll \omega_c$；

*(2) u_Ω 是重复角频率为 Ω 的对称方波，如图 P5.3 所示，且 $\Omega \ll \omega_c$。

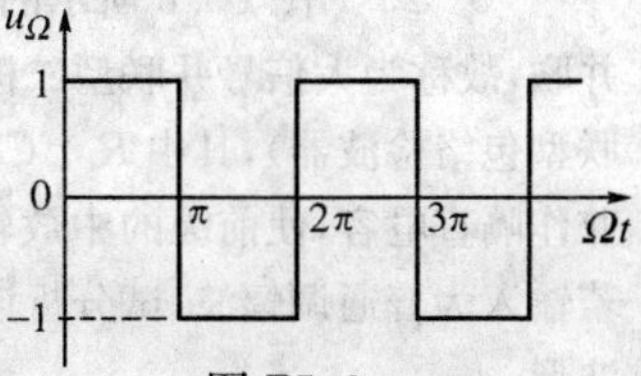

图 P5.3

*5－14　为了克服滤波法单边带调幅电路对滤波器特性的过高要求，可采用多次平衡调幅的方案，如图 P5.4 所示。设调制频率 $F = 5$ kHz，u_{c1}、u_{c2}、u_{c3} 的载频分别为 $f_{c1} = 20$ kHz、$f_{c2} = 200$ kHz、$f_{c3} = 2$ MHz，求 u_O 中的边频频率。

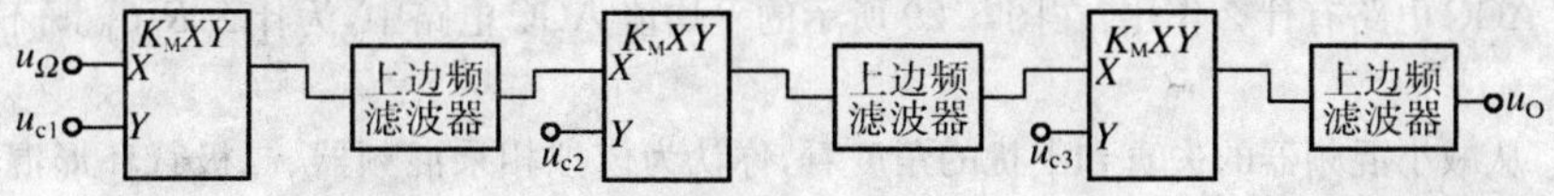

图 P5.4

5－15　为什么检波电路要用非线性器件？如果在图 5.20 所示的检波电路中将二极管的极性反接，能否起到检波作用？其输出电压波形与原电路有什么不同？

5－16　一非线性器件在静态工作点上的伏安特性为 $i = ku^2$（k 为常数）。当下列几种形式的信号分别作用于该器件时，若由低通滤波器取出 i 中的低频分量，问能否实现不失真的解调？

(1) $u = U_m(1 + m_a\cos\Omega t)\cos\omega_c t$；　(2) $u = U_m\cos\omega_c t + \frac{1}{2}m_aU_m\cos(\omega_c - \Omega)t$；

(3) $u = m_aU_m\cos\Omega t\cos\omega_c t$；　(4) $u = \frac{1}{2}m_aU_m\cos(\omega_c + \Omega)t$。

5－17　大信号二极管包络检波器如图 5.20 所示（C_c、R_{i2} 不考虑），设 $R_L = 10$ kΩ，$m_a = 0.3$。

(1) 若载频 $f_c = 465$ kHz，调制信号最高频率 $F_{max} = 3\,400$ Hz，问 C_L 如何选择？检波器输入电阻 R_i 等于多少？

(2) 若 $f_c = 30$ MHz，$F_{max} = 0.3$ MHz，则 C_L 应选多大？此时 R_i 等于多少？

5－18　大信号二极管包络检波器的 $R_L = 220$ kΩ，$C_L = 100$ pF，设 $F_{max} = 6$ kHz，为避免出现惰性失真，最大调幅度应为多少？

5－19　图 5.20 所示检波器中，若输入电压 $u_I = 25(1 + 0.6\sin 2\pi Ft)\cos 2\pi f_c t$ V，且 $R_L = 250$ kΩ，$C_L = 100$ pF，$C_c = 1$ μF（对 F 交流短路），$R_{i2} = 400$ kΩ。设 $K_d = 0.8$，求：

(1) 检波器的输入电阻 R_i；

(2) R_{i2} 上的信号电压振幅 $U_{\Omega m}$；

(3) C_c 上的直流电压 U_O。

5－20　图 5.20 所示检波器中，$C_L = 0.01$ μF，$R_L = 4.7$ kΩ，$C_c = 20$ μF，$R_{i2} = 2.6$ kΩ，最高调制频率 $F_{max} = 5$ kHz。问：

(1) 为了避免负峰切割失真，调幅度应为多大？

(2) 为了避免惰性失真，调幅度应为多大？

(3) 同时避免这两种失真，调幅度应为多大？

*5－21　图 5.20 所示检波器中（C_c、R_{i2} 不考虑），二极管的正向电阻 $r_d = 80$ Ω（设开启电压 $U_{on} = 0$），$R_L = 4.7$ kΩ，$u_I = U_{im}\cos\omega_c t$。如果负载电容 C_L 开路，求电压传输系数 K_d 和输入电阻 R_i。

5－22　在图 P5.5 所示检波电路中，$R_1 = 510$ Ω，$R_2 = 4.7$ kΩ，$R_{i2} = 1$ kΩ，输入信号电压 $u_I(t) = 0.5(1 + 0.3\cos 10^3 t)\cos 10^7 t$ V。问可变电阻 R_2 的动臂在中心位置和最高位置时，会不会产生负峰切割失真？

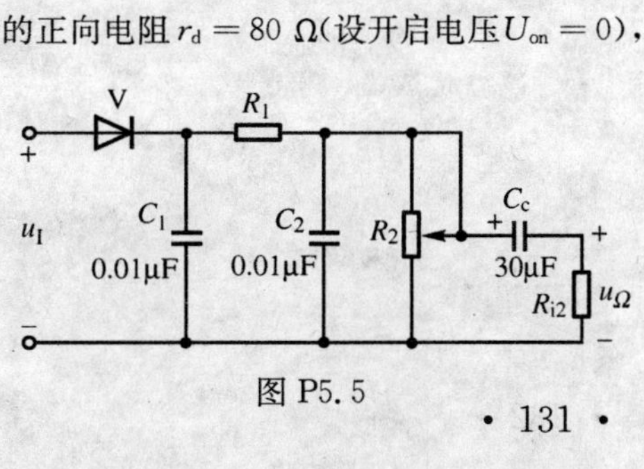

图 P5.5

*5-23　图 P5.6 所示的检波电路，由于二极管和负载电阻并联，故称为大信号并联型二极管包络检波器（图 5.20 则称为串联型包络检波器），其中 R_1、C_1 为低通滤波器，检波负载电容 C_L 兼作隔直电容，使前级的中放输出可直接接到检波器的输入端。若输入为普通调幅波，试分析该电路的工作原理，画出 u_C 和 u_O 的波形。

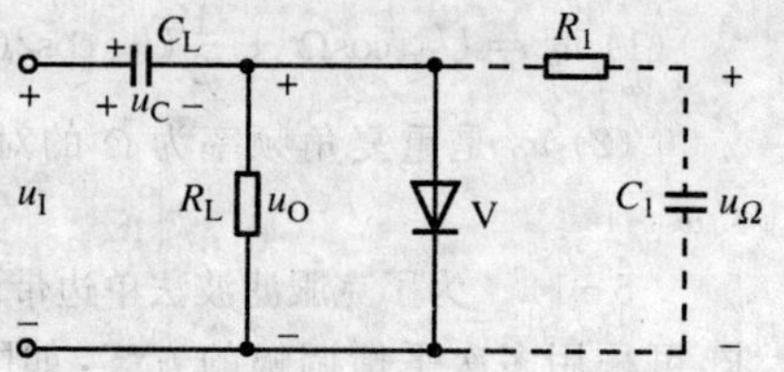

图 P5.6

5-24　在同步检波器中，为什么参考电压应与输入载波同频同相？二者不同频将对检波有什么影响？二者不同相又会对检波产生什么影响？

5-25　AGC 电路有什么作用？在图 5.29 所示的平均值 AGC 电路中，为什么 $R_P C_P$ 既不能太大又不能太小？

5-26　从减小混频器的失真和干扰的角度看，你认为模拟相乘混频器、二极管环形混频器和三极管混频器哪个性能更好些？

5-27　有一超外差收音机，中频频率 $f_g = f_l - f_c = 465$ kHz，试分析下列现象属于何种干扰，又是如何形成的。

(1) 当收听 $f_c = 570$ kHz 的电台时，听到频率为1 500 kHz 的强电台播音；

(2) 当收听 $f_c = 929$ kHz 的电台时，伴有频率为1 kHz 的啃叫声；

(3) 当收听 $f_c = 1\,500$ kHz 的电台播音时，听到频率为750 kHz 的强电台播音。

5-28　超外差收音机的接收频率范围为 535 ～ 1 605 kHz，中频频率 $f_g = f_l - f_c = 465$ kHz。试问当收听 $f_c = 700$ kHz 电台的播音时，除了调谐在700 kHz 频率刻度上能接收到外，还可能在接收频段内的哪些频率刻度上收听到这个电台的播音？写出其中最强的两个。

*5-29　有两个广播电台，其中甲台的频率为774 kHz，乙台的频率为1 035 kHz，中频 $f_g = f_l - f_c = 465$ kHz。问它们对接收频段为 2 ～ 12 MHz 的短波收音机的哪些接收频率将产生互调失真？

6 调角与解调

调角（包括调频和调相）与解调（包括鉴频和鉴相）电路属于频谱非线性变换电路，它们的实现方法与前述的频谱搬移电路不同。本章首先讨论调角波的基本性质，接着分析调角电路（主要是调频电路）与调角波解调电路（主要是鉴频电路）的工作原理及其性能特点，最后介绍自动频率控制的概念及其应用。

6.1 调角波的基本性质

调角时，高频载波的频率或相位都在不断地变化。为此，首先需要建立瞬时频率和瞬时相位的概念，再讨论调角波的基本性质。

6.1.1 瞬时频率和瞬时相位

我们知道，如果一个信号的频率 ω① 不变，则其相位

$$\varphi(t) = \omega t + \varphi_0 \tag{6-1}$$

式中，φ_0 为初始相位，即 $t=0$ 时的相位。但若信号的频率不断变化，则必须引入瞬时频率

$$\omega(t) = \frac{\mathrm{d}\varphi(t)}{\mathrm{d}t} \tag{6-2}$$

此时的相位为瞬时相位，它可用下式表示：

$$\varphi(t) = \int \omega(t)\mathrm{d}t = \int_0^t \omega(t)\mathrm{d}t + \varphi_0 \tag{6-3}$$

显然，式(6-3)包含了频率不变时相位与频率的关系式(6-1)，因此适应性更强。瞬时频率和瞬时相位的关系，与物理学中的瞬时速度和位移的关系非常相似。

在引入瞬时频率和瞬时相位后，高频振荡的电压 $u(t)$ 可用下式表示：

$$u(t) = U_{\mathrm{m}}\cos\varphi(t) = U_{\mathrm{m}}\cos\left(\int \omega(t)\mathrm{d}t\right) = U_{\mathrm{m}}\cos\left(\int_0^t \omega(t)\mathrm{d}t + \varphi_0\right)$$

6.1.2 调角波的数学表达式、频偏和相偏

设高频载波 $u_{\mathrm{c}}(t)$ 的表达式为

$$u_{\mathrm{c}}(t) = U_{\mathrm{cm}}\cos\varphi(t) = U_{\mathrm{cm}}\cos(\omega_{\mathrm{c}}t + \varphi_0) \tag{6-4}$$

式中，φ_0 为载波的初始相位，有时为简单起见，可取 $\varphi_0 = 0$。下面分别讨论在调制信号 $u_\Omega(t)$ 的作用下，相应的调频波和调相波的表达式、频偏和相偏。

1）调频波

调频波信号简称调频信号或调频波。调频时，载波的振幅不变，而瞬时频率将随调制信

① 频率和角频率相差 2π 倍，本书为方便起见，不再对它们加以区分，而统称为频率。

号 $u_{\Omega}(t)$ 线性地变化。由于 $u_{\Omega}(t)$ 为零时调频波的瞬时频率 $\omega(t)$ 应等于载频 ω_c，则

$$\omega(t)=\omega_c+k_f u_{\Omega}(t)=\omega_c+\Delta\omega(t) \tag{6-5}$$

式中，k_f 是一个与调频电路有关的比例常数，单位为 rad/(s·V)，称为**调频灵敏度**；ω_c 为未调制时的载频，称为调频波的**中心频率**；$\Delta\omega(t)=\omega(t)-\omega_c=k_f u_{\Omega}(t)$ 是瞬时频率相对于中心频率的偏移，称为瞬时频率偏移，简称**频偏**（或**频移**）。$\Delta\omega(t)$ 的最大值称为**最大频偏**(Maximum Frequency Deviation)，用 $\Delta\omega_m$ 表示，即

$$\Delta\omega_m=k_f\mid u_{\Omega}(t)\mid_{\max} \tag{6-6}$$

利用式(6-3)可求出调频波的瞬时相位

$$\varphi(t)=\int_0^t[\omega_c+k_f u_{\Omega}(t)]\mathrm{d}t+\varphi_0=\omega_c t+\varphi_0+k_f\int_0^t u_{\Omega}(t)\mathrm{d}t$$
$$=\omega_c t+\varphi_0+\Delta\varphi(t) \tag{6-7}$$

式中，$\Delta\varphi(t)=\varphi(t)-(\omega_c t+\varphi_0)=k_f\int_0^t u_{\Omega}(t)\mathrm{d}t$ 是瞬时相位相对于载波相位的偏移，称为瞬时相位偏移，简称**相偏**（或**相移**）。$\Delta\varphi(t)$ 的最大值称为**最大相偏**(Maximum Phase Deviation)，用 $\Delta\varphi_m$ 表示，即

$$\Delta\varphi_m=k_f\left|\int_0^t u_{\Omega}(t)\mathrm{d}t\right|_{\max} \tag{6-8}$$

若取初始相位 $\varphi_0=0$，则调频波的表达式为

$$u_{FM}(t)=U_{cm}\cos\varphi(t)=U_{cm}\cos(\omega_c t+k_f\int_0^t u_{\Omega}(t)\mathrm{d}t) \tag{6-9}$$

可见，调频波是一个等幅的疏密波，其瞬时频率的变化（即频偏 $\Delta\omega(t)$）反映了调制信号变化的规律。

如果调制信号为单频信号，即 $u_{\Omega}(t)=U_{\Omega m}\cos\Omega t$，则可得到：

$$u_{FM}(t)=U_{cm}\cos\left(\omega_c t+\frac{k_f U_{\Omega m}}{\Omega}\sin\Omega t\right)=U_{cm}\cos(\omega_c t+m_f\sin\Omega t) \tag{6-10}$$

式中，m_f 称为**调频指数**(Frequency Modulation Index)，显然它等于最大相偏，即

$$m_f=\Delta\varphi_m=\frac{k_f U_{\Omega m}}{\Omega} \tag{6-11}$$

最大频偏

$$\Delta\omega_m=k_f U_{\Omega m}=m_f\Omega \tag{6-12}$$

2) 调相波

调相波信号简称调相信号或调相波。调相时，载波的振幅不变，而瞬时相位将随调制信号 $u_{\Omega}(t)$ 线性地变化。由于 $u_{\Omega}(t)$ 为零时调相波的瞬时相位 $\varphi(t)$ 应等于载波的相位($\omega_c t+\varphi_0$)，则

$$\varphi(t)=\omega_c t+\varphi_0+k_p u_{\Omega}(t)=\omega_c t+\varphi_0+\Delta\varphi(t) \tag{6-13}$$

式中，k_p 是一个与调相电路有关的比例常数，单位为 rad/V，称为**调相灵敏度**；$\Delta\varphi(t)=k_p u_{\Omega}(t)$ 为相偏。最大相偏

$$\Delta\varphi_m=k_p\mid u_{\Omega}(t)\mid_{\max} \tag{6-14}$$

若取初始相位 $\varphi_0=0$，则调相波表达式为

$$u_{PM}(t)=U_{cm}\cos\varphi(t)=U_{cm}\cos(\omega_c t+k_p u_{\Omega}(t)) \tag{6-15}$$

利用式(6-2)、式(6-13)可求出调相波的瞬时频率

$$\omega(t)=\omega_c+k_p\frac{du_\Omega(t)}{dt}=\omega_c+\Delta\omega(t) \tag{6-16}$$

式中，$\Delta\omega(t)=\omega(t)-\omega_c=k_p du_\Omega(t)/dt$ 为其频偏，而最大频偏

$$\Delta\omega_m=k_p\left|\frac{du_\Omega(t)}{dt}\right|_{max} \tag{6-17}$$

可见，调相波也是一个等幅的疏密波，其瞬时相位的变化（即相偏 $\Delta\varphi(t)$）反映了调制信号的变化规律。

如果调制信号为单频信号，即 $u_\Omega(t)=U_{\Omega m}\cos\Omega t$，则可得到

$$u_{PM}(t)=U_{cm}\cos(\omega_c t+k_pU_{\Omega m}\cos\Omega t)=U_{cm}\cos(\omega_c t+m_p\cos\Omega t) \tag{6-18}$$

式中，m_p 称为**调相指数**，它也等于最大相偏，即

$$m_p=\Delta\varphi_m=k_pU_{\Omega m} \tag{6-19}$$

m_p 的单位为 rad。最大频偏

$$\Delta\omega_m=k_pU_{\Omega m}\Omega=m_p\Omega \tag{6-20}$$

由式(6-9)和式(6-15)可以看出，若先对调制信号 $u_\Omega(t)$ 进行积分，再用积分后的信号对载波进行调相，就得到 $u_\Omega(t)$ 的调频波；反之，若先对 $u_\Omega(t)$ 进行微分（求导），再用微分后的信号对载波进行调频，就得到 $u_\Omega(t)$ 的调相波。

3）调频波与调相波的比较

综上所述，可得到调频波和调相波的比较，如表 6-1 所示。

表 6-1　调频波和调相波的比较

调制信号 $u_\Omega(t)=U_{\Omega m}\cos\Omega t$　　载波 $u_c(t)=U_{cm}\cos\omega_c t$（设 $\varphi_0=0$）		
	调频波	调相波
瞬时频率 $\omega(t)$	$\omega_c+k_fu_\Omega(t)=\omega_c+k_fU_{\Omega m}\cos\Omega t$ $=\omega_c+\Delta\omega_m\cos\Omega t$	$\omega_c+k_p\frac{du_\Omega(t)}{dt}=\omega_c-k_pU_{\Omega m}\Omega\sin\Omega t$ $=\omega_c-\Delta\omega_m\sin\Omega t$
瞬时相位 $\varphi(t)$	$\omega_c t+k_f\int_0^t u_\Omega(t)dt=\omega_c t+\frac{k_fU_{\Omega m}}{\Omega}\sin\Omega t$ $=\omega_c t+m_f\sin\Omega t$	$\omega_c t+k_pu_\Omega(t)=\omega_c t+k_pU_{\Omega m}\cos\Omega t$ $=\omega_c t+m_p\cos\Omega t$
数学表达式	$u_{FM}(t)=U_{cm}\cos(\omega_c t+k_f\int_0^t u_\Omega(t)dt)$ $=U_{cm}\cos(\omega_c t+m_f\sin\Omega t)$	$u_{PM}(t)=U_{cm}\cos(\omega_c t+k_pu_\Omega(t))$ $=U_{cm}\cos(\omega_c t+m_p\cos\Omega t)$
调制指数	$m_f=\frac{k_fU_{\Omega m}}{\Omega}=\frac{\Delta\omega_m}{\Omega}=\frac{\Delta f_m}{F}$	$m_p=k_pU_{\Omega m}=\frac{\Delta\omega_m}{\Omega}=\frac{\Delta f_m}{F}$
最大频偏 $\Delta\omega_m$	$k_f\mid u_\Omega(t)\mid_{max}=k_fU_{\Omega m}=m_f\Omega$	$k_p\left\|\frac{du_\Omega(t)}{dt}\right\|_{max}=k_pU_{\Omega m}\Omega=m_p\Omega$
最大相偏 $\Delta\varphi_m$	$k_f\left\|\int_0^t u_\Omega(t)dt\right\|_{max}=m_f$	$k_p\mid u_\Omega(t)\mid_{max}=m_p$

为了清楚地看出调频波和调相波的区别，图 6.1 画出了调制信号 $u_\Omega(t)$ 为周期重复的三角波时，调频波和调相波相应的频偏 $\Delta\omega(t)$、相偏 $\Delta\varphi(t)$ 和本身的波形。由图可以看出，调频时，频偏反映了 $u_\Omega(t)$ 变化的规律，而相偏正比于 $u_\Omega(t)$ 的积分（波形为抛物线）；调相时，相

偏反映了 $u_\Omega(t)$ 变化的规律，而频偏正比于 $u_\Omega(t)$ 的导数(波形为方波)。还可看出，虽然调频波和调相波都是等幅的疏密波，但它们疏密的变化规律(反映了 $\omega(t)$ 的变化)却不同。

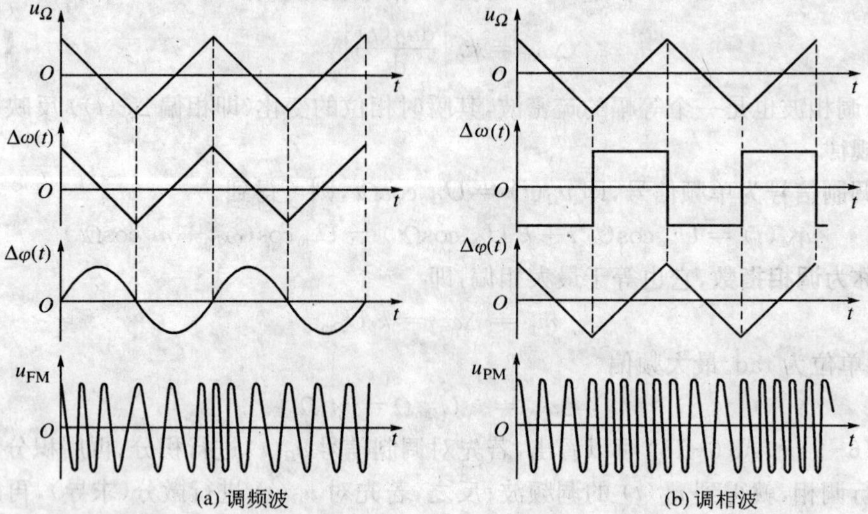

图 6.1　调制信号为三角波时的调频波与调相波的波形

由表 6-1 可以看出，无论是调频波还是调相波，最大频偏与调制指数之间的关系都具有相同的方式。若 m_f 和 m_p 都用 m 表示，则有

$$\left.\begin{aligned}\Delta\omega_m &= m\Omega \\ \text{或}\quad \Delta f_m &= mF\end{aligned}\right\} \qquad (6-21)$$

式中，$\Delta f_m = \Delta\omega_m/2\pi$，$F = \Omega/2\pi$。但是，调频波和调相波的 $\Delta\omega_m$ 和 m 随 $U_{\Omega m}$ 和 Ω 的变化规律不同。由表 6-1 知，调频波的 $\Delta\omega_m$ 与 $U_{\Omega m}$ 成正比，而与 Ω 无关；m_f 则与 $U_{\Omega m}$ 成正比，而与 Ω 成反比。调相波的 m_p 与 $U_{\Omega m}$ 成正比，而与 Ω 无关；$\Delta\omega_m$ 则与 $U_{\Omega m}$ 和 Ω 的乘积成正比。

由于调频波的 Δf_m 与 F 无关，而调相波的 Δf_m 与 F 成正比，下面我们将看到，调频波的频带宽度对于不同的 F 几乎不变，而调相波的频带宽度则随 F 的不同有很大的变化，因此在频带的利用方面调频具有调相无法比拟的优点，这就使得在模拟通信系统中调频的应用远比调相广泛得多。因此，本章重点讨论调频和鉴频电路。但是，由于调频和调相有着密切的关系，例如，它们的数学表达式很相似，调频可以通过调相实现等，因此在讨论调频和鉴频电路时，也会涉及到调相和鉴相电路。

[例 6-1]　设载频 $f_c = 12$ MHz，载波振幅 $U_{cm} = 5$ V，调制信号 $u_\Omega(t) = 1.5\sin 6\,280t$ V，调频灵敏度 $k_f = 25$ kHz/V，试导出调频波表达式，并求：(1) 调制信号频率和调频波中心频率；(2) 最大频偏、调频指数和最大相偏；(3) 调制信号频率减半时的最大频偏和最大相偏；(4) 调制信号振幅加倍时的最大频偏和最大相偏。

解　由于 $u_\Omega(t) = U_{\Omega m}\sin\Omega t$，其中 $U_{\Omega m} = 1.5$ V，$\Omega = 6\,280$ rad/s，则

$$\varphi(t) = \omega_c t + k_f\int_0^t U_{\Omega m}\sin\Omega t\,dt = \omega_c t - \frac{k_f U_{\Omega m}}{\Omega}\cos\Omega t \quad (\text{设 } \varphi_0 = 0)$$

故

$$u_{FM}(t) = U_{cm}\cos\varphi(t) = U_{cm}\cos\left(\omega_c t - \frac{k_f U_{\Omega m}}{\Omega}\cos\Omega t\right)$$

将有关数据代入，得

$$u_{FM}(t) = 5\cos(2.4\times 10^7\pi t - 37.5\cos 6\,280t)\ \text{V}$$

(1) 由上式知，$\Omega = 6\,280$ rad/s，故调制信号频率 $F = \Omega/2\pi = 1$ kHz，而调频波中心频率 $f_c = 12$ MHz。

(2) 由于 $U_{\Omega m} = 1.5$ V，故最大频偏

$$\Delta f_m = k_f U_{\Omega m}/2\pi = 2\pi\times 25\times 10^3\times 1.5/2\pi = 37.5\times 10^3(\text{Hz}) = 37.5\ \text{kHz}$$

由 $u_{FM}(t)$ 表达式可得

$$m_f = \Delta\varphi_m = 37.5\ \text{rad}$$

(3) 根据调频波的特点，调制信号频率减半时 Δf_m 不变，即 $\Delta f_m = 37.5$ kHz；但 $\Delta\varphi_m$ 加倍，即 $\Delta\varphi_m = 75$ rad。

(4) 根据调频波的特点，调制信号振幅加倍时 Δf_m 也加倍，即 $\Delta f_m = 75$ kHz；而 $\Delta\varphi_m$ 也加倍，即 $\Delta\varphi_m = 75$ rad。

6.1.3 调角波的频谱与带宽

由于单频信号调制时调频波和调相波的数学表达式很相似，它们的频谱结构也很相似，而且它们的分析方法又是相同的，因此，只要分析了调频波的频谱和频谱宽度（即带宽），则其结论对调相波也是适用的。

1) 调频波的频谱

下面分析单频信号调制时的调频波的频谱。由式(6-10)得

$$\begin{aligned} u_{FM}(t) &= U_{cm}\cos(\omega_c t + m_f\sin\Omega t) \\ &= U_{cm}\cos\omega_c t\cos(m_f\sin\Omega t) - U_{cm}\sin\omega_c t\sin(m_f\sin\Omega t) \end{aligned}$$

由于 $\sin\Omega t$ 为周期函数，因此 $\cos(m_f\sin\Omega t)$ 和 $\sin(m_f\sin\Omega t)$ 也是周期函数，则它们都可展开成傅立叶级数。数学分析表明，上式可进一步展开为

$$\begin{aligned} u_{FM}(t) = {} & U_{cm}J_0(m_f)\cos\omega_c t + U_{cm}J_1(m_f)[\cos(\omega_c+\Omega)t - \cos(\omega_c-\Omega)t] + \\ & U_{cm}J_2(m_f)[\cos(\omega_c+2\Omega)t + \cos(\omega_c-2\Omega)t] + \\ & U_{cm}J_3(m_f)[\cos(\omega_c+3\Omega)t - \cos(\omega_c-3\Omega)t] + \\ & U_{cm}J_4(m_f)[\cos(\omega_c+4\Omega)t + \cos(\omega_c-4\Omega)t] + \cdots \end{aligned} \qquad (6-22)$$

式中，$J_n(m_f)$ 表示宗数为 m_f 的第一类贝塞尔函数，其数值可由表或曲线查出。图 6.2 画出了 $J_n(m_f)$ 随 m_f 变化的曲线。由该图可以看出：当 m_f 改变时，$J_n(m_f)$ 的值可能为正、负或零；当 m_f 为某一定值时，随着 n 的增加，$J_n(m_f)$ 的值虽有起伏，但总的趋势是减小的，特别是 n 较大时，$J_n(m_f)$ 将随 n 的增加而迅速下降（指绝对值）。

由式(6-22)可以看到，单频信号调制的调频波，其频谱是由载波分量和无数对边频分量 $\omega_c \pm n\Omega(n = 0, 1, 2, \cdots)$ 所组成，各分量的间隔为 Ω。其中，n 为奇数的上、下边频分量的振幅相等，极性相反；n 为偶数的上、下边频分量振幅相等，极性相同；第 n 个边频分量的振幅为 $U_{cm}J_n(m_f)$。根据图 6.2 所示的贝塞尔函数的特性可知，边频分量的振幅随着 n 的增大而趋于减小；调频指数 m_f 越大，具有较大振幅的边频分量就越多；对于某些 m_f 值，载波或某些边频分量的振幅为零。图 6.3 示出了 $m_f = 0.5$、1、2.4 和 3 时调频波的频谱。因此，调频波是一种将调制信号的频谱进行特定的非线性变换的已调波，而调频电路则是一种频谱非线性变换电路。

根据式(6-22)和贝塞尔函数的性质，可以求得调频波在单位电阻上的平均功率为

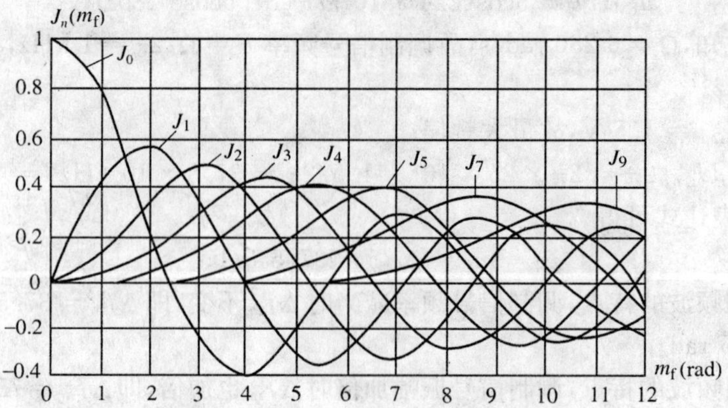

图 6.2　$\mathrm{J}_n(m_\mathrm{f})$ 与 m_f 的关系曲线

$$P_{\mathrm{av}}=\frac{1}{2}U_{\mathrm{cm}}^2[\mathrm{J}_0^2(m_\mathrm{f})+2\mathrm{J}_1^2(m_\mathrm{f})+2\mathrm{J}_2^2(m_\mathrm{f})+\cdots+$$
$$2\mathrm{J}_n^2(m_\mathrm{f})+\cdots]=\frac{1}{2}U_{\mathrm{cm}}^2=P_\mathrm{c} \qquad (6-23)$$

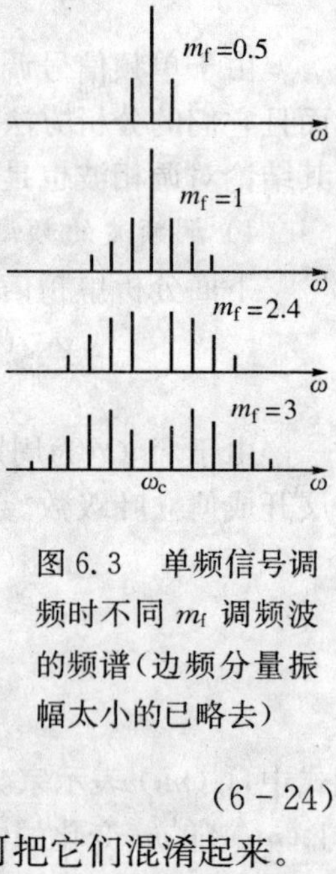

图 6.3　单频信号调频时不同 m_f 调频波的频谱(边频分量振幅太小的已略去)

上式表明,当 U_{cm} 一定时,调频波的平均功率也就一定,且等于未调制时的载波功率 P_c,其值与 m_f 无关。换句话说,调频时只是导致功率从载波分量向各边频分量转移,改变 m_f 也仅引起载波分量和各边频分量之间功率的重新分配,但不会引起总功率的改变。

2) 调频波的带宽

既然调频波的频谱包含无数对边频分量,因此理论上它的带宽应为无限大。实际上,对于任一给定的 m_f 值,高到一定次数的边频分量的振幅已经小到可以忽略,以致滤除这些边频分量对调频波形不会产生显著的影响。因此,调频波的带宽实际上可以认为是有限的。通常规定将振幅小于未调制载波振幅的 10% 的边频分量略去不计,保留下来的频谱分量就确定了调频波的带宽,它可用下式进行估算:

$$f_{\mathrm{bw}}=2(m_\mathrm{f}+1)F=2(\Delta f_\mathrm{m}+F)^{①} \qquad (6-24)$$

注意,调频波的最大频偏 Δf_m 和带宽 f_{bw} 是两个不同的概念,不可把它们混淆起来。

根据 m_f 大小(或 Δf_m 与 F 的相对大小)的不同,调频分为窄带调频和宽带调频两种。在**窄带调频**中,$m_\mathrm{f}\ll 1$(工程上为 $m_\mathrm{f}<0.25$ rad)或 $\Delta f_\mathrm{m}\ll F$,则 $f_{\mathrm{bw}}\approx 2F$,即窄带调频波的带宽与调幅波基本相同;在**宽带调频**中,$m_\mathrm{f}\gg 1$ 或 $\Delta f_\mathrm{m}\gg F$,则 $f_{\mathrm{bw}}\approx 2\Delta f_\mathrm{m}$。应该指出,为了发挥调频的长处,一般多采用宽带调频。

以上讨论了单频信号调制时的情况。实际上,调制信号大都是含有许多频率分量的复杂信号,调频波的频谱分析将十分繁琐,这里不予讨论。实践表明,复杂信号调频时,仍可用单频信号调频时的式(6-24)来计算调频波的带宽,只不过把其中的 F 用调制信号中的最高调制频率 $F_{\max}$ 取代,Δf_m 则表示调制信号频率中所对应的最大频偏。

---

① 高质量的通信系统则规定将振幅小于未调制载波振幅的 1% 的边频分量略去不计,此时 $f_{\mathrm{bw}}=2(m_\mathrm{f}+\sqrt{m_\mathrm{f}}+1)F$。

[例6-2] (1) 调频广播的最高调制频率 $F_{max}=15$ kHz，调频指数 $m_f=5$ rad，求最大频偏 Δf_m 和带宽 f_{bw}；(2) 给定 $\Delta f_m=75$ kHz，求 $F=1$ kHz 和 10 kHz 时的带宽 f_{bw}。

解 (1) $\Delta f_m=m_f F_{max}=5\times 15=75$ (kHz)

$f_{bw}=2(\Delta f_m+F_{max})=2\times(75+15)=180$ (kHz)

(2) 若 $F=1$ kHz，则 $f_{bw}=2(\Delta f_m+F)=2\times(75+1)=152$ (kHz)

若 $F=10$ kHz，则 $f_{bw}=2(\Delta f_m+F)=2\times(75+10)=170$ (kHz)

最后应该指出，调相波的频谱结构与调频波相似，其带宽也可用上述各式进行计算(把 m_f 换为 m_p)。但是，如果调制信号的幅度 $U_{\Omega m}$ 不变而调制频率 F 增大，则调频波的 Δf_m 不变，f_{bw} 的变化很小(参看例6-2)；而调相波的 Δf_m 与 F 成正比，其 f_{bw} 随 F 成比例地增大。当然，若 F 不变而 $U_{\Omega m}$ 增大时，调频波和调相波的 f_{bw} 都随之增大。

*6.1.4 调频制和调幅制的比较

在通信设备中，采用调频制与采用调幅制相比，具有下述的特点。

(1) 调频制的抗干扰能力强

由于调频波比调幅波具有更大的携带有用信号的边频功率，所以它的信噪比大，抗干扰能力就强。

此外，干扰的表现是引起寄生调幅①和寄生调频。对于调幅接收机，寄生调频干扰对它不起作用，寄生调幅干扰却无法消除。显然，调幅系数 m_a 越大，调幅接收机的抗干扰能力越强，但由于 m_a 必须小于1，所以它的抗干扰能力较差。对于调频接收机，寄生调幅干扰可通过限幅器除去(因调频波是等幅波)，寄生调频干扰却无法消除。同样，调频指数 m_f 越大，调频接收机的抗干扰能力越强。由于一般 m_f 可远大于1②，所以它的抗干扰能力很强。

(2) 调频发射机的功率放大管利用率高

由于调幅波的平均功率 P_{av} 与 m_a 有关，故应按 m_a 可能的最大值选用功率放大管，而在实际工作时 m_a 较小，所以造成功率放大管利用率低。调频波的平均功率 P_{av} 保持不变，使得功率放大管能按其实际需要选取，利用率就高。

(3) 调频信号传输的保真度高

因为调频制比调幅制抗干扰能力强，又允许占有较宽的频带，传输的调制信号频率范围也较大，所以调频信号传输的保真度高。

(4) 调频制必须工作在超短波以上的波段

因为调频信号所占的频带宽，若在中、短波段工作，则这些波段容纳的电台数目很有限，所以必须工作在超短波以上的波段，这也使调频信号传送的距离很近(可采用卫星通信)。

(5) 调频接收机比调幅接收机的设备复杂

---

① 实际上更多的情况是干扰信号以幅度的变化叠加在已调波包络上，这里为了叙述方便，统称为寄生调幅。

② 这是因为 $m_a=\Delta U_{cm}/U_{cm}$，而 $m_f=\Delta f_m/F$ 而不是 $\Delta f_m/f_c$。

6.2 调频电路

对调频电路的主要要求是:① 调频波的频偏与调制信号保持线性关系(线性调频),且调频灵敏度高;② 调频波的中心频率具有足够高的准确度和稳定度;③ 最大频偏应足够大,并与调制频率无关;④ 寄生调幅尽可能小。

实现调频的方法有直接(Direct)调频法和间接(Indirect)调频法。本节将分别介绍直接调频电路和间接调频电路的原理和性能特点。

6.2.1 直接调频电路

1) 直接调频原理

直接调频是用调制信号直接控制振荡器的振荡频率,使其不失真地反映调制信号的变化规律,以产生调频波。因此,凡是能直接影响振荡器振荡频率的元件或参数,只要能够用调制信号去控制它们,并使振荡频率按调制信号的变化规律线性地变化,都可实现直接调频。

直接调频电路又称**调频振荡器**。直接调频时,被控振荡器可以是产生正弦波的 LC 振荡器和晶体振荡器,也可以是产生非正弦波的张弛振荡器。前者产生调频正弦波,后者产生调频非正弦波(如调频方波、调频三角波等),再通过滤波等方法将调频非正弦波变换为调频正弦波。限于篇幅,第二类的直接调频电路本书不予介绍。

对于用 LC 正弦波振荡器作为被控振荡器的直接调频电路,由于其振荡频率主要取决于振荡回路的电感量和电容量,因此,若在振荡回路中接入可变电抗元件或器件(可变电容或可变电感),并使其电感量或电容量受调制信号控制,就可以产生振荡频率随调制信号变化的调频波。可变电抗的种类很多。例如,便携式调频发射机中采用驻极体话筒或电容式话筒作为可变电容元件,扫频图示测量仪中采用通过改变铁氧体磁芯的磁导率来改变线圈电感量的可变电感元件。但是,目前应用最广的是作为电压控制的可变电容器件的变容二极管(简称变容管)。

应该指出,由于在晶体振荡器中,当石英晶体选定后,其振荡频率与负载电容有关,因此用晶体振荡器作为被控振荡器的直接调频电路也常采用变容管作为可变电容器件。

直接调频电路具有频偏大、调制灵敏度高和电路简单等优点,而其中心频率稳定度较差的缺点可采用近年来出现的频率合成技术予以解决。变容管直接调频电路由于体积小、机械强度高、寿命长、损耗小、工作频率高和所需调制功率小等优点,在广播、电视和通信等领域获得了广泛的应用。

2) 变容管直接调频电路

由于变容管工作在反偏状态,因此在变容管直接调频电路中,变容管必须加直流负偏压 $-U_Q(U_Q>0)$,并且该直流偏压和调制信号 $u_\Omega(t)$ 串接作为变容管两端的总电压,即

$$u_D(t)=-U_Q-u_\Omega(t) \tag{6-25}$$

显然,要求 $|u_\Omega(t)|<U_Q$。变容管直接调频电路由于变容管在振荡回路中的接法不同而有不同的形式,现分别讨论如下。

(1) 变容管作为振荡回路总电容的直接调频电路

其原理电路如图 6.4(a) 所示。图中,高频扼流圈 L_1 对高频相当于开路,而对直流和调

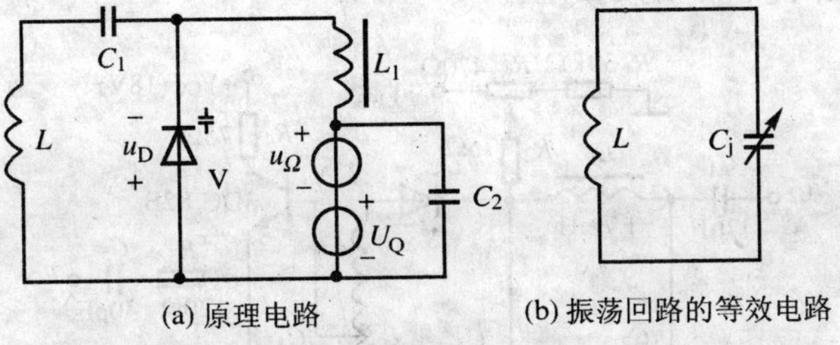

图 6.4　变容管作为振荡回路总电容的直接调频电路

制频率相当于短路；高频滤波电容 C_2 对高频相当于短路，而对直流和调制频率相当于开路。C_2 和 L_1 的共同作用可防止高频振荡对调制信号源 $u_\Omega(t)$ 的影响，同时使直流负偏压和 $u_\Omega(t)$ 能顺利地加到变容管上。此外，C_1 为隔直耦合电容，它对高频相当于短路，对直流和调制频率相当于开路，因此可保证直流负偏压和调制信号能有效地加到变容管上，而不被振荡回路电感 L 所短路。根据上述分析，图 6.4(a) 电路的等效振荡回路如图 6.4(b) 所示，其中 C_j 为变容管的电容，其两端电压 $u_D(t)$ 满足式(6-25)。

若调制信号 $u_\Omega(t)=U_{\Omega m}\cos\Omega t$，则

$$u_D(t)=-U_Q-u_\Omega(t)=-U_Q-U_{\Omega m}\cos\Omega t$$

而

$$C_j=\frac{C_{j0}}{(1-u_D/U_{h0})^\gamma}=\frac{C_{jQ}}{(1+m\cos\Omega t)^\gamma} \tag{6-26}$$

式中，U_{h0} 为 PN 结的内建电位差，γ 为变容指数，C_{j0} 为零偏（$u_D=0$）时的结电容，$m=U_{\Omega m}/(U_{h0}+U_Q)$ 称为电容调制度，$C_{jQ}=C_{j0}/(1+U_Q/U_{h0})^\gamma$ 为静态工作点上的结电容。于是，振荡频率

$$f(t)=\frac{1}{2\pi\sqrt{LC_j}}=\frac{1}{2\pi\sqrt{LC_{jQ}/(1+m\cos\Omega t)^\gamma}}=f_c(1+m\cos\Omega t)^{\gamma/2} \tag{6-27}$$

式中，$f_c=1/2\pi\sqrt{LC_{jQ}}$ 为 $u_\Omega(t)=0$ 时的振荡频率，即调频波的载波频率。式(6-27) 称为**调频特性方程**。若 $\gamma=2$，则由式(6-27) 得

$$f(t)=f_c(1+m\cos\Omega t) \tag{6-28}$$

上式表明，若选取 $\gamma=2$ 的超突变结变容管，图 6.4(a) 电路可实现线性调频。此时，调频波的中心频率等于载频 f_c，最大频偏 $\Delta f_m=mf_c$。

若 $\gamma\neq2$，此时调频特性是非线性的。在 m 较小的情况下，数学分析表明，此时 $f(t)$ 中不仅包含调制频率 Ω 的分量，还出现 2Ω、$3\Omega\cdots$ 谐波分量，使调频波出现谐波失真（非线性失真），而且其中心频率偏离 f_c 值。可以得到，最大频偏 $\Delta f_m=\gamma mf_c/2$，中心频率偏离 f_c 的数值 $\Delta f_c=\gamma(\gamma-2)m^2f_c/16$。由于 m 较小，故谐波失真和 Δf_c 都很小。实际上，此时由式(6-27) 得

$$f(t)\approx f_c\left(1+\frac{1}{2}\gamma m\cos\Omega t\right) \tag{6-29}$$

于是实现了近似的线性调频，其最大频偏为 $\gamma mf_c/2$。由上面分析可知，当 γ 一定（即变容管选定）时，增大 m 可以增加最大相对频偏 $\Delta f_m/f_c$，但同时调频波的中心频率偏移值和非线性失真也增大。因此，在实际电路中，应适当选取 m，以兼顾上述各指标的要求。此外，调频波的最大相对频偏 $\Delta f_m/f_c$ 与 m（即与 $U_{\Omega m}$）成正比，这是直接调频电路的一个重要特

性；而当 m 一定时，提高 f_c 可增大 Δf_m。

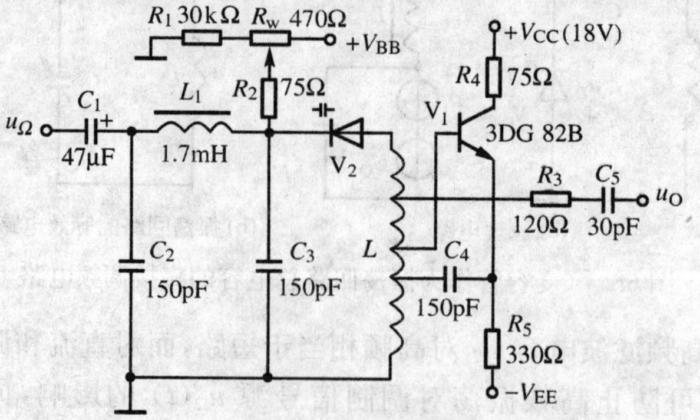

图 6.5　140 MHz 变容管直接调频电路

图6.5是中心频率为140 MHz的变容管直接调频电路，这是一个电感三点式振荡器。图中，C_1 为隔直耦合电容，L_1 为高频扼流圈，调制信号 $u_\Omega(t)$ 通过由 C_2、L_1 和 C_3 组成的 π 型低通滤波器加到变容管 V_2 上，C_2、C_3 和 C_4 对高频可看作短路，L_1 对高频可看作开路，这样可以防止调制信号源和高频振荡波的相互影响；直流电源 $+V_{BB}$ 通过 R_1、R_w 提供变容管的反向偏置电压 U_Q，调节 R_w 可改变 U_Q；直流负电源 $-V_{EE}$ 提供三极管的静态电流。显然，振荡回路由电感线圈 L 和变容管电容 C_j 构成。由于调频信号中心频率的精确度、稳定度以及调制线性的好坏都与 U_Q 有关，因此对 V_{BB} 的稳定性提出很高的要求，一般 V_{BB} 是 V_{CC} 经多次稳压而得到的（图中未画出）；而 $-V_{EE}$ 也要求比较稳定，它是负电源（−18 V）经稳压电路而得到的（图中也未画出）。

*（2）变容管部分接入振荡回路的直接调频电路

变容管作为振荡回路总电容的直接调频电路，其最大优点是调制信号对振荡频率的控制能力强，即调频灵敏度高。该电路的不足之处在于：当温度变化或 U_Q 不稳定时会引起 C_{jQ} 的变化，这将使载频不稳定。为了提高载频的稳定度，可以采用变容管部分接入振荡回路的直接调频电路，其振荡回路如图 6.6 所示。

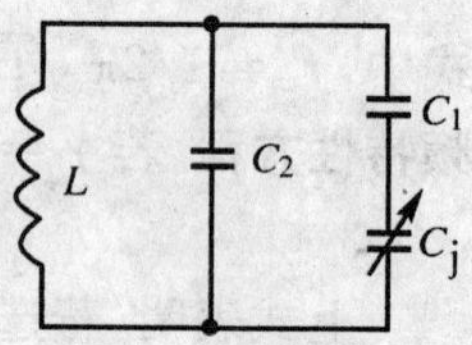

图 6.6　变容管部分接入的振荡回路

由图 6.6 可以看出，变容管先和 C_1 串接，再和 C_2 并接。若调制信号仍为余弦信号，则由式（6－26）可得振荡回路的总电容

$$C = C_2 + \frac{C_1 C_j}{C_1 + C_j} = C_2 + \frac{C_1 C_{jQ}}{C_{jQ} + C_1 (1 + m\cos\Omega t)^\gamma}$$

于是调频特性方程

$$f(t) = \frac{1}{2\pi\sqrt{LC}} = \frac{1}{2\pi\sqrt{L\left[C_2 + \dfrac{C_1 C_{jQ}}{C_{jQ} + C_1(1 + m\cos\Omega t)^\gamma}\right]}} \tag{6-30}$$

上式表明，一般情况下这个电路的调频特性是非线性的。由于变容管仅是回路总电容的一部分，因此它对振荡频率的影响将比变容管全部接入振荡回路时小。如果我们把回路总电容看作一个等效的变容管，则它的等效变容指数必将小于变容管的变容指数。为了实现线性调频，其等效变容指数应等于2，因此选用变容指数 γ 大于2的变容管，同时还应正确选择 C_1 和 C_2 的大小。其中，C_1 主要影响低频区的调频特性，C_2 主要影响高频区的调频特性。

总之，在采用变容管部分接入振荡回路的直接调频电路中，应选用 $\gamma > 2$ 的变容管，并反复调节 C_1、C_2 和 U_Q 值，使其载波频率等于所要求的数值，并在一定的调制信号变化范围内获得接近线性的调频特性。

如果 m 较小，则由式(6－30)可得

$$f(t) \approx f_c\left(1+\frac{1}{2}\gamma pm\cos\Omega t\right) \tag{6-31}$$

式中，$p = C_1^2 C_{jQ}/(C_1 + C_{jQ})(C_1 C_{jQ} + C_1 C_2 + C_2 C_{jQ})$，而

$$f_c = \frac{1}{2\pi\sqrt{L[C_2 + C_1 C_{jQ}/(C_1 + C_{jQ})]}}$$

可见，此时电路实现了近似的线性调频，调频波的中心频率为 f_c，最大频偏为 $\gamma pmf_c/2$。由于 $p<1$，故与变容管全部接入回路时相比，其最大频偏减小了，但载频的稳定度提高了。

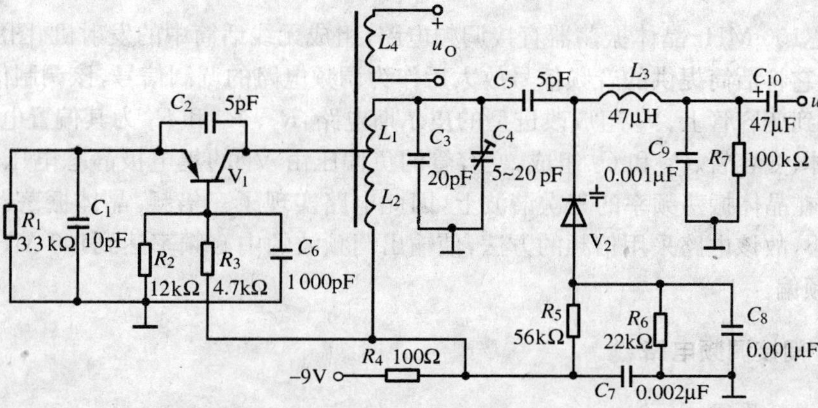

图 6.7　90 MHz 变容管直接调频电路

图 6.7 是中心频率为 90MHz、变容管采用部分接入的直接调频电路。图中，R_4、C_7 为电源去耦电路，R_1、R_2 和 R_3 组成偏置电路；三极管与振荡回路采用部分接入，以提高回路的 Q 值；变容管也是部分接入振荡回路(C_j 先与 C_5 串接，再并接在回路两端)；C_4 可调整调频电路的中心频率；变容管的直流负偏压由－9 V 电源通过 R_4、R_5 和 R_6 的分压得到，其值约为－2.5 V；C_8、C_9 和 C_6 为高频旁路电容，L_3 对高频开路。显然，振荡回路由 L_1、L_2 和 C_j、C_5、C_3、C_4、C_1、C_2 组成，这是电容三点式振荡器。

应该指出，在变容管直接调频电路中，变容管两端除了存在直流偏压和低频调制电压外，还作用着高频振荡电压，这使高频的正、负半周内 C_j 发生变化。由于 C_j 与 u_D 的非线性关系，使高频正、负半周内 C_j 的减小与增大不相等，其平均分量(即变容管的等效电容量)增大，使调频波的中心频率降低、输出幅度和频率不稳及调频特性的线性变差。为此，除了减小加到变容管的高频电压外，还可采用双变容管的直接调频电路。限于篇幅，不再详述。

3) 晶体振荡器直接调频电路

在对调频波中心频率的稳定度要求较高的场合，可采用晶体振荡器直接调频电路。在晶体振荡器直接调频电路中，晶体常和变容管串联，当变容管的电容随调制信号发生变化时，

晶体的负载电容也发生变化，故其振荡频率也发生变化，即振荡频率受到调制信号的控制，从而获得了调频信号。

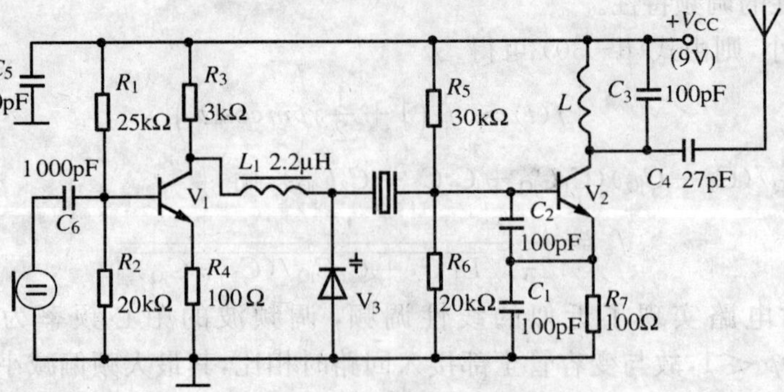

图 6.8　晶体振荡器直接调频电路

图 6.8 是 100 MHz 晶体振荡器直接调频电路，组成无线话筒中的发射机。图中，V_1 构成音频放大器，它将话筒提供的音频信号放大后作为调频电路的调制信号，该调制信号经高频扼流圈 L_1 加到变容管上。V_2 组成改进型的皮尔斯电路，R_5、R_6 和 R_7 为其偏置电阻，振荡回路由石英晶体、变容管、C_1 和 C_2 组成，变容管的负偏压由 V_1 的集电极静态电压通过 L_1 提供。LC_3 调谐在晶体振荡频率的三次谐波上，因此电路实现了三倍频。晶体振荡器直接调频电路的频偏小，故该电路采用倍频的方法，使输出调频波的中心频率达到100 MHz，并扩大了调频波的频偏。

6.2.2　间接调频电路

1）间接调频原理

直接调频电路的最大缺点是中心频率稳定度较差，一般可采用自动频率控制电路或频率合成器加以克服，但这又使电路复杂程度提高。为此，采用间接调频是提高中心频率稳定度的一种较简单而有效的方法。

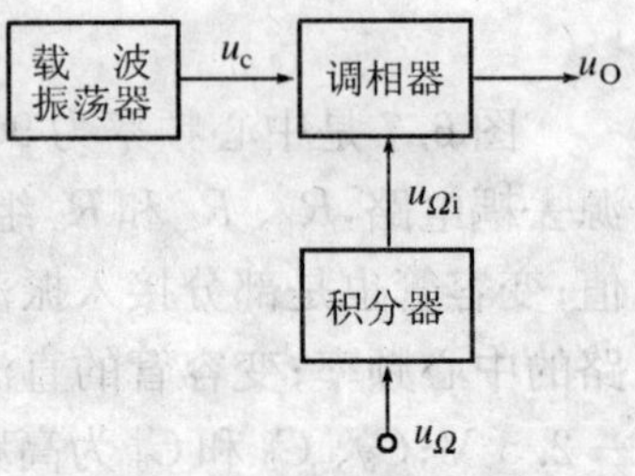

图 6.9　间接调频原理方框图

前已指出，先对调制信号 $u_\Omega(t)$ 进行积分，再用积分后的信号对载波进行调相，就可得到 $u_\Omega(t)$ 的调频波。实现上述构想的方框图如图 6.9 所示。由图可得，积分器的输出信号

$$u_{\Omega i}(t) = k_i \int_0^t u_\Omega(t)\mathrm{d}t$$

式中，k_i 为积分器的比例常数。若载波信号 $u_c(t) = U_{cm}\cos\omega_c t$，则 $u_{\Omega i}(t)$ 对 $u_c(t)$ 进行调相，由式(6－15)可得调相器的输出信号

$$u_O(t) = U_{cm}\cos(\omega_c t + k_p u_{\Omega i}(t)) = U_{cm}\cos\left(\omega_c t + k_p k_i \int_0^t u_\Omega(t)\mathrm{d}t\right) \tag{6-32}$$

若令上式中 $k_p k_i = k_f$，则 $u_O(t)$ 不但是 $u_{\Omega i}(t)$ 的调相波，还是 $u_\Omega(t)$ 的调频波。这种通过调相实现调频的方法称为**间接调频**。由于调相是在调相器中进行，因此载波振荡器可以采用高稳定度的晶体振荡器，使调频波的中心频率具有很高的稳定度。

由上述可知，间接调频电路主要是由晶体振荡器、积分器和调相器组成。由于晶体振荡器和积分器已为读者所熟悉，所以下面主要介绍调相器（即调相电路）。

*2）调相电路

常用的调相方法有可变移相法和可变时延法，下面分别加以介绍。

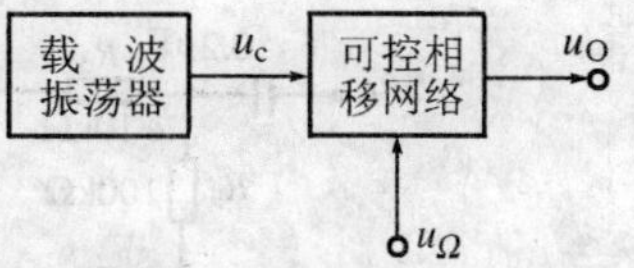

图 6.10　可变移相法调相电路方框图

（1）可变移相法调相电路

可变移相法调相电路的方框图如图 6.10 所示，载波振荡器产生的载波电压 $u_c(t)=U_{cm}\cos\omega_c t$ 通过可控相移网络，如果该网络的相移 $\Delta\varphi(t)$ 受调制电压 $u_\Omega(t)$ 控制，且它们的关系是线性的，即 $\Delta\varphi(t)=k_p u_\Omega(t)$，则相移网络的输出电压 $u_O(t)$ 为 $u_\Omega(t)$ 的调相波：

$$u_O(t)=U_{cm}\cos(\omega_c t+\Delta\varphi(t))=U_{cm}\cos(\omega_c t+k_p u_\Omega(t))$$

可控相移网络的形式很多，最常用的是由变容管构成的谐振回路，它所组成的调相原理电路如图 6.11 所示。图中，$i_c=I_{cm}\cos\omega_c t$ 为载波电流信号源，R 为回路的谐振电阻，变容管两端加有 $u_D=-(U_Q+u_\Omega)$ 的电压。

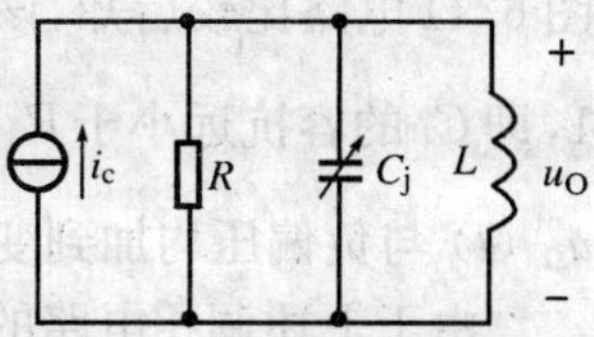

图 6.11　变容管调相的原理电路

未加调制信号时，谐振回路的谐振频率 f_0 应等于载波频率 f_c，即 $f_0=f_c$。若所加的调制信号 $u_\Omega(t)=U_{\Omega m}\cos\Omega t$，则回路的谐振频率 $f_0(t)$ 在 m 较小时可由式(6－29)求得

$$f_0(t)\approx f_c\left(1+\frac{1}{2}\gamma m\cos\Omega t\right)=f_c+\Delta f_0(t) \tag{6-33}$$

式中

$$\Delta f_0(t)=f_0(t)-f_c=\frac{1}{2}\gamma m f_c\cos\Omega t \tag{6-34}$$

对于 C_j、L 组成的谐振回路，其谐振频率为 $f_0(t)$，输入信号源频率为 f_c，则其相频特性

$$\varphi(t)=-\arctan Q\left[\frac{f_c}{f_0(t)}-\frac{f_0(t)}{f_c}\right]$$

由于 $f_0(t)=f_c$ 时 $\varphi(t)=0$，故相移

$$\Delta\varphi(t)=\varphi(t)=-\arctan Q\left[\frac{f_c}{f_0(t)}-\frac{f_0(t)}{f_c}\right] \tag{6-35}$$

式中，Q 为回路的品质因数。若 $|\Delta\varphi(t)|<\pi/6$，则由于回路失谐不严重，上式可近似为

$$\Delta\varphi(t)\approx-Q\left[\frac{f_c}{f_0(t)}-\frac{f_0(t)}{f_c}\right]\approx Q\frac{2\Delta f_0(t)}{f_c}=Q\gamma m\cos\Omega t=m_p\cos\Omega t \tag{6-36}$$

式中，$m_p=Q\gamma m$。可见，回路产生的相移按调制信号的规律变化，从而实现线性调相，最大相偏 $\Delta\varphi_m=Q\gamma m$。注意，上式是在相移 $|\Delta\varphi(t)|<\pi/6$ 条件下得到的，故 $m_p=\Delta\varphi_m<\pi/6$，即最大相偏小；这时回路失谐不严重，则最大频偏 Δf_m 也小。因此，这种调相电路的最大频偏和最大相偏都不大。

图 6.12(a) 为根据上述原理构成的变容管调相电路。图中，$C_1\sim C_4$ 均为隔直流或滤波电容，其中 C_1、C_2 和 C_4 只对高频可看成短路，C_3 对调制频率也可看成短路；变容管的电容 C_j 和电感 L 组成谐振回路，作为可控相移网络；R_1 和 R_2 分别是谐振回路的输入和输出端的隔离电阻；＋9 V 电源经 R_4、R_3 和 L 供给变容管的静态负偏压，R_4 还是变容管的偏压电源与调制信号源之间的隔离电阻。因此，它的高频等效电路可简化为图 6.12(b)，其中 $i_c=$

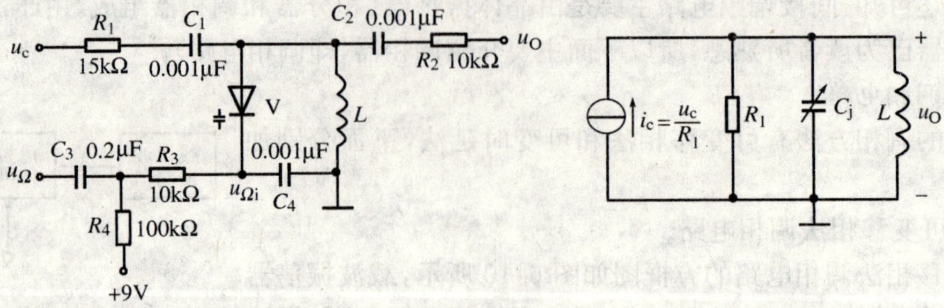

(a) 实用电路　　　　(b) 高频等效电路

图 6.12　单级谐振回路的变容管调相电路

$u_c/R_1=U_{cm}\cos\omega_c t/R_1=I_{cm}\cos\omega_c t$ 为输入的载波 $u_c(t)=U_{cm}\cos\omega_c t$ 与 R_1 等效的恒流源。与图 6.11 电路比较后知，该电路可实现线性调相。注意，若图 6.12(a) 中 R_3、C_4 满足 $\Omega R_3C_4\gg 1$，即 C_4 的容抗远小于 R_3，则 R_3C_4 可近似看成一积分电路，其输出 $u_{\Omega i}(t)\approx\frac{1}{R_3C_4}\int_0^t u_\Omega(t)\mathrm{d}t$，$u_{\Omega i}(t)$ 与负偏压均加到变容管的两端，故此时整个电路就是一间接调频电路。

由于上述调相电路的 Δf_m 和 m_p 都较小，为此可采用多级谐振回路的变容管调相电路，以增大 Δf_m 和 m_p。此外，该电路输出的调相波振幅受到调制信号的控制，称为寄生调幅，为此可用限幅的办法消除。

(2) 可变时延法调相电路

将振荡器产生的载波电压 $u_c=U_{cm}\cos\omega_c t$ 通过可控时延网络，如图 6.13 所示。若时延网络的延时为 τ，则其输出电压

$$u_O(t)=U_{cm}\cos[\omega_c(t-\tau)]$$

如果 τ 受调制信号 $u_\Omega(t)=U_{\Omega m}\cos\Omega t$ 控制，且它们的关系是线性的，即 $\tau=k_d u_\Omega(t)=k_d U_{\Omega m}\cos\Omega t$，则

$$u_O(t)=U_{cm}\cos\omega_c[t-k_d u_\Omega(t)]=U_{cm}\cos(\omega_c t-m_p\cos\Omega t)\tag{6-37}$$

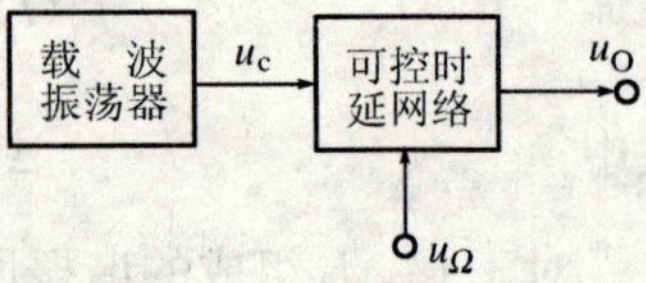

图 6.13　可变时延法调相电路方框图

式中，$m_p=k_d U_{\Omega m}\omega_c$。显然，$u_O(t)$ 是 $u_\Omega(t)$ 的调相波。

可变时延法调相电路中，对脉冲波进行可控时延的脉冲调相电路广泛应用于调频广播发射机中，它具有线性相移较大的特点。这种调相电路由窄脉冲序列发生器、锯齿波发生器、门限检测电路、脉冲发生器等组成，由于篇幅所限，这里不再详细介绍了。

6.2.3　扩展线性频偏的方法

在调频电路中，调频特性的线性和最大频偏往往是相互矛盾的两个指标，因此如何扩展最大线性频偏是调频电路设计中的一个关键问题。与直接调频电路相比，间接调频电路的最大线性频偏更小，因此上述问题显得更突出。扩展线性频偏常用的方法是倍频和混频。

若调频波的瞬时频率 $f(t)=f_c+\Delta f_m\cos\Omega t$，则它通过倍频次数为 n 的倍频器，其瞬时频率将增至 n 倍，即 $f(t)=nf_c+n\Delta f_m\cos\Omega t$。显然，其载波频率和最大线性频偏同时增至 n 倍，从而加深了调制度。换句话说，倍频器可以在保持调频波的最大相对频偏不变

($n\Delta f_m / nf_c = \Delta f_m / f_c$) 的条件下成倍地扩展其最大线性频偏。

如果把瞬时频率 $f(t) = f_c + \Delta f_m \cos\Omega t$ 的调频波通过混频器，混频器输出信号的瞬时频率变为 $f_l - f_c - \Delta f_m \cos\Omega t = f_g - \Delta f_m \cos\Omega t$（采用低中频）或 $f_l + f_c + \Delta f_m \cos\Omega t = f_g + \Delta f_m \cos\Omega t$（采用高中频）。可见，混频器可以在保持调频波最大线性频偏不变的条件下提高或降低载波频率。换句话说，混频器可以在保持最大线性频偏不变的条件下，不失真地改变调频波的最大相对频偏。

采用间接调频电路时，受到调相特性非线性限制的是最大相偏或调相指数 m_p，则调频波的调频指数 m_f 也受到限制。因此，一般先在较低的载波频率上产生调频波，然后通过倍频和混频的方法获得所需的载波频率和最大线性频偏。根据上述原则，可以得到图 6.14 所示的间接调频发射机方框图，称为"阿姆斯特朗(Armstrong) 间接调频系统"。

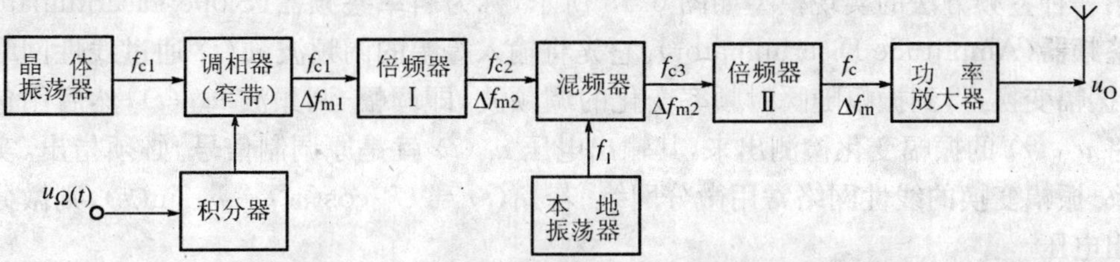

图 6.14 调频广播发射机的组成方框图

在图 6.14 中，调频发射机的载波频率 $f_c = 100$ MHz，最大频偏 $\Delta f_m = 75$ kHz，其调制频率 $F = 100 \sim 15\,000$ Hz。为此，晶体振荡器产生频率为 $f_{c1} = 100$ kHz 的载波，它通过窄带调相器后，产生的最大频偏 $\Delta f_{m1} = 24.41$ Hz(对最低调制频率 100 Hz 而言)。倍频器Ⅰ的倍频次数等于 192(实际上它是由三级四倍频器和一级三倍频器组成)，则它输出调频波的载频 $f_{c2} = 19.2$ MHz，最大频偏 $\Delta f_{m2} = 4.687$ kHz。若本振频率 $f_l = 25.45$ MHz，则混频器输出调频波的载频 $f_{c3} = f_l - f_{c2} = 6.25$ MHz，最大频偏仍为 $\Delta f_{m2} = 4.687$ kHz。倍频器Ⅱ 的倍频次数等于 16(实际上它是由两级四倍频器组成)，它输出调频波的载频 $f_c = 100$ MHz，最大频偏 $\Delta f_m = 75$ kHz，这就是我们所需要的。

采用直接调频电路时，受到调频特性非线性限制的是它的最大相对频偏，则当最大相对频偏 $\Delta f_m / f_c$ 一定时，提高 f_c 可增大 Δf_m。因此，可以在较高载频上实现直接调频(如果能够实现较高频率调频的话)，然后通过混频器将载频降低到规定的数值，而最大频偏却保持原来的较大值。

6.3 鉴频方法综述

从调频信号中解调出原来的调制信号的过程，称为**鉴频**。由于调频波为等幅波，它所传送的信息包含在它的频率变化之中，因此，鉴频器的输出信号必须与输入调频波的瞬时频率变化成线性关系。

调频信号在传输过程中因受到干扰而导致信号的振幅发生变化，而接收机电路的频率特性不均匀也会引起信号振幅的变化。这种振幅的变化称为调频信号的寄生调幅。鉴频器在解调这种信号时，寄生调幅就会反映在输出的解调电压上，产生失真或干扰。因此，一般在鉴频器前加一限幅器以消除寄生干扰，保证加到鉴频器上的调频信号是等幅的。注意，这里采用的不是在脉冲电路里介绍的瞬时限幅器，而是将具有寄生调幅的调频信号变换为等幅调频信号的**振幅限幅器**。典型的振幅限幅器是工作在过压状态的谐振功放（见 2.3.2 节），称为三极管振幅限幅器。此外，还有差动对管振幅限幅器等。

6.3.1 鉴频的方法

鉴频的方法很多，除了在下一章中介绍的利用锁相环路进行鉴频外，其基本工作原理都是将输入的调频波进行特定的波形变换，使变换后的波形包含反映瞬时频率变化的平均分量，再通过低通滤波器就能得到所需的原调制信号。常用的鉴频方法有下述几种。

第一种鉴频方法的实现模型如图 6.15 所示，称为**斜率鉴频器**（Slope Discriminator）或**振幅鉴频器**（Amplitude Discriminator）。它先将输入等幅的调频波 $u_I(t)$ 通过线性网络进行频率-振幅变换，得到振幅随瞬时频率变化的调频波，即调幅-调频波 $u_{AF}(t)$，然后用包络检波器将 $u_{AF}(t)$ 的振幅变化检测出来，其输出电压 $u_O(t)$ 就是原调制信号。必须指出，实现上述频率-振幅变换的线性网络常用微分网络。若 $u_I(t)=U_{im}\cos(\omega_c t+m_f\sin\Omega t)$，则微分网络的输出电压

$$u_{AF}(t)=k\frac{du_I(t)}{dt}=-kU_{im}(\omega_c+m_f\Omega\cos\Omega t)\sin(\omega_c t+m_f\sin\Omega t)$$

$$=-kU_{im}(\omega_c+\Delta\omega_m\cos\Omega t)\sin(\omega_c t+m_f\sin\Omega t) \quad (6-38)$$

式中，k 为微分网络的比例常数。显然，$u_{AF}(t)$ 为调幅-调频波。

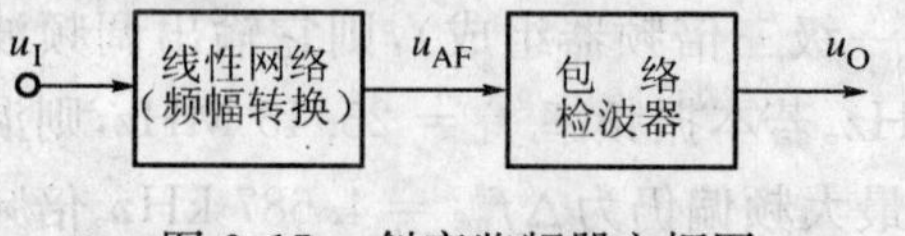

图 6.15　斜率鉴频器方框图

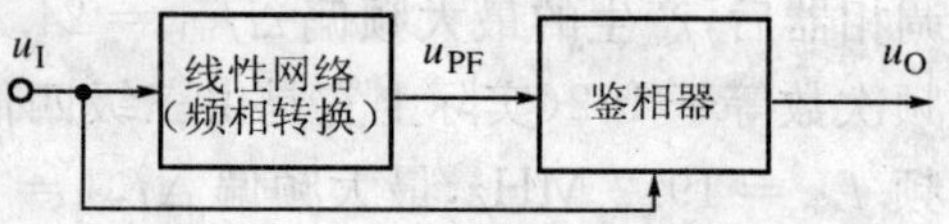

图 6.16　相位鉴频器方框图

第二种鉴频方法的实现模型如图 6.16 所示，称为**相位鉴频器**（Phase Discriminator）。它先将输入等幅的调频波 $u_I(t)$ 通过线性网络进行频率-相位变换，得到附加相移随瞬时频率变化的调频波，即调相-调频波 $u_{PF}(t)$，然后用鉴相器将它相对于 $u_I(t)$ 的附加相移变化检测出来，其输出电压 $u_O(t)$ 就是原调制信号。实现上述频率-相位变换的线性网络称为频相转换网络。

第三种鉴频方法的实现模型如图 6.17 所示，称为**脉冲计数式鉴频器**（Pulse Count Discriminator）。它先将输入等幅的调频波 $u_I(t)$ 通过非线性变换网络进行波形变换，得到数目与瞬时频率成正比、但幅度和形状相同的调频脉冲序列 $u_P(t)$，然后将 $u_P(t)$ 通过低通滤波器，其输出电压 $u_O(t)$ 反映了 $u_P(t)$ 的平均分量的变化，即 $u_O(t)$ 与脉冲数目或调频波的瞬时频率成正比，因此 $u_O(t)$ 就是原调制信号。也可将 $u_P(t)$ 直接通过脉冲计数器，就得到反映瞬时频率变化的原调制信号。

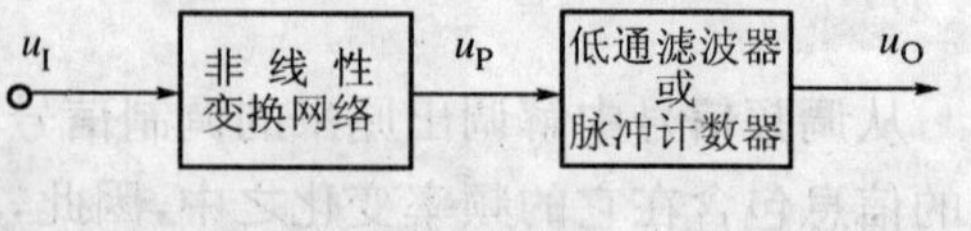

图 6.17　脉冲计数式鉴频器方框图

6.3.2　对鉴频器的主要性能要求

鉴频器的输出电压 u_O 随输入调频波频偏 $\Delta f = f - f_c$（或 f）变化的特性称为**鉴频特性**。为了实现不失真的解调，u_O 应与 Δf 成正比，即鉴频特性曲线应为一条过原点的直线。但是，实际的鉴频特性往往是一条曲线，所以它只能在有限频率范围内实现线性鉴频。图 6.18 为一典型的鉴频特性曲线，由于该曲线与英文字母“S”相似，故又称为 S **曲线**。由图可以看出，对应于调频波的中心频率 f_c，即 $\Delta f = 0$ 时，输出电压 $u_O = 0$；当信号频率向左右偏离时，u_O 分别为负正值。顺便指出，有时鉴频特性曲线的形状如图中虚线所示。对鉴频器的主要性能要求有：

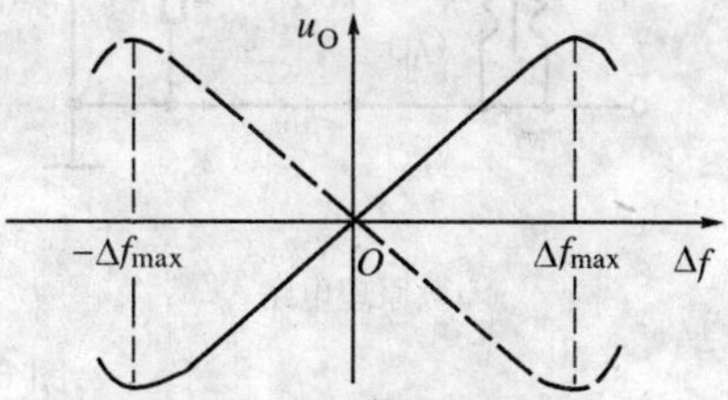

图 6.18　鉴频特性曲线

(1) 鉴频跨导大

鉴频器的输出电压 u_O 与输入调频波频偏 Δf 之比 $u_O/\Delta f$ 称为**鉴频跨导**，也称**鉴频灵敏度**，它就是鉴频特性曲线接近于直线部分的斜率，或鉴频特性曲线在原点的斜率，单位为 V/Hz。鉴频跨导越大，在同样频偏下鉴频器的输出电压就越大，而鉴频特性曲线就越陡直。

(2) 线性鉴频范围足够宽

线性鉴频范围又称**鉴频频带宽度**，它是指鉴频特性曲线中间接近于直线的频率范围，如图 6.18 中两弯曲点之间的频率范围 $2\Delta f_{max}$。显然，线性鉴频范围应大于输入调频波最大频偏的两倍，即 $2\Delta f_{max} > 2\Delta f_m$。

(3) 非线性失真尽可能小

由于在线性鉴频范围内鉴频特性只是近似为线性，因此鉴频器的输出电压就存在一定的非线性失真。我们希望非线性失真尽可能小。

6.4　鉴频电路

6.4.1　斜率鉴频器

根据傅立叶变换的理论，如果一个线性网络的幅频特性是一条倾斜的直线，即其输出幅度与频率成线性关系，则该网络就是一个微分网络。实际上，要求在整个频率轴上的幅频特性为一倾斜的直线，既不可能，也无必要，一般只要线性网络在输入调频信号的频率变化范围内具有倾斜的幅频特性，则它就是一个微分网络。正因为如此，微分网络构成的鉴频器称为斜率鉴频器，又称为振幅鉴频器。

最简单的微分网络是 LC 并联回路，其谐振频率 f_0 不等于输入调频波的中心频率 f_c，即 LC 并联回路对 f_c 是失谐的，所以由它构成的鉴频器称为失谐回路斜率鉴频器。

1) 单失谐回路斜率鉴频器

最简单的斜率鉴频器是单失谐回路斜率鉴频器，其原理电路如图 6.19(a) 所示，它是由单失谐回路 LC 和二极管包络检波器 V、R_L、C_L 组成的。图 6.19(b) 为 LC 并联回路的幅频特性曲线，即回路两端电压 $u_1(t)$ 的幅度 U_{1m} 与 f 关系的曲线，用它作为微分网络时，只能利

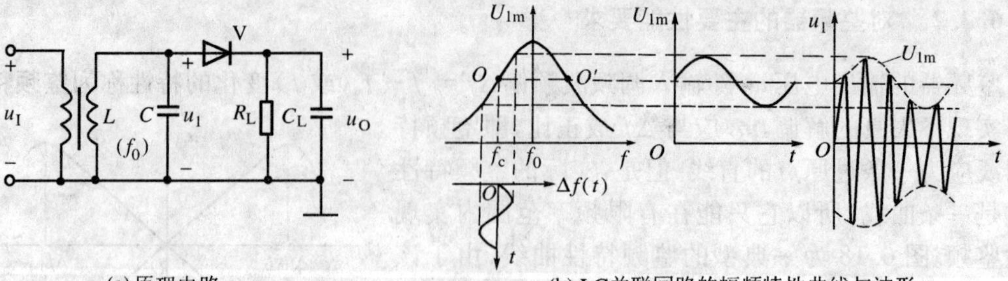

(a) 原理电路　　(b) LC并联回路的幅频特性曲线与波形

图 6.19　单失谐回路斜率鉴频器

用曲线的左半部分或右半部分。为了获得线性的鉴频特性，应使输入调频波 $u_1(t)$ 的载频 f_c 处在幅频特性曲线倾斜部分中接近直线段的中点位置，如图 6.19(b) 中 O 点或 O' 点。这样，单失谐回路便可将输入的等幅调频波（其频偏如图中 $\Delta f(t)$ 所示）变换为幅度随瞬时频率而变化的调幅-调频波 $u_1(t)$，而后通过包络检波器取出其包络，就得到原调制信号 $u_O(t)$，从而完成鉴频功能。显然，$u_O(t)$ 的波形与 U_{1m} 的波形相似，而这个电路的鉴频特性曲线就是图 6.19(b) 所示的幅频特性曲线的左半部分或右半部分。

由于单失谐回路的幅频特性曲线倾斜部分的线性很差，所以这种鉴频器的非线性失真严重，其线性鉴频范围很窄。为了扩展线性鉴频范围，可采用双失谐回路斜率鉴频器。

2）双失谐回路斜率鉴频器

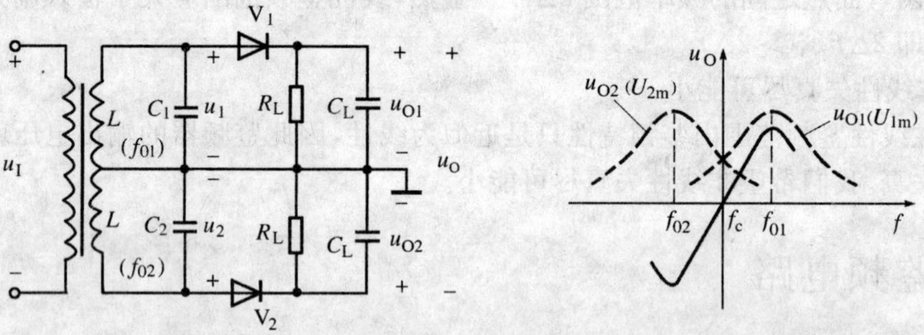

(a) 原理电路　　(b) 鉴频特性曲线

图 6.20　双失谐回路斜率鉴频器

双失谐回路斜率鉴频器的原理电路如图 6.20(a) 所示。其两个谐振回路分别调谐在 f_{01} 和 f_{02} 上，f_{01} 和 f_{02} 对于输入调频波的载频 f_c 是对称的，即 $f_{01}-f_c=f_c-f_{02}$，且 $f_{01}>f_c>f_{02}$，因此称为双失谐回路斜率鉴频器。若调频信号在两个谐振回路产生的调幅-调频波分别为 u_1 和 u_2，它们的幅度分别为 U_{1m} 和 U_{2m}，且两个回路的幅频特性曲线如图 6.20(b) 中虚线所示。由于两个包络检波器的参数完全一致，所以它们的输出电压 u_{O1} 和 u_{O2} 是反相的，有相互抵消作用，因此这种鉴频器又称为**平衡斜率鉴频器**（Balanced Slope Discriminator）。鉴频器的输出电压

$$u_O=u_{O1}-u_{O2}=K_d(U_{1m}-U_{2m})\approx U_{1m}-U_{2m} \tag{6-39}$$

式中，$K_d\approx 1$ 为每个检波器的检波效率。因此，u_O 随 f 变化的规律与 $(U_{1m}-U_{2m})$ 随 f 变化的规律相同，将 u_{O1}（即 U_{1m}）与 u_{O2}（即 U_{2m}）两曲线相减，可得到图 6.20(b) 中实线所示的鉴频特性曲线。

分析表明，只要 f_{01} 与 f_{02} 配置恰当，两回路幅频特性曲线中的弯曲部分就可相互补偿，则由它们合成的鉴频特性曲线的线性鉴频范围较大。与单失谐回路斜率鉴频器相比，双失谐回路斜率鉴频器具有非线性失真小和线性鉴频范围宽（几百千赫至十几兆赫）等优点，而回路调试较困难是它的不足。

图 6.20(a) 电路为平衡输出，若需要不平衡输出的双失谐回路斜率鉴频器，可采用图 6.21(a) 所示的电路。与图 6.20(a) 电路相比，该电路中 V_2 的极性反接，输出电压 u_O 取自电位器 R_w 的中点（设其动臂位于中点）与地之间。由于 V_2 的极性反接，故 u_{O2} 的正负极性也倒了过来。u_{O1} 与 u_{O2} 分别通过 R、$R_w/2$、C 和 R_L 放电，它们的放电电流 i_{O1} 和 i_{O2} 的方向如图 6.21(b) 所示。可见，i_{O1} 和 i_{O2} 流过 R_L 的方向相反，输出电压 $u_O=(i_{O1}-i_{O2})R_L$。由于 i_{O1} 与 u_{O1} 成比例，i_{O2} 与 u_{O2} 成比例，则 u_O 与 $(u_{O1}-u_{O2})$ 成比例，因此这种鉴频器与上述平衡斜率鉴频器的工作原理基本相同。

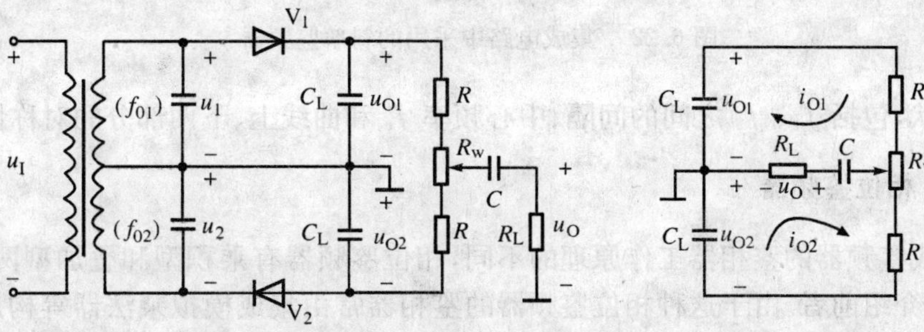

(b) 输出电压的分析

图 6.21　不平衡输出的双失谐回路斜率鉴频器

*3) 集成电路中采用的斜率鉴频器

集成电路中广泛采用的斜率鉴频器如图 6.22(a) 所示。图中，L_1、C_1 和 C_2 为外接的实现频率-振幅变换的线性网络，将输入调频波电压 u_S 转换为两个调幅-调频波 u_1 和 u_2，u_1 和 u_2 分别通过射极跟随器 V_1 和 V_2 加到三极管 V_3 和 V_4 构成的两个射极包络检波器上，检波器输出的解调电压由 V_5 和 V_6 构成的差动放大器放大，从 V_6 集电极输出的电压就是鉴频器的输出电压 u_O。显然，u_O 与 u_1、u_2 的振幅差值 $(U_{1m}-U_{2m})$ 成正比。

下面分析 U_{1m} 和 U_{2m} 随频率变化的特性。图中频率-振幅变换网络有两个谐振频率：L_1、C_1 并联回路的谐振频率 f_1 和由 L_1、C_1、C_2 决定的谐振频率 f_2。由于 $f_1\approx 1/2\pi\sqrt{L_1C_1}$，$f_2\approx 1/2\pi\sqrt{L_1(C_1+C_2)}$，则 $f_1>f_2$，适当选择 L_1、C_1 和 C_2 值，就能使输入调频波的载频 f_c 满足：$f_1-f_c=f_c-f_2$。

U_{1m} 和 U_{2m} 随频率变化的特性曲线如图 6.22(b) 中虚线所示。当 f 接近 f_1 时，L_1、C_1 回路呈现很大的阻抗，因此 U_{1m} 接近最大值，而 U_{2m} 接近最小值。当 f 偏离 f_1 且减小时，L_1、C_1 回路呈现的阻抗也减小，于是 U_{1m} 减小，U_{2m} 增大。当 f 减小到 f_2 时，L_1、C_1 回路呈现的感抗与 C_2 的容抗相等，它们产生串联谐振，于是 U_{1m} 下降到最小值，U_{2m} 增大到最大值。将上述 U_{1m} 和 U_{2m} 随 f 变化的两条曲线相减，得到的合成曲线如图 6.22(b) 中实线所示。由于鉴频器输出电压 u_O 等于 $(U_{1m}-U_{2m})$ 乘以由跟随器、检波器和差动放大器决定的增益常数，因此鉴频特性曲线与图中 $(U_{1m}-U_{2m})$ 曲线的形状相似。显然，调节 L_1、C_1 和 C_2 可以改变鉴频特

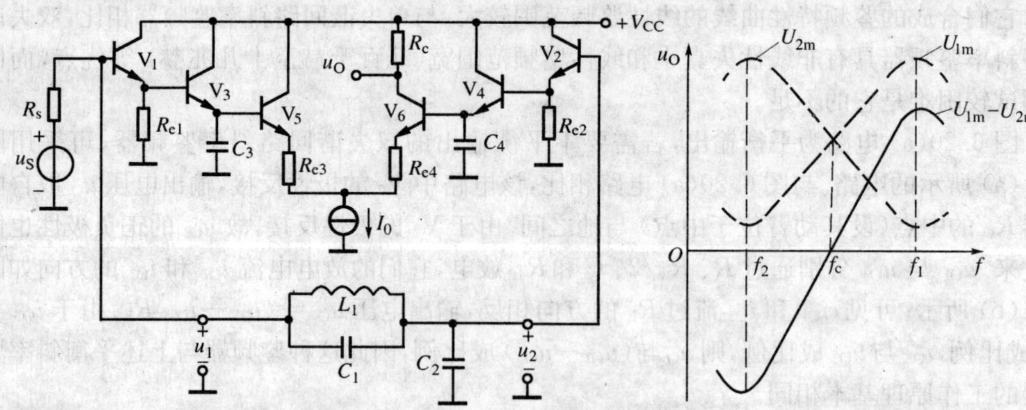

(a) 电路　　　　(b) 鉴频特性曲线

图 6.22　集成电路中采用的斜率鉴频器

性曲线的形状，包括 f_1、f_2 之间的间隔、中心频率 f_c 和曲线上、下两部分的对称性等。

6.4.2　相位鉴频器

根据组成鉴频器的鉴相器工作原理的不同，相位鉴频器有乘积型和叠加型两种类型的电路，本书只介绍前者。由于这种相位鉴频器的鉴相器常由集成模拟乘法器等构成，故称为**乘积型鉴相器**。

1）频相转换网络

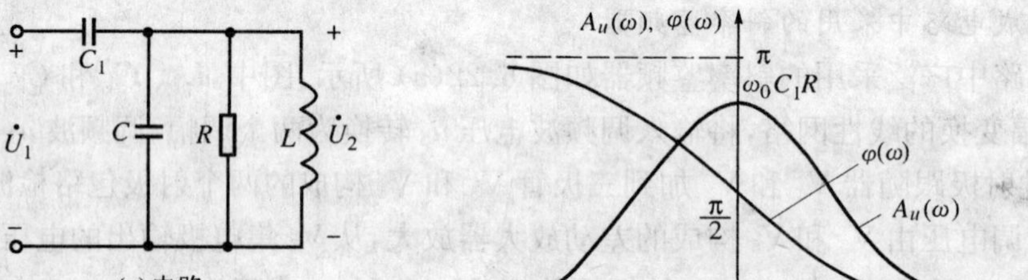

(a) 电路　　　　(b) 频率特性

图 6.23　频相转换网络

常用的频相转换网络如图 6.23(a) 所示，它是由电容 C_1 和 L、C、R 单谐振回路构成的分压电路。由图可以得到该网络的电压传输系数

$$\dot{A}_u = \frac{\dot{U}_2}{\dot{U}_1} = \frac{j\omega C_1}{\frac{1}{R} + j\omega(C + C_1) + \frac{1}{j\omega L}} = \frac{j\omega C_1 R}{1 + j\xi} \tag{6-40}$$

式中
$$\xi = Q\left(\frac{\omega}{\omega_0} - \frac{\omega_0}{\omega}\right) \approx 2Q\frac{\omega - \omega_0}{\omega_0} \tag{6-41}$$

为一般失谐。其中 $\omega_0 = 1/\sqrt{L(C+C_1)}$，$Q = R/\omega_0 L = \omega_0(C+C_1)R$。设 $\dot{A}_u = A_u(\omega)e^{j\varphi(\omega)}$，则由式(6-40)可得

$$A_u(\omega)=\frac{\omega C_1 R}{\sqrt{1+\xi^2}} \tag{6-42}$$

$$\varphi(\omega)=\frac{\pi}{2}-\arctan\xi \tag{6-43}$$

根据式(6-42)、(6-43)画出的幅频特性和相频特性如图6.23(b)所示。由该图可以看出，当输入信号 $\omega=\omega_0$ 时，$A_u(\omega)=\omega_0 C_1 R$ 接近最大值，且 $\varphi(\omega)=\pi/2$；当 ω 偏离 ω_0 时，$A_u(\omega)$ 下降，同时 $\varphi(\omega)$ 在 $\pi/2$ 上下变化。由图还可看出，上述频相之间的转换是非线性的。只有当失谐较小，或 $\arctan\xi$ 限制在 $\pm\pi/12$ 之内时，由式(6-43)得

$$\varphi(\omega)\approx\frac{\pi}{2}-\xi\approx\frac{\pi}{2}-\frac{2Q}{\omega_0}(\omega-\omega_0)=\frac{\pi}{2}-\frac{2Q}{f_0}(f-f_0) \tag{6-44}$$

此时 $\varphi(\omega)$ 才与 ω 近似成线性关系，且 $A_u(\omega)\approx A_u(\omega_0)=\omega_0 C_1 R$。若 f_0 调谐在输入调频波的载频 f_c 上，即 $f_0=f_c$，且调频波的瞬时频率 $f(t)=f_c+\Delta f(t)$，则上式可写成

$$\varphi\approx\frac{\pi}{2}-\frac{2Q}{f_c}\Delta f(t)=\frac{\pi}{2}-\Delta\varphi \tag{6-45}$$

式中，$\pi/2$ 为固定相移(或 $f=f_c$ 时的相移)，$(-\Delta\varphi)$ 为 f 偏离 f_c 时的附加相移，且

$$\Delta\varphi=\arctan\xi\approx\xi\approx\frac{2Q}{f_c}\Delta f(t) \tag{6-46}$$

可见，当输入调频波的频偏 $\Delta f(t)$ 较小时(保证失谐较小)，相移 φ 与频偏 $\Delta f(t)$ 成线性关系。如果调频波的最大频偏已确定且较大时，可减小回路的并联电阻 R，使 Q 减小，则 ξ 较小(失谐较小)，保证 φ 与 $\Delta f(t)$ 的近似线性关系。

2) 乘积型鉴相器

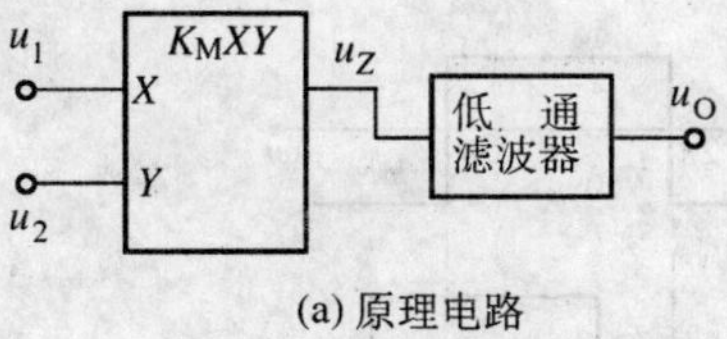

(a) 原理电路

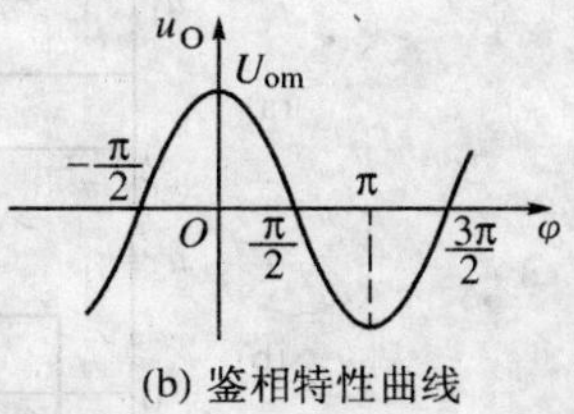

(b) 鉴相特性曲线

图6.24 乘积型鉴相器

乘积型鉴相器是由模拟乘法器和低通滤波器组成的，如图6.24(a)所示，它可把两个同频信号的相位差转换成电压输出。设 $u_1=U_{1m}\cos\omega t$，$u_2=U_{2m}\cos(\omega t+\varphi)$，即 u_1、u_2 的相位差为 φ，则乘法器输出电压

$$u_Z=K_M u_1 u_2=\frac{1}{2}K_M U_{1m}U_{2m}\cos\varphi+\frac{1}{2}K_M U_{1m}U_{2m}\cos(2\omega t+\varphi)$$

低通滤波器滤去 2ω 频率分量，滤波器输出电压

$$u_O=\frac{1}{2}K_M U_{1m}U_{2m}\cos\varphi=U_{om}\cos\varphi \tag{6-47}$$

式中，$U_{om}=K_M U_{1m}U_{2m}/2$。按上式画出的鉴相特性曲线如图6.24(b)所示，为余弦鉴相特性①。显然，u_O 与 φ 的关系是非线性的。

若 u_1 和 u_2 为图6.23(a)中频相转换网络的输入电压和输出电压，且它们的相位差 φ 由

① $u_O=U_{om}\cos\varphi=U_{om}\sin\Delta\varphi$，$u_O$ 为 $\Delta\varphi$ 的正弦函数，因此有的参考文献称为正弦鉴相特性。

式(6-43)确定,则当附加相移的绝对值 $|\Delta\varphi| < \pi/12$(或 φ 限制在 $\pi/2 \pm \pi/12$ 之内)时,由式(6-45)、(6-47)得

$$u_O \approx U_{om}\cos\left(\frac{\pi}{2} - \Delta\varphi\right) = U_{om}\sin\Delta\varphi \approx U_{om}\Delta\varphi$$

$$= \frac{1}{2}K_M U_{1m} U_{2m}\left(\frac{\pi}{2} - \varphi\right) \tag{6-48}$$

此时 u_O 与 φ 具有近似的线性关系。由于鉴相器的两个输入信号的相位差受到限制,则由它构成的鉴频器只有较窄的线性鉴频范围。但是,如果乘法器输入信号的振幅 U_{1m}、U_{2m} 足够大,这时乘法器将两输入信号双向限幅,就相当于两个同频矩形脉冲信号 u_1'、u_2' 输入,则乘法器的输出 u_Z 也为矩形脉冲信号(其幅度为 U_{zm}),如图 6.25 所示。图中,乘法器的输入 u_1'、u_2' 的相位差为 φ,而输出 u_Z 的脉宽与 φ 有关。经低通滤波器后的输出电压 u_O 等于 u_Z 的平均值。若 $0 < \varphi < \pi$(或 $|\Delta\varphi| < \pi/2$),则由图 6.25(c)可得

$$u_O = U_{zm}\frac{1}{\pi}(\pi - \varphi - \varphi) = U_{zm}\left(1 - \frac{2\varphi}{\pi}\right) \tag{6-49}$$

上式表明,大信号输入且 φ 在 $0 \sim \pi$ 之间变化时,鉴相器的输出电压 u_O 与两输入信号的相位差 φ 成线性关系,因此其构成的鉴频器的线性鉴频范围宽。实际上,乘法器此时工作在开关状态,在应用时可将两个输入正弦信号经限幅器变换为方波信号,再加到模拟乘法器的两个输入端。仔细观察图 6.25 可以发现,u_Z 波形与把 u_1'、u_2' 作为同或门的输入时门电路的输出波形相似,故把这种鉴相器又称为**符合门鉴相器**(其构成的鉴频器又称为**符合门鉴频器**)。

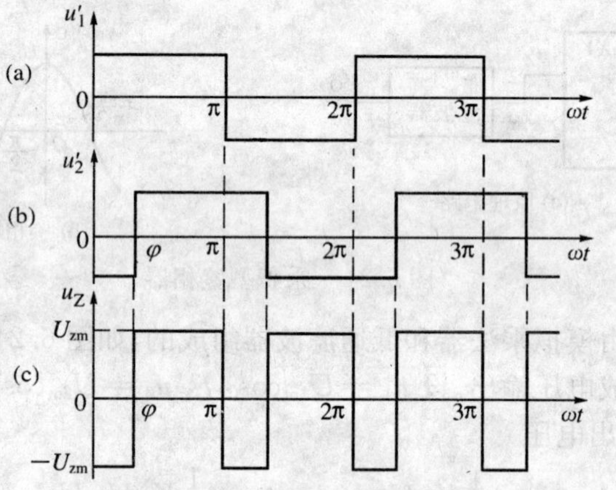

图 6.25 大信号输入时乘法器的波形

3) 乘积型相位鉴频器

综上所述,可画出图 6.26(a)所示的乘积型相位鉴频器的方框图,其中频相转换网络如图 6.23(a)所示。若 u_I 为输入调频小信号,且频相转换网络的失谐较小,设 $u_1 = u_I = U_{im}\cos(\omega_c t + m_f\sin\Omega t)$,则

$$u_2 \approx A_u(\omega_0)U_{im}\cos(\omega_c t + m_f\sin\Omega t + \varphi)$$

u_2 为调相-调频波。考虑到 $A_u(\omega_0) = \omega_0 C_1 R$,$\Delta\omega(t) = m_f\Omega\cos\Omega t = \Delta\omega_m\cos\Omega t$,$\omega_0 = \omega_c$,由式(6-45)、(6-48)得

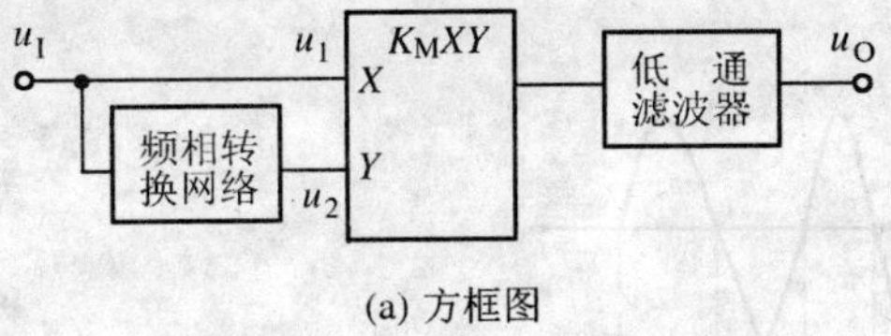

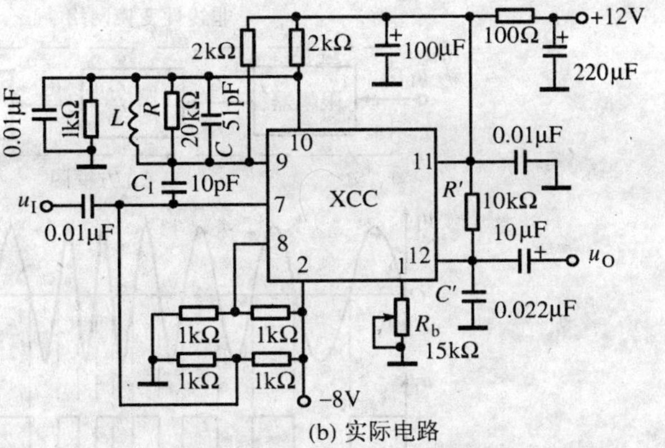

图 6.26　乘积型相位鉴频器

$$u_O = \frac{1}{2}K_M U_{im}\omega_0 C_1 R U_{im}\frac{2Q}{f_c}\Delta f(t) = QK_M C_1 R U_{im}^2 \Delta\omega_m \cos\Omega t = U_{\Omega m}\cos\Omega t \quad (6-50)$$

上式表明，u_O 与原调制信号成正比，实现了线性鉴频。

图 6.26(b) 为一用集成模拟乘法器 XCC 组成乘积型相位鉴频器的实际电路，可实现电视伴音的解调。图中，C_1、L、C、R 为频相转换网络，R′C′ 为低通滤波器。应该指出，实用的电视集成伴音电路也是由双差动乘法器构成的乘积型鉴相器等组成，与上述电路只略有不同。

*6.4.3　脉冲计数式鉴频器

按照形成脉冲电路的不同，脉冲计数式鉴频器有单稳态触发器形成脉冲、延时法形成脉冲等不同的电路。这里只介绍前者，其方框图如图 6.27(a) 所示。其中限幅器、微分网络和单稳态触发器构成图 6.17 中的非线性变换网络，各部分的波形如图 6.27(b) 所示。下面分析该电路的工作原理。

由图 6.27(b) 可以看出，输入调频波 u_I 经过限幅器后变换为等幅、宽度却不同的调频方波 u_1，而后通过微分网络变换为双极性尖脉冲序列 u_2。u_2 中的负极性尖脉冲去触发单稳态电路，产生宽度均为 t_w、幅度均为 A 的调频脉冲序列 u_3。显然，u_3 的密度正比于调频波的瞬时频率 $f(t)$。

设输入调频波的瞬时频率 $f(t) = f_c + \Delta f(t)$，相应的周期为 $T(t) = 1/f(t)$，则调频脉冲序列 u_3 的平均分量为

$$u_{AV} = A\frac{t_w}{T(t)} = At_w[f_c + \Delta f(t)] \quad (6-51)$$

上式表明，u_{AV} 不失真地反映了输入调频波的瞬时频率变化。因此，u_3 通过低通滤波器后，所得的输出电压 $u_O = u_{AV}$ 就是所需的原调制电压，如图 6.27(b) 所示。

为了实现不失真的鉴频，u_3 中两个相邻脉冲不得互相重叠，不难得到调频波的瞬时频率 f 应满足：

$$f < f_{max} = 1/t_w \quad (6-52)$$

式中，$f_{max} = f_c + \Delta f_m$。为了提高工作频率，就应减小 t_w，但这样一来又会使鉴频灵敏度降低。此外，因受单稳态电路的限制，t_w 不可能非常小。

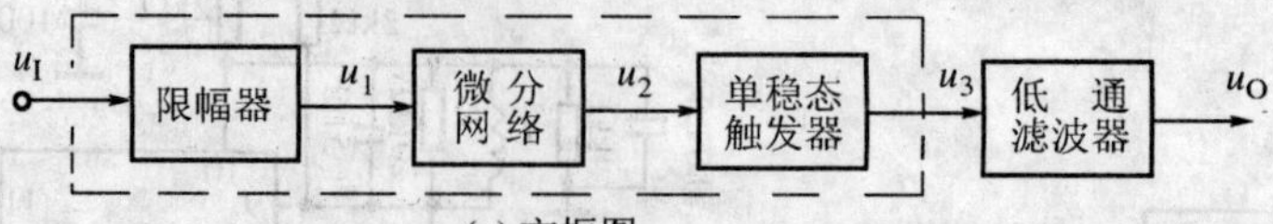

(a) 方框图

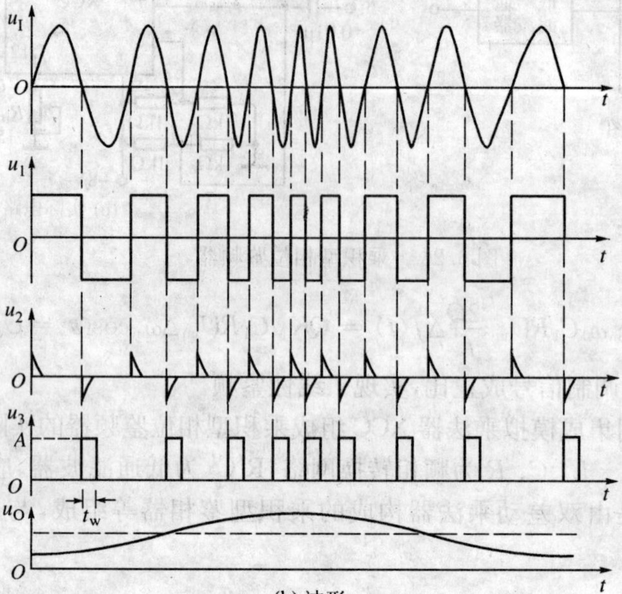

(b) 波形

图 6.27 单稳态触发器形成脉冲的脉冲计数式鉴频器的方框图及波形

脉冲计数式鉴频器具有线性鉴频范围大、便于集成和不需要 LC 回路等优点，但其工作频率不能很高，目前只能在 10MHz 以下的频率工作。

6.5 自动频率控制

在电子设备中，除了采用自动增益控制外，还广泛采用自动频率控制（Automatic Frequency Control，AFC）。AFC 又称为**自动频率微调**，它也是一种反馈控制电路，能自动调整振荡器的频率，使之稳定在某一预期的标准频率附近。

6.5.1 AFC 的工作原理

AFC 的原理方框图如图 6.28 所示。图中，标准频率源可采用石英晶体振荡器，压控振荡器（Voltage Controlled Oscillator，VCO）是一个产生所需频率信号的被稳定的振荡器。VCO 的振荡频率受控于控制电压，其电路实际上就是变容管直接调频电路，不过变容管两端加的电压不是调制信号，而是控制电压。设标准频率源的振荡频率为 f_i，VCO 的振荡频率为 f_s，在频率比较器中 f_s 与 f_i 进行比较，输出与这两个频率之差（f_s-f_i）成比例的电压 u_D，称为**误差电压**。u_D 作为控制电压作用于 VCO，使其振荡频率 f_s 趋于

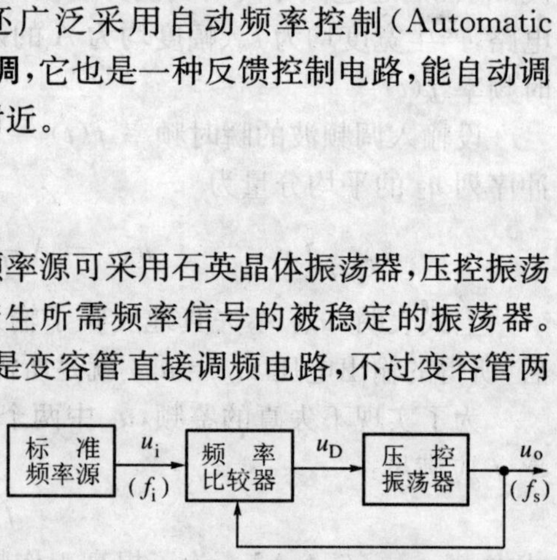

图 6.28 AFC 的原理方框图

f_i。显然，若$f_s = f_i$（这种情况一般不可能出现），则 $u_D = 0$，VCO 的振荡频率 f_s 不变；若 $f_s \neq f_i$，则 $u_D \neq 0$，f_s 趋于 f_i，使二者的频差减小。

由于误差电压 u_D 是由频率比较器产生的，且自动频率控制过程正是利用误差电压的反馈作用来控制 VCO，使 f_s 与 f_i 的差别逐渐减小，因此在最后的稳定状态下，f_s 不可能等于 f_i，而是有一个很小的**剩余频差** Δf_s。否则，若$\Delta f_s = 0$，即两个振荡器的频率相等，则 $u_D = 0$，AFC 的作用就不存在了。正是剩余频差 Δf_s 的存在，使频率比较器输出某一误差电压，该电压控制 VCO，使其振荡频率稳定在 $f_i \pm \Delta f_s$。因此，AFC 只能使被控的振荡器（VCO）的振荡频率 f_s 接近所需要的振荡频率 f_i，而不可能等于 f_i，这也是反馈控制电路的一个重要特点。

为什么不能直接用石英晶体振荡器取代压控振荡器呢？这是由于通常情况下二者的振荡频率不同（见后文），或者电路中其他性能指标不能满足需要。在图 6.28 中，频率比较器常常就是鉴频器，并且鉴频器的中心频率就作为 AFC 系统的标准频率 f_i，不需要另外由标准频率源提供。

6.5.2 AFC 的应用

AFC 广泛用于发射机和接收机中，现简单介绍如下。

1）采用 AFC 的调频器

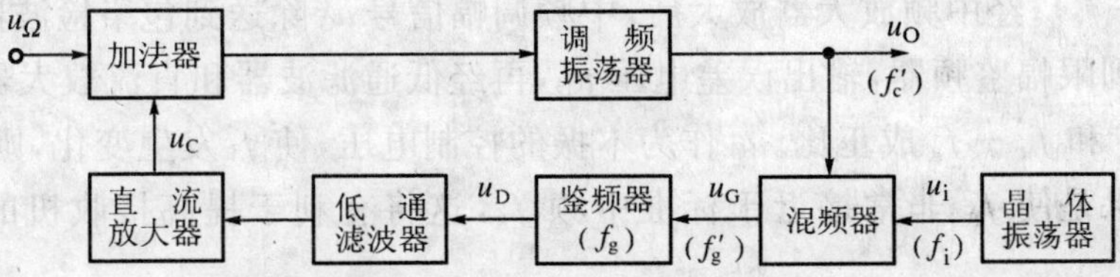

图 6.29　采用 AFC 的调频器方框图

图 6.29 为采用 AFC 的调频器组成框图。采用 AFC 的目的在于稳定调频振荡器的中心频率，即稳定输出调频波 u_O 的中心频率。图中，调频振荡器就是 VCO，它由振荡回路含有变容管的 LC 振荡器组成的。因为石英晶体振荡器的频率变化范围很窄，无法满足调频波频偏的要求，而且其振荡频率并不恰好等于调频波的中心频率，因此无法用石英晶振作为调频振荡器，而只能采用 LC 振荡器。但是 LC 振荡器的频率稳定度差，因此用一个石英晶振对调频振荡器的中心频率进行控制，从而获得中心频率稳定度高而频偏又足够宽的调频信号 u_O。

设调频信号 u_O 的额定中心频率为 f_c，而实际的中心频率为接近 f_c 的 f_c'，晶振的频率为 f_i。理想情况下，混频器的输出 u_G 是与 u_O 频偏相同的调频波，其中心频率 $f_g = f_i - f_c$，而实际上 u_G 的中心频率为 $f_g' = f_i - f_c'$。显然，u_G 中心频率的偏移与 u_O 中心频率的偏移相同。若鉴频器的中心频率为 f_g，则 u_G 经鉴频后，鉴频器输出的误差电压 u_D 与 u_O 的频偏（反映调制信号）、u_O 中心频率的偏移二者之和成正比。若低通滤波器的通带截止频率足够低，使 u_D 通过后，其中随 u_O 频偏变化的分量被滤除，随 u_O 中心频率偏移变化的分量由于变化极其缓慢而成为滤波器的输出电压，并被直流放大器放大为控制电压 u_C。因此，u_C 只反映了 u_O 中心频率的偏移。u_C 与调制信号 u_Ω 通过加法器相加后，一齐送到调频振荡器中变容管的两端，使振荡器的频率发生变化。其中，调频振荡器的中心频率在 u_C 的控制下，趋于 $f_c = f_i - f_g$；而 u_Ω 使振荡器频率的变化就是 u_O 的频偏。实际上，当 $u_\Omega = 0$，即调制信号未加入时，调频振荡器的频率就是 u_O 的中心频率（载频），这时振荡器只受 u_C 控制。

由上述分析可知，调频振荡器中心频率的稳定度除了与晶振频率 f_i 的稳定度有关外，主要取决于鉴频器中心频率 f_g 的稳定度。为此，鉴频器谐振回路的元件应精心选择。

2）采用 AFC 的调幅接收机

图 6.30 为采用 AFC 电路的调幅接收机组成方框图。它比普通调幅接收机增加了限幅鉴频器、低通滤波器和直流放大器，同时将本振改为压控振荡器。图中，鉴频器的中心频率等于标准中频 f_g，而低通滤波器的通带截止频率很低。

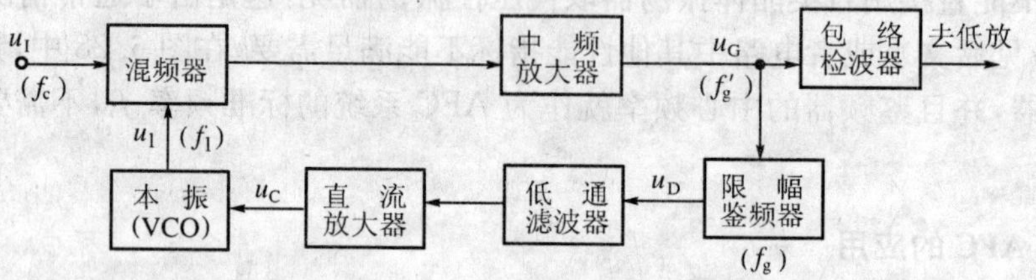

图 6.30 采用 AFC 的调幅接收机组成方框图

输入调幅波 u_I（其载频为 f_c）与本振信号 u_l（频率为 f_l）混频后，输出中频调幅波（其载频 $f'_g = f_l - f_c$）。经中频放大器放大后，中频调幅信号 u_G 除送到包络检波器取出原调制信号外，还送到限幅鉴频器，输出误差电压 u_D，再经低通滤波器和直流放大器得到控制电压 u_C。显然，u_C 和 $f'_g - f_g$ 成正比。u_C 作为本振的控制电压，使 f_l 发生变化，则 f'_g 也发生变化，变化的结果是使 f'_g 非常接近于标准中频 f_g，这将有利于提高接收机的灵敏度和选择性。

小结

（1）调频和调相都会引起已调波的瞬时频率和瞬时相位的变化，所以二者是密切相关的。但是，由于在频带的利用方面调频具有调相无法比拟的优点，所以在实用中调频远比调相广泛得多。

（2）调频制是一种性能良好的调制方式。与调幅制相比，调频制具有抗干扰能力强、信号传输的保真度高、发射机的功放管利用率高等优点。但调频波所占用的频带要比调幅波宽得多，因此必须工作在超短波以上的波段。由于这些波段电磁波传播的特点，调频通信覆盖的区域就很小，为此必须采用差转机（中继站）或卫星通信，这使得调频通信的设备复杂。

（3）实现调频的方法有直接调频法和间接调频法两种。前者具有频偏大、调制灵敏度高等优点，如若要求其中心频率稳定度高，则要采用自动频率控制等技术，从而使电路复杂。后者的中心频率比较稳定，但频偏小，必须采用倍频、混频等来扩展线性频偏。

（4）实现鉴频的方法及相应的电路很多。无论哪一种鉴频电路，都要求线性鉴频范围不小于调频波的最大频偏的两倍，以保证鉴频器的非线性失真尽可能小。为了防止出现寄生调幅，鉴频器前一般都加一限幅器。

（5）自动频率控制可以稳定频率，因此在电子设备中应用较广。随着锁相环（见下一章）应用的日益广泛，AFC 电路将逐渐被锁相环所取代。

习题六

6-1　求下述电压信号的瞬时频率 $f(t)$，并说明它们随时间变化的规律：(1) $u(t)=2\cos(10^7\pi t+10^4\pi t^2)$；(2) $u(t)=5\cos(10^6\pi t+\sin 10^3\pi t)$。

6-2　已知载频 $f_c=100$ MHz，载波电压振幅 $U_{cm}=5$ V，调制信号 $u_\Omega(t)=\cos 2\times10^3\pi t+2\cos 10^3\pi t$ V。试写出下述条件下调频波的数学表达式：(1) 调频灵敏度 $k_f=1$kHz/V；(2) 最大频偏 $\Delta f_m=20$ kHz。

6-3　载波振荡的频率 $f_c=25$ MHz，振幅 $U_{cm}=4$ V；调制信号为单频余弦波，频率为 $F=400$ Hz；最大频偏 $\Delta f_m=10$ kHz。(1) 分别写出调频波和调相波的数学表达式；(2) 若调制频率变为 2kHz，其他参数均不变，再分别写出调频波和调相波的数学表达式。

6-4　若调制信号 $u_\Omega(t)$ 为图 P6.1 所示的矩形波，试分别画出调频和调相时，频偏 $\Delta f(t)$ 和相偏 $\Delta\varphi(t)$ 随时间变化的曲线。

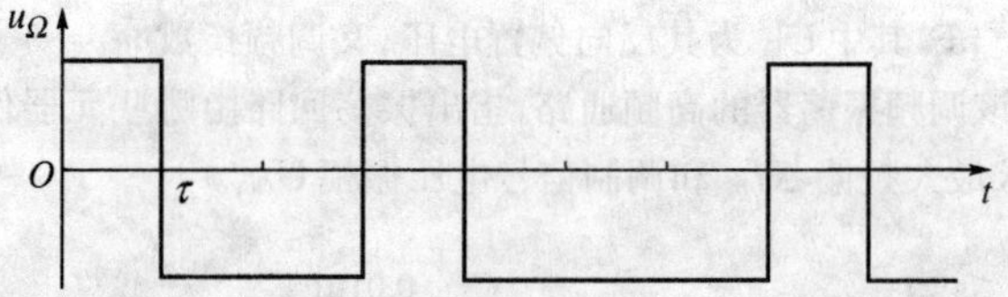

图 P6.1

6-5　若调频波的中心频率 $f_c=100$ MHz，最大频偏 $\Delta f_m=75$ kHz，求最高调制频率 F_{max} 为下列数值时的 m_f 和 f_{bw}：(1) $F_{max}=300$ Hz；(2) $F_{max}=3$ kHz；(3) $F_{max}=15$ kHz。

6-6　设调角波的表达式为 $u(t)=5\cos(2\times10^6\pi t+5\cos 2\times10^3\pi t)$ V。(1) 求载频 f_c、调制频率 F、调制指数 m、最大频偏 Δf_m、最大相偏 $\Delta\varphi_m$ 和带宽 f_{bw}；(2) 这是调频波还是调相波？求相应的原调制信号（设调频时 $k_f=2$ kHz/V，调相时 $k_p=1$ rad/V）。

6-7　若调角波的调制频率 $F=400$ Hz，振幅 $U_{\Omega m}=2.4$ V，调制指数 $m=60$ rad。(1) 求最大频偏 Δf_m；(2) 当 F 降为 250 Hz，同时 $U_{\Omega m}$ 增大为 3.2 V 时，求调频和调相情况下调制指数各变为多少？

6-8　用正弦调制的调频波的瞬时频率为 $f(t)=10^6+10^4\cos 2\times10^3\pi t$ Hz，振幅为 10 V，试求：(1) 该调频波的表达式；(2) 最大频偏 Δf_m、调频指数 m_f、带宽 f_{bw} 和在 1 Ω 负载上的功率 P_{av}；(3) 若将调制频率提高为 2×10^3 Hz，$f(t)$ 中其他量不变，则 Δf_m、m_f、f_{bw} 和 P_{av} 有何变化？

6-9　若载波 $u_c(t)=10\cos 10^8\pi t$ V，调制信号为 $u_\Omega(t)=5\sin 2\times10^3\pi t$ V，且最大频偏 $\Delta f_m=12$ kHz，写出调频波的表达式。

6-10　有一调频波和调幅波，它们的载频均为 1 MHz，调制电压均为 $u_\Omega(t)=0.1\sin 2\times10^3\pi t$ V。已知调频时，0.1 V 的调制电压幅度产生的频偏为 100 Hz。(1) 比较这两个已调信号的带宽；(2) 若调制信号改为 $u_\Omega(t)=20\sin 2\times10^3\pi t$ V，问它们的带宽有何变化？

6-11　在变容管直接调频电路中，如果加到变容管的交流电压振幅超过直流偏压的绝对值，则对调频电路有什么影响？

6-12　变容管直接调频电路如图 P6.2 所示，其中心频率 $f_c=360$ MHz，变容管的 $\gamma=3$，$U_{h0}=0.6$ V，$u_\Omega(t)=\cos\Omega t$ V。图中 L_1 和 L_3 为高频扼流圈，C_3 为隔直电容，C_4 和 C_5 为高频旁路电容。(1) 分析电路的工作原理和各元件的作用；(2) 调整 R_2，使加到变容管的反向偏置电压 U_Q 为 6 V，此时 $C_{jQ}=20$ pF，试求振荡回路的电感 L_2；*(3) 求最大频偏 Δf_m。

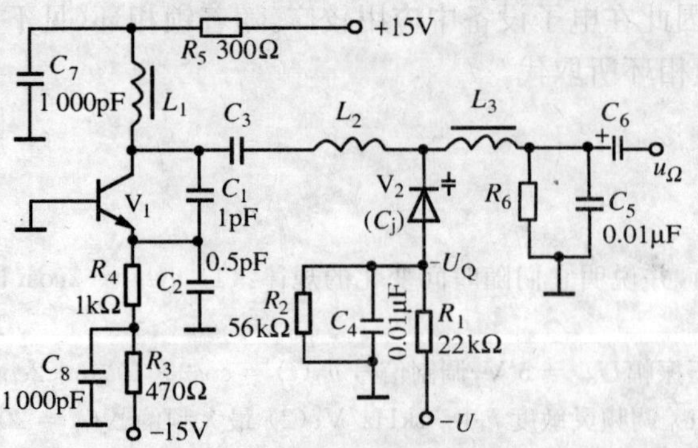

图 P6.2

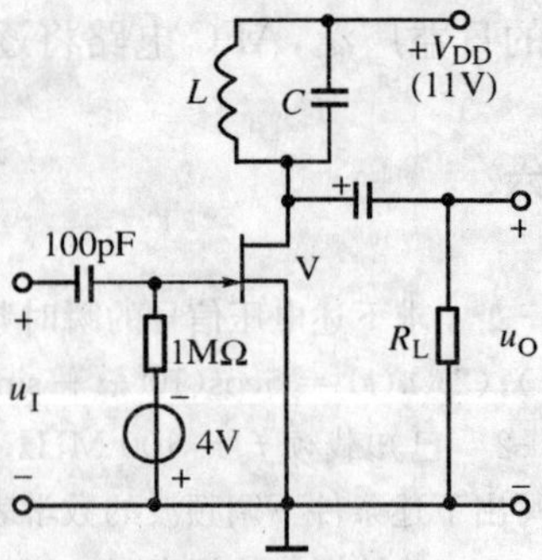

图 P6.3

6 - 13　在图 P6.3 所示电路中，结型场效应管在恒流区具有平方律特性，且其参数 $I_{DSS}=4$ mA，$U_{GS(off)}=-4$ V，输入信号为调频波，$u_I=4\cos(10^8t+10\sin10^4t)$ V，LC谐振回路调谐在 $2f_c$ 上，$R_L=5$ kΩ。试求输出电压 $u_O(t)$、$\Delta\omega_m$ 及 m_f。

*6 - 14　双变容管直接调频电路如图 P6.4 所示，若 $u_\Omega(t)=U_{\Omega m}\cos2\times10^4\pi t$ V，变容管 V_1、V_2 的结电容均为 $C_j=(U_Q+u_\Omega)^{-1/2}$ pF，其中 U_Q 为其反向偏置电压；又调频指数 $m_f=5$ rad，$u_\Omega(t)=0$ 时的振荡频率 $f_c=5$ MHz。(1) 画出该调频振荡器的高频通路，指出振荡回路由哪些元器件构成；(2) 求变容管的直流偏置电压 $(-U_Q)$；(3) 求最大频偏 Δf_m 和调制信号电压振幅 $U_{\Omega m}$。

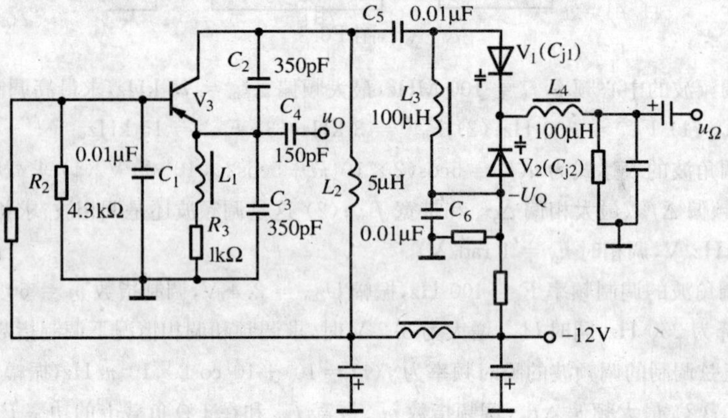

图 P6.4

6 - 15　调制信号为余弦波，当频率 $F=500$ Hz、振幅 $U_{\Omega m}=1$ V 时，调角波的最大频偏 $\Delta f_{m1}=200$ Hz。若 $U_{\Omega m}$ 仍为 1 V，但 F 增大为 1 kHz 时，要求将最大频偏增加为 $\Delta f_{m2}=20$ kHz。试问：应倍频多少次（计算调频和调相两种情况）？

6-16　一平方律器件的特性为 $u_O=ku_I^2$（k 为常数）。若将该器件用作二倍频器，试证明：当输入信号为调幅波，即 $u_I(t)=U_{cm}(1+m_a\cos\Omega t)\cos\omega_ct$ 时，其输出的倍频信号为失真的调幅波；而当输入信号为调频波，即 $u_I(t)=U_{cm}\cos(\omega_ct+m_f\sin\Omega t)$ 时，其输出的倍频信号为不失真的调频波，且最大频偏加倍。

6-17　一调频设备如图 P6.5 所示，要求输出调频波的载频 $f_c=100$ MHz，最大频偏 $\Delta f_m=75$ kHz。若调制频率 $F=100$ Hz ~ 15 kHz，本振频率 $f_1=40$ MHz，混频器的输出频率 $f_{c3}=f_1-f_{c2}$，倍频器 Ⅰ、Ⅱ 的倍频次数分别为 $N_1=5$，$N_2=10$。求：(1) LC直接调频电路输出的 f_{c1} 和 Δf_{m1}；(2) 放大器 Ⅰ、Ⅱ 的通频带 f_{bw1} 和 f_{bw2}。

6 - 18　在图 6.9 所示的间接调频原理电路中，调相器的（最大）调相指数 $m_p=0.5$ rad，积分器的增益 k_i

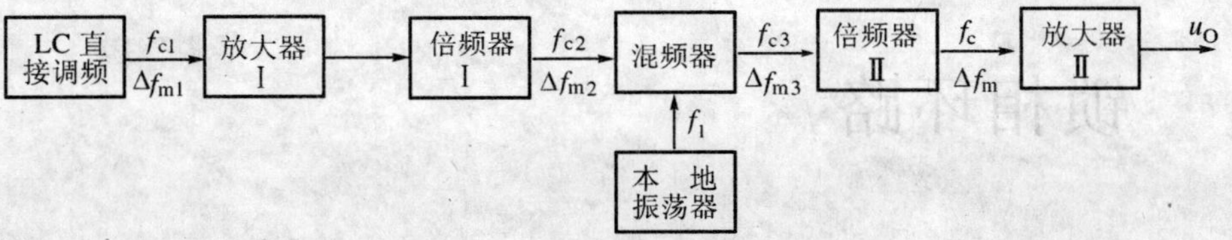

图 P6.5

$=1\ s^{-1}$，调制信号 $u_\Omega(t)$ 的频率 $F=100\ Hz\sim15\ kHz$，且各频率分量的振幅相同。(1) 各调制分量的调相指数是否相同?哪个分量的调相指数等于 0.5 rad?(2) 求 $u_O(t)$ 的最大频偏 Δf_{m1}；(3) 若要求输出调频电压的载频 $f_c=90\ MHz$，最大频偏 $\Delta f_m=75\ kHz$，问 $u_O(t)$ 需经多少次倍频器才能获得?调相器的载频 f_{c1} 为多少?

6-19　双失谐回路斜率鉴频器的一只二极管短路或开路，各会产生什么后果?如果一只二极管极性接反，又会产生什么后果?

6-20　调角波 $u_1(t)=U_{im}\cos(\omega_c t+m\sin\Omega t)$ 加在 RC 高通滤波器上。若在 $u_1(t)$ 的频带内，其瞬时频率均满足 $1/\omega\gg RC$。试证明 R 上的电压 u_R 是一个调幅-调角波，并求其调幅度。

6-21　某鉴频器的线性鉴频范围 $2\Delta f_{max}=100\ kHz$，鉴频跨导为 3 mV/kHz，其输入调频信号 $u_1(t)=2\cos(10^7\pi t+8\sin10^4\pi t)$ V，试画出鉴频器输出电压的波形。

*6-22　晶体鉴频器的原理电路如图 P6.6 所示，它可用于窄带鉴频。图中，二极管 V_1、V_2 的特性相同，它们与两个 R_L、C_L 分别组成包络检波器；输入调频信号 $u_1(t)$ 的中心频率为 f_c，晶体的两个谐振频率为 f_q、f_p，且 $f_c=(f_q+f_p)/2$；C 与晶体组成分压器，且在 f_c 二者产生串联谐振。试分析该电路的工作原理。

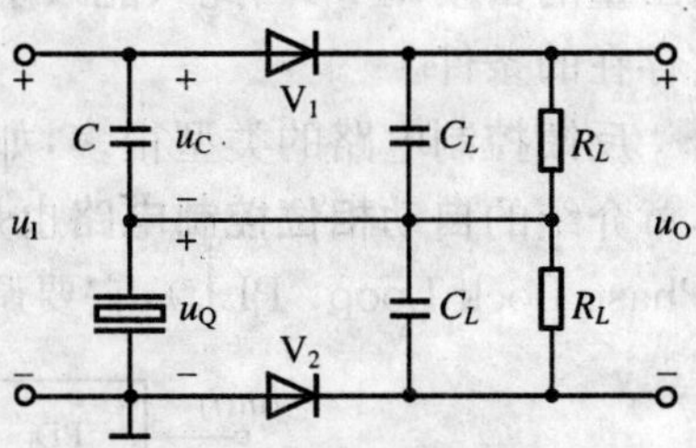

图 P6.6

6-23　试写出图 P6.7 各电路的输出电压 $u_O(t)$ 的表达式，并指出该电路的功能。(1) 在图(a)中，设 $u_\Omega(t)=U_{\Omega m}\cos2\times10^3\pi t$，$u_c(t)=U_{cm}\cos2\times10^6\pi t$，且 $R=50\ k\Omega$，$C=0.2\ \mu F$；(2) 在图(b)中，设 $u_\Omega(t)=U_{\Omega m}\cos2\times10^3\pi t$，$u_c(t)=U_{cm}\cos2\times10^6\pi t$，且 $R=100\ \Omega$，$C=0.03\mu F$；(3) 在图(c)中，设 $u_1(t)=U_{im}\cos(\omega_c t+m_f\sin\Omega t)$，其中 $\Omega=2\pi\times10^3$ rad/s，$m_f=10$ rad，且 $R=100\ \Omega$，$C=0.03\ \mu F$，鉴相器的鉴相特性为 $u_D=A_\varphi\Delta\varphi$。

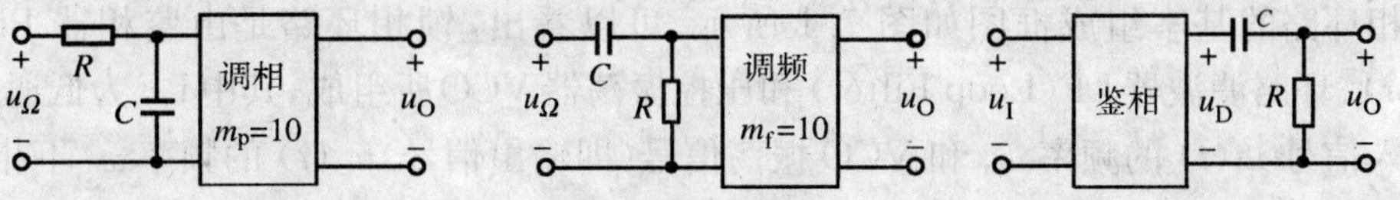

图 P6.7

7 锁相环路

由于锁相环路具有锁定后无频差的特点，因此它获得了广泛的应用。本章首先阐述锁相环路的基本工作原理，接着讨论锁相环路的相位模型及其性能，最后介绍集成锁相环路和锁相环路的应用。

7.1 锁相环路的基本工作原理

在电子设备中，为了提高它们的性能指标，广泛采用各种类型的控制电路。这些控制电路都是利用反馈的原理实现对自身的调节与控制，因此统称为**反馈控制电路**(Feedback Control Circuits)。由于反馈控制电路都是利用输出量与输入量之间误差的反馈作用实现对输出量的自动调节，因此只能减小上述的误差，而不能使误差为零，否则反馈作用就失去了它存在的条件。

反馈控制电路的类型很多，如 AGC、AFC 电路，它们要调节的参量分别为电压和频率。本章介绍的**自动相位控制电路**也是一种反馈控制电路。自动相位控制电路又称为**锁相环路**(Phase Lock Loop, PLL)，它要调节的参量为相位，因此 PLL 是一个相位负反馈系统。

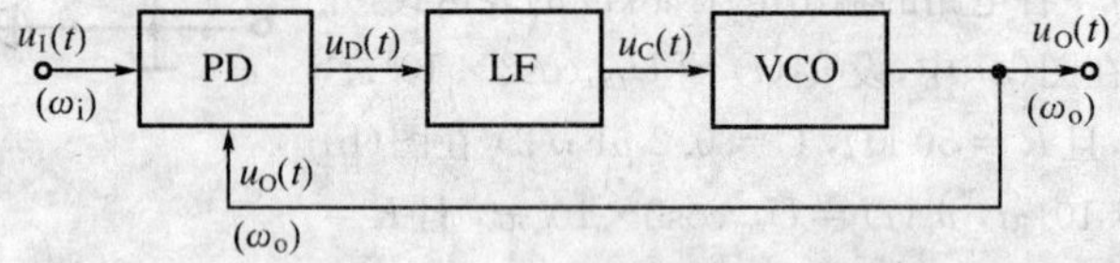

图 7.1 锁相环路的基本组成框图

锁相环路的基本组成框图如图 7.1 所示。可以看出，锁相环路是由鉴相器 PD(Phase Detector)、环路滤波器 LF(Loop Filter)和压控振荡器 VCO 所组成，其中 LF 为低通滤波器。如果输入信号 $u_I(t)$ 的频率 ω_i 和 VCO 振荡信号(即输出信号)$u_O(t)$ 的频率 ω_o 不相等①，则称锁相环路处于**失锁**状态，此时两个信号必然存在变动的相位差。PD 对两个信号的相位进行比较，输出一个与相位差成比例的误差电压 $u_D(t)$。该电压经 LF 后，取出其中缓慢变化的直流或低频电压分量 $u_C(t)$ 作为控制电压。显然，$u_C(t)$ 也随着相位差的变动作相应的变化。$u_C(t)$ 加到 VCO 上，从而控制 VCO 的振荡频率，使 ω_o 不断改变，于是 $u_O(t)$ 与 $u_I(t)$ 的相位差不断减小，最终可能等于某一较小的恒定值，即二者的相位被**锁定**(Lock-in)，锁相一词也由此而来。

我们知道，瞬时频率与瞬时相位的关系为

$$\omega(t) = \frac{d\varphi(t)}{dt} \qquad \varphi(t) = \int_0^t \omega(t)dt + \varphi_0$$

① 在一般的情况下，ω_i 与 ω_o 为某种预定的关系。

同样，两个信号的频率差 $\Delta\omega_e(t)$ 与相位差 $\varphi_e(t)$ 的关系为

$$\Delta\omega_e(t)=\frac{d\varphi_e(t)}{dt} \qquad \varphi_e(t)=\int_0^t \Delta\omega_e(t)dt+\varphi_0$$

显然，若两个信号的频率相等，则它们的相位差为不变的恒定值；反之，若两个信号的相位差为恒定值，则它们的频率必定相等。因此，当锁相环路的 $u_I(t)$ 与 $u_O(t)$ 的相位差等于某一较小的恒定值时，VCO 的振荡频率 ω_o 就等于输入信号频率 ω_i，即 $\omega_o=\omega_i$，我们称此时环路处于锁定状态。

总之，当环路锁定后，VCO 振荡信号和输入信号的频率相等，但二者存在恒定的相位差，称为**稳态相位差**(Steady-state Phase Error)或**剩余相差**。这个稳态相位差经鉴相器转变为直流误差电压，通过环路滤波器去控制 VCO，保证 ω_o 与 ω_i 同步，维持环路锁定。

由于是反馈控制电路，因此在稳定状态下，AFC 电路存在剩余频差(稳态频差)，锁相环路则存在剩余相差。锁相环路虽然存在剩余相差，但它不存在剩余频差，即输出信号的频率等于输入信号的频率。这表明，由于锁相环路通过相位来控制频率，所以可以实现无误差的频率跟踪，这是它优于 AFC 之处。

7.2 锁相环路的相位模型及性能分析

锁相环路由于具有无误差频率跟踪的特点，可以实现较为理想的频率控制，因此应用很广，而这些应用都是建立在图 7.1 所示的基本锁相环路的基础上。因此，本节先研究锁相环路的相位模型和基本方程，再对其性能进行简单分析。

7.2.1 锁相环路的相位模型

为了得到基本锁相环路的相位模型，就要先对其各组成部分进行分析。

1) 鉴相器

在锁相环路中，作为相位比较器的鉴相器，其两个输入信号分别为环路的输入信号 $u_I(t)$ 和 VCO 的输出信号 $u_O(t)$，而输出与上述两个信号的瞬时相位差成比例的误差信号 $u_D(t)$，如图 7.2 所示。设 ω_r 为 VCO 未加控制电压时的固有振荡频率，并用它作为环路的参考频率。考虑到锁相环路工作时，$u_O(t)$ 的实际频率 ω_o 是不断变化着的，并且 $u_I(t)$ 的频率 ω_i 也可能发生变化，因此 ω_i 和 ω_o 可分别表示为

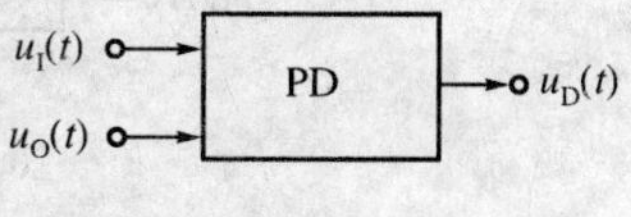

图 7.2 鉴相器的框图

$$\omega_i=\omega_r+\frac{d\varphi_i(t)}{dt} \qquad \omega_o=\omega_r+\frac{d\varphi_o(t)}{dt} \tag{7-1}$$

则 $u_I(t)$ 和 $u_O(t)$ 的表达式分别为

$$u_I(t)=U_{im}\cos\left(\int\omega_i dt\right)=U_{im}\cos(\omega_r t+\varphi_i(t)+\varphi) \tag{7-2}$$

$$u_O(t)=U_{om}\cos\left(\int\omega_o dt\right)=U_{om}\cos(\omega_r t+\varphi_o(t)) \tag{7-3}$$

式中，φ 为起始相位，即式(7-3)中积分常数取零时式(7-2)中的积分常数。显然，φ 表示 $u_I(t)$ 与 $u_O(t)$ 之间的固定相差，一般取 $\varphi=-\pi/2$，则

$$u_I(t)=U_{im}\sin(\omega_r t+\varphi_i(t)) \tag{7-4}$$

鉴相器的电路很多，下面简单介绍两种常用电路。

(1) 乘积型鉴相器

采用模拟乘法器构成乘积型鉴相器的电路，已在 6.4.2 节中作过介绍。当模拟乘法器的输入信号为式(7-3)的 $u_O(t)$ 和式(7-4)的 $u_I(t)$ 时，考虑到其输出 $u_D(t)$ 中的高频分量将被 LF 所滤除，则 $u_D(t)$ 可表示为

$$u_D(t)=\frac{1}{2}K_M U_{im} U_{om}\sin(\varphi_i(t)-\varphi_o(t))=K_d\sin\varphi_e(t) \tag{7-5}$$

式中，$K_d=K_M U_{im} U_{om}/2$ 为鉴相器的最大输出电压；$\varphi_e(t)$ 为 $u_I(t)$ 与 $u_O(t)$ 的瞬时相位差(不计固定相差)，即

$$\varphi_e(t)=\varphi_i(t)-\varphi_o(t) \tag{7-6}$$

满足式(7-5)的鉴相特性称为**正弦鉴相特性**，如图 7.3 所示。这种鉴相器称为正弦特性鉴相器。

在实际工作中，$\varphi_e(t)$ 往往很小。如果 $|\varphi_e(t)|\leqslant\pi/12$，则式(7-5)可近似写成

$$u_D(t)\approx K_d(\varphi_i(t)-\varphi_o(t))=K_d\varphi_e(t) \tag{7-7}$$

可见，当 $|\varphi_e(t)|\leqslant\pi/12$ 时，鉴相特性近似为线性，此时该鉴相器可以作为线性元件来处理。鉴相特性曲线的斜率称为**鉴相灵敏度**，显然，上述鉴相器的鉴相灵敏度等于 K_d。

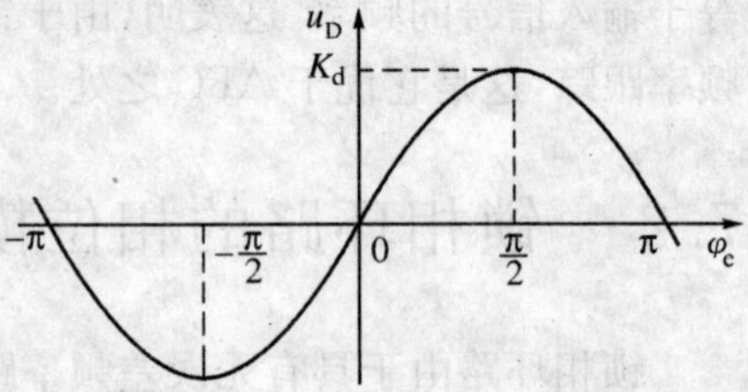

图 7.3　模拟乘法器的正弦鉴相特性

*(2) 异或门鉴相器

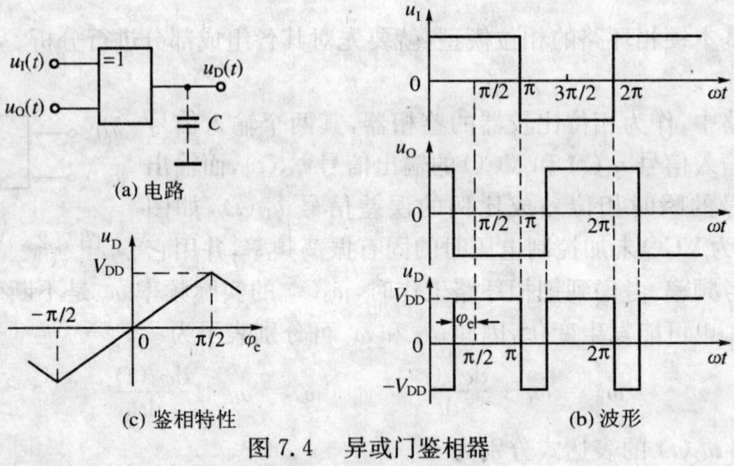

图 7.4　异或门鉴相器

采用异或门可以构成鉴相器，如图 7.4(a) 所示。异或门的功能是当两个输入信号均为高电平或低电平时，输出为低电平；而当两个输入信号中一个为高电平、另一个为低电平时，输出为高电平。这种鉴相器的两个输入信号 $u_I(t)$ 和 $u_O(t)$ 均为方波(可通过放大限幅电路获得)，其输出信号 $u_D(t)$ 为矩形波，如图 7.4(b) 所示。

$u_I(t)$ 与 $u_O(t)$ 的瞬时相位差 $\varphi_e(t)$ 也标在图 7.4(b) 上，这是考虑到 $\varphi_e(t)$ 不计固定相差 $-\pi/2$ 而得到的。当 $|\varphi_e(t)|\leqslant\pi/2$ 时，$u_D(t)$ 的平均值为

$$u_{D(AV)}=\frac{V_{DD}[(\frac{\pi}{2}+\varphi_e(t))-(\frac{\pi}{2}-\varphi_e(t))]}{\pi}=\frac{2}{\pi}V_{DD}\varphi_e(t)$$

由于 $u_D(t)$ 中的高频分量将被 LF 所滤除，起作用的为其平均分量，故 $u_D(t)$ 可写成

$$u_D(t)=\frac{2}{\pi}V_{DD}\varphi_e(t)=K_d\varphi_e(t) \tag{7-8}$$

式中 $K_d=2V_{DD}/\pi$，其鉴相特性如图 7.4(c) 所示。式(7-8)与式(7-7)相似，因此 $|\varphi_e(t)|\leqslant \pi/2$ 的异或门鉴相器和 $|\varphi_e(t)|\leqslant \pi/12$ 的正弦特性鉴相器具有线性化鉴相特性。

应当指出，上述两种鉴相器构成的锁相环路，在环路锁定时 $u_I(t)$ 与 $u_O(t)$ 存在一个固定相差 $-\pi/2$。在要求锁定时两信号的相位差非常小的场合(例如数据同步传送)，这两种鉴相器就不适用了，这时可采用没有固定相差的存储式边沿触发数字鉴相器。由于篇幅所限，这种鉴相器就不作介绍。

(3) 电路模型

由式(7-5)、式(7-7)或式(7-8)可以得到鉴相器的电路模型如图 7.5(a)、(b) 所示。这个模型表明，鉴相器具有把相位差转换为误差电压输出的作用，其处理对象是 $\varphi_i(t)$ 和 $\varphi_o(t)$，而不是信号 $u_I(t)$ 和 $u_O(t)$，这是电路模型与组成框图的区别。

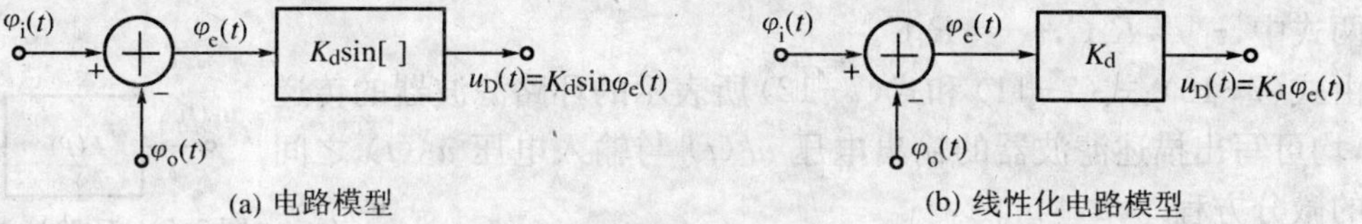

图 7.5　鉴相器的电路模型

2) 环路滤波器

环路滤波器实际上就是一个低通滤波器，其作用是滤除鉴相器输出的误差电压 $u_D(t)$ 中的高频分量和干扰分量，得到控制电压 $u_C(t)$，因此对锁相环路的性能有很大的影响。下面简单分析图 7.6 所示的三种常用环路滤波器。

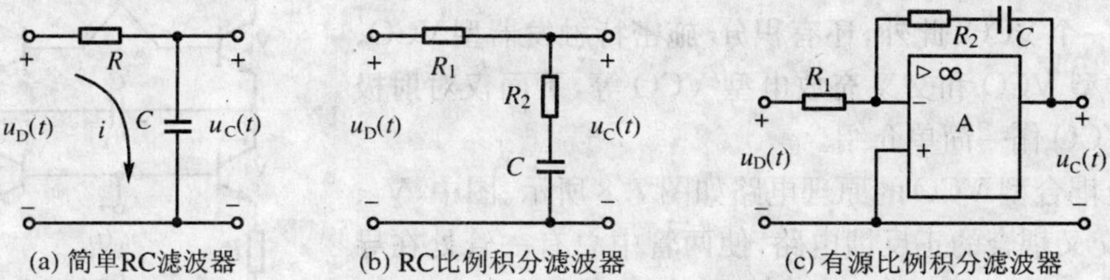

图 7.6　环路滤波器

图 7.6(a) 为简单RC滤波器。设 $\dot{U}_d(\omega)$ 和 $\dot{U}_c(\omega)$ 分别为滤波器的输入电压 $u_D(t)$ 和输出电压 $u_C(t)$ 在频域中对应的复数量，则由图 7.6(a) 可得该滤波器的传递函数

$$\dot{F}(\omega)=\frac{\dot{U}_c(\omega)}{\dot{U}_d(\omega)}=\frac{1/j\omega C}{R+1/j\omega C}=\frac{1}{1+j\omega RC}=\frac{1}{1+j\omega\tau} \tag{7-9}$$

式中，$\tau=RC$。另外，由图 7.6(a) 得

$$u_D(t)=iR+u_C(t)=RC\frac{du_C(t)}{dt}+u_C(t)=\tau\frac{du_C(t)}{dt}+u_C(t)$$

为了能在时域中表示传递函数，我们引入**微分算子** p，它定义为 $p=\frac{d}{dt}$。微分算子 p 具有下述性质：第一，$pu_C(t)=\frac{du_C(t)}{dt}$；第二，$\frac{1}{p}u_C(t)=\int u_C(t)dt$。因此，$p$ 表示求导，$\frac{1}{p}$ 表示积分。引入微分算子 p 后，时域中的传递函数用 $F(p)$ 表示，上式就可写成

$$u_D(t)=\tau pu_C(t)+u_C(t)=(1+p\tau)u_C(t)$$

则

$$F(p)=\frac{u_C(t)}{u_D(t)}=\frac{1}{1+p\tau} \tag{7-10}$$

比较式(7-9)、式(7-10)可知，只要把 $\dot{F}(\omega)$ 中的 $j\omega$ 用微分算子 p 替换，就可得到 $F(p)$。根据这一原则，不难求得图 7.6(b)、(c) 所示的 RC 比例积分滤波器和有源比例积分滤波器的传递函数 $F(p)$ 分别为

$$F(p)=\frac{1+p\tau_2}{1+p(\tau_1+\tau_2)} \tag{7-11}$$

$$F(p)=-\frac{1+p\tau_2}{p\tau_1} \tag{7-12}$$

上述两式中，$\tau_1=R_1C$，$\tau_2=R_2C$。

由式(7-10)、式(7-11)和式(7-12)所表示的环路滤波器的传递函数，均可写出描述滤波器的输出电压 $u_C(t)$ 与输入电压 $u_D(t)$ 之间关系的微分方程

$$u_C(t)=F(p)u_D(t) \tag{7-13}$$

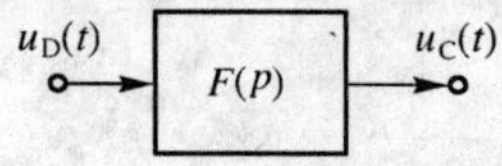

图 7.7　环路滤波器的电路模型

由上式可画出环路滤波器的电路模型，如图 7.7 所示。

3) *压控振荡器*

在锁相环路中，压控振荡器(VCO) 的作用是产生频率随控制电压 $u_C(t)$ 变化的振荡电压 $u_O(t)$。压控振荡器的电路很多，例如第 6 章介绍的变容管直接调频电路（调频振荡器）就是一个 VCO。此外，还有积分-施密特触发器型 VCO、射极耦合型 VCO 和交叉充放电型 VCO 等，下面仅对射极耦合型 VCO 作一简单介绍。

射极耦合型 VCO 的原理电路如图 7.8 所示。图中，V_1、V_2 组成交叉耦合的正反馈电路，使两管中总有一管处在导通状态（另一管在某些时间处于截止状态）。设各管发射结导通时的电压均为 U_{BE}，由图可知，V_3、V_4 的集电极电流

$$i_0=\frac{u_C-U_{BE}}{R_e}$$

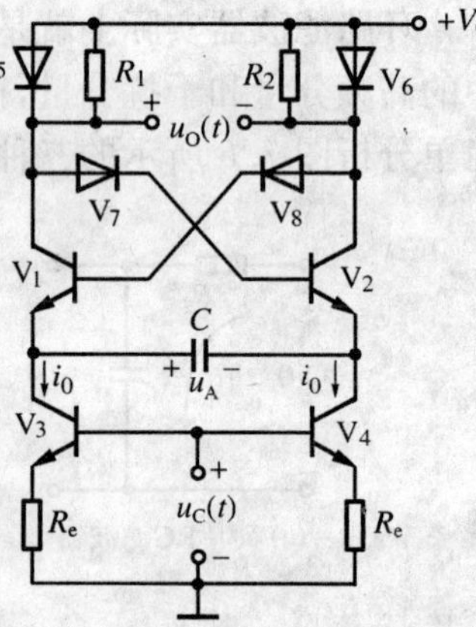

图 7.8　射极耦合型 VCO 的原理电路

设在某一时刻 V_1 导通、V_2 截止，则电容 C 被充电，充电电流等于 V_4 的集电极电流 i_0，方向是自左至右。随着充电的进行，V_1 发射极电位逐渐升高，V_2 逐渐由截止趋于导通，V_1 逐渐由导通趋于截止。当 C 两端电压 $u_A=U_{BE}$ 时，V_1 截止、V_2 导通，于是 C 反向充电，其电流就是 V_3 的集电极电流 i_0。显然，当 $u_A=-U_{BE}$ 时 V_1、V_2 又转变为 V_1 导通、V_2 截止状态，C 又

被充电，形成振荡，输出电压 $u_O(t)$ 为矩形波。可以求得振荡角频率

$$\omega_o=\frac{\pi i_0}{2CU_{BE}}=\frac{\pi(u_C-U_{BE})}{2R_eCU_{BE}} \tag{7-14}$$

可以看出，振荡频率 ω_o 受 u_C 的控制。由于二极管 V_5、V_6 的箝位作用，使 V_1、V_2 不会进入饱和区，于是状态的转换加快，因此这种 VCO 的工作频率较高。

压控振荡器的振荡频率 ω_o 随控制电压 $u_C(t)$ 变化的曲线，称为 VCO 特性曲线。一般情况下，VCO 特性曲线并非像式(7-14)那样具有线性特性，而是非线性的，如图 7.9(a) 所示。但是，在 $u_C(t)$ 的某一范围内，ω_o 与 $u_C(t)$ 之间近似为线性关系，即

$$\omega_o=\omega_r+K_ou_C(t) \tag{7-15}$$

式中，比例系数 K_o 称为压控灵敏度，单位为 rad/s·V；ω_r 为 $u_C(t)=0$ 时 VCO 的固有振荡频率。我们知道，VCO 的输出对鉴相器起作用的不是电压而是它的相位。比较式(7-1)与上式，可以得到

$$\varphi_o(t)=K_o\int_0^t u_C(t)\,\mathrm{d}t \tag{7-16}$$

可见，就 $\varphi_o(t)$ 与 $u_C(t)$ 的关系而言，VCO 在锁相环路中的作用相当于一个积分器，故常称之为**固有积分环节**。将上式中的积分用微分算子 p 的倒数表示，则有

$$\varphi_o(t)=\frac{K_o}{p}u_C(t) \tag{7-17}$$

由上式可画出 VCO 的电路模型，如图 7.9(b) 所示。

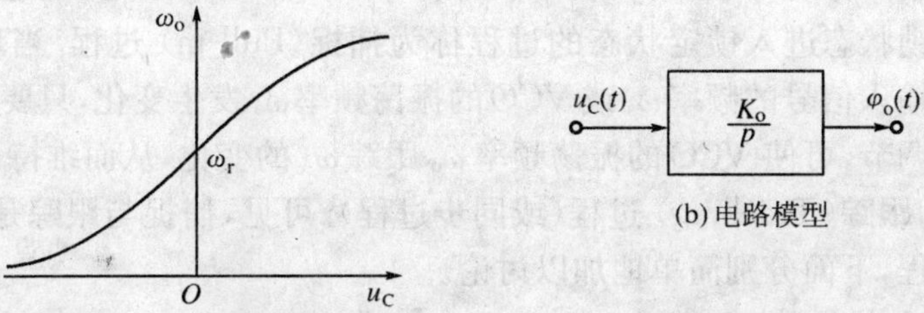

(a) 特性曲线　　(b) 电路模型

图 7.9　VCO 的特性曲线和电路模型

4）相位模型和基本方程

将上面得到的 PD、LF 和 VCO 的电路模型按图 7.1 所示的方框图连接起来，就得到图 7.10 所示的锁相环路的相位模型（或数学模型）。由该模型可以写出 PLL 的基本方程为

$$\varphi_e(t)=\varphi_i(t)-\varphi_o(t)=\varphi_i(t)-K_dK_oF(p)\frac{1}{p}\sin\varphi_e(t)$$

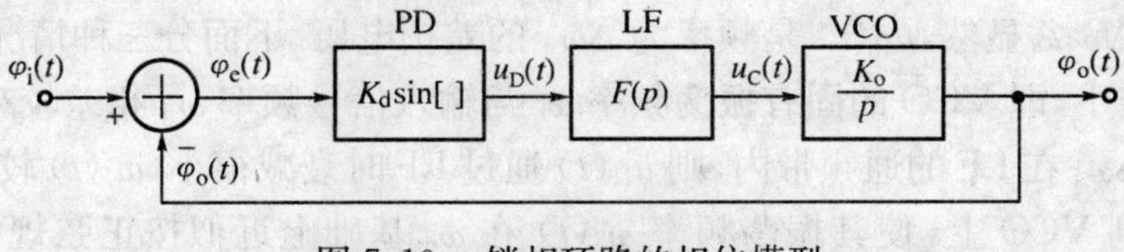

图 7.10　锁相环路的相位模型

即

$$p\varphi_e(t)+KF(p)\sin\varphi_e(t)=p\varphi_i(t) \tag{7-18}$$

式中，$K=K_dK_o$。上式为锁相环路的非线性微分方程。其中，左边第一项 $p\varphi_e(t)=$

$d\varphi_e(t)/dt = \Delta\omega_e(t) = \omega_i - \omega_o$ 为瞬时相位差对时间的导数，它表示 VCO 振荡频率偏离输入信号频率的数值，称为**瞬时频差**；第二项表示 VCO 在控制电压 $u_C(t)$ 的作用下振荡频率偏离 ω_r 的数值，即 $KF(p)\sin\varphi_e(t) = p\varphi_o(t) = d\varphi_o(t)/dt = \omega_o - \omega_r = \Delta\omega_o(t)$，称为**控制频差**；等式右边 $p\varphi_i(t) = d\varphi_i(t)/dt = \omega_i - \omega_r = \Delta\omega_i(t)$ 表示输入信号频率偏离 ω_r 的数值，称为环路的**固有频差**。因此，上式表明，环路闭合后的任一时刻，瞬时频差与控制频差之和恒等于固有频差，即 $\Delta\omega_e(t) + \Delta\omega_o(t) = \Delta\omega_i(t)$。

如果输入信号 $u_I(t)$ 为频率 ω_i 不变的基准信号，即固有频差（又称为**起始频差**）$\Delta\omega_i(t) = \omega_i - \omega_r = \Delta\omega_i$ 为常数，则在环路进入锁定的过程中，控制频差 $\Delta\omega_o(t)$ 不断增大，故瞬时频差 $\Delta\omega_e(t)$ 不断减小。直至 $\Delta\omega_e(t) = 0$ 时，$\omega_o = \omega_i$，即 VCO 振荡频率等于输入信号频率，而控制频差 $\Delta\omega_o(t)$ 等于固有频差 $\Delta\omega_i$，环路进入锁定状态。这时 $p\varphi_e(t) = 0$，瞬时相位差 $\varphi_e(t)$ 为一恒定值（即**稳态相位差**），用 $\varphi_{e\infty}$ 表示。正是这个稳态相位差的存在，使 PD 输出的 $u_D(t)$ 为一直流电压，该直流电压通过 LF 加到 VCO 上，使其振荡频率等于输入信号的频率，从而维持环路的锁定。

若 $|\varphi_e(t)| \leqslant \pi/12$ 或鉴相器具有线性鉴相特性时，环路基本方程变为

$$p\varphi_e(t) + KF(p)\varphi_e(t) = p\varphi_i(t) \tag{7-19}$$

根据上式，不难画出线性化锁相环路的相位模型，这里从略。

7.2.2 捕捉与跟踪

当锁相环路刚工作时，其起始一般处于失锁（Losing Lock）状态。通过自身的调节，锁相环路由起始的失锁状态进入锁定状态的过程称为**捕捉**（Pull-in）过程。当环路锁定后，若由于某种原因引起输入信号的频率 ω_i 或 VCO 的振荡频率 ω_o 发生变化，只要这种变化不很大，环路通过自身的调节，可使 VCO 的振荡频率 ω_o 跟踪 ω_i 的变化，从而维持 $\omega_o = \omega_i$ 的锁定状态，这个过程称为**跟踪**（Tracking）过程（或同步过程）。可见，捕捉与跟踪是锁相环路的两种不同自动调节过程，下面分别简单地加以讨论。

1) 捕捉过程与捕捉带

在捕捉过程中，环路能够由失锁进入锁定所允许的最大固有频差 $|\Delta\omega_i|$，称为**捕捉带**或捕捉范围（Pull-in Range, Capture Range），用 $\Delta\omega_p$ 表示。捕捉过程所需要的时间称为捕捉时间。

当环路未加输入信号 $u_I(t)$ 时，VCO 上没有控制电压，其振荡频率为 ω_r。若将频率 ω_i 恒定的输入信号加到环路上去，则固有频差（起始频差）$\Delta\omega_i = \omega_i - \omega_r$，因而在接入 $u_I(t)$ 的瞬间，加到 PD 的两个信号的瞬时相位差 $\varphi_e(t) = \int_0^t \Delta\omega_i dt = \Delta\omega_i t$，相应地 PD 输出的误差电压 $u_D(t) = K_d \sin\Delta\omega_i t$。显然，$u_D(t)$ 是频率为 $\Delta\omega_i$ 的差拍电压。下面分三种情况进行讨论：

(1) $\Delta\omega_i$ 较小，即 VCO 的固有振荡频率 ω_r 与输入信号频率 ω_i 相差较小。

这时由于 $\Delta\omega_i$ 在 LF 的通频带内，则 $u_D(t)$ 通过 LF 时衰减很小，$u_C(t)$ 较大，故控制能力较强。$u_C(t)$ 加到 VCO 上，使其振荡频率 $\omega_o(t)$ 在 ω_r 基础上近似按正弦规律变化，很快地 $\omega_o(t)$ 就变化到等于 ω_i，此时环路就趋于锁定，且 $u_I(t)$ 与 $u_O(t)$ 的相位差为 $\varphi_{e\infty}$，PD 输出一个与 $\varphi_{e\infty}$ 对应的直流电压，以维持环路的锁定状态。

(2) $\Delta\omega_i$ 很大，即 ω_r 与 ω_i 相差很大，使 $\Delta\omega_i$ 远大于 LF 的通频带。

这时PD输出的差拍电压$u_D(t)$不能通过LF，则VCO上没有控制电压$u_C(t)$，它的振荡频率仍为ω_r，环路处于失锁状态。

(3) $\Delta\omega_i$较大，即ω_r与ω_i相差较大，使$\Delta\omega_i$超出LF的通频带，但仍小于捕捉带$\Delta\omega_p$。

这时PD输出的差拍电压$u_D(t)$通过LF时受到较大的衰减，则加到VCO上的控制电压$u_C(t)$很小，其振荡频率$\omega_o(t)$在ω_r基础上的变化幅度也很小，使得$\omega_o(t)$不能立即变化到等于ω_i。但是，通过一次反馈和控制，$\omega_o(t)$的平均值向ω_i靠近。不难想象，通过多次的反馈和控制，$\omega_o(t)$的平均值逐步靠近ω_i，直到$\omega_o(t)=\omega_i$时环路才会锁定。显然，这种情况下捕捉时间较长。

综上所述，并不是任何情况下环路都能锁定。如果VCO固有振荡频率ω_r与输入信号频率ω_i相差太大，环路失锁；而只有当ω_r与ω_i相差不太大时，环路才能锁定。显然，环路的捕捉带$\Delta\omega_p$不但取决于K_d和K_o，而且还取决于环路滤波器的频率特性。K_d和K_o越大，环路滤波器的通频带越宽，则即使$\Delta\omega_i$较大，环路滤波器仍有一定的控制电压$u_C(t)$输出，环路仍能锁定，故捕捉带$\Delta\omega_p$也越大。此外，捕捉带还与VCO的频率控制范围有关，只有当VCO的频率控制范围大于捕捉带时，它对$\Delta\omega_p$的影响才可忽略，否则$\Delta\omega_p$将减小。而K_d和K_o越大，固有频差$\Delta\omega_i$越小，环路滤波器的通频带越宽，则环路入锁越快，捕捉时间就越短。

2) 跟踪过程与同步带

在跟踪过程中，能够维持环路锁定所允许的最大固有频差$|\Delta\omega_i|$，称为**同步带或跟踪带**(Hold-in Range, Tracking Range)，用$\Delta\omega_H$表示。

由于环路锁定后，ω_i或ω_o的变化也同样引起鉴相器的两个输入信号相位差的变化，因此跟踪的基本原理与捕捉是类似的。但是，在环路锁定的情况下缓慢地增大固有频差$|\Delta\omega_i|$(例如改变ω_i)，此时鉴相器输出的误差电压$u_D(t)$将是一个缓慢变化的电压，环路滤波器对它的衰减很小，加到VCO的控制电压$u_C(t)$几乎等于$u_D(t)$，则在跟踪过程中环路的控制能力强。我们知道，在捕捉过程中，固有频差$|\Delta\omega_i|$较大时鉴相器输出的误差电压$u_D(t)$将受到环路滤波器的较大衰减，则此时环路的控制能力较差。因此，由于环路滤波器的存在，使锁相环路的捕捉带小于同步带。不难理解，如果K_o和K_d越大，环路滤波器的直流增益越大(或通频带越宽)，则环路的同步带$\Delta\omega_H$也越大。同样地，同步带还与VCO的频率控制范围有关，只有当VCO的频率控制范围大于同步带时，它对$\Delta\omega_H$的影响才可忽略，否则$\Delta\omega_H$将减小。

*7.2.3 一阶锁相环路的性能分析

没有环路滤波器的锁相环路称为一阶锁相环路。一阶锁相环路虽然实际上很少应用，但由于一般锁相环路的基本方程——式(7-18)是一个非线性微分方程，不容易求出它的精确解，而一阶锁相环路的基本方程简单，容易进行分析，其结论是分析其他复杂锁相环路的基础，因此下面具体分析一阶锁相环路的性能。

没有滤波器时，$F(p)=1$。为了分析方便，设输入信号$u_I(t)$为频率ω_i不变的基准信号，且$\omega_i>\omega_r$，即固有频差$p\varphi_i(t)=\mathrm{d}\varphi_i(t)/\mathrm{d}t=\Delta\omega_i=\omega_i-\omega_r$为大于零的常数。于是由式(7-18)可得到此时环路的基本方程

$$\frac{\mathrm{d}\varphi_e(t)}{\mathrm{d}t}+K\sin\varphi_e(t)=\Delta\omega_i \tag{7-20}$$

当环路锁定时，$\omega_i = \omega_o$，$u_I(t)$ 与 $u_O(t)$ 的相位差 $\varphi_e(t)$ 为一恒定值 —— 稳态相位差 $\varphi_{e\infty}$，故 $d\varphi_e(t)/dt = 0$。可以证明，只有当 $t \to \infty$ 时，才能满足环路的锁定条件，故锁定条件可写成

$$\lim_{t\to\infty}\frac{d\varphi_e(t)}{dt} = 0 \tag{7-21}$$

把 $d\varphi_e(t)/dt = 0$ 代入式(7-20)，可得

$$K\sin\varphi_e(t) = \Delta\omega_i \tag{7-22}$$

上式表明，环路锁定时控制频差等于固有频差。由于锁定时 $\varphi_e(t) = \varphi_{e\infty}$，故由上式可得

$$\varphi_{e\infty} = \arcsin\frac{\Delta\omega_i}{K} + 2n\pi\ (n = 0, \pm 1, \cdots) \tag{7-23}$$

显然，只有当 $\Delta\omega_i \leqslant K$ 时上述两式才有意义，而当 $\Delta\omega_i > K$ 时式(7-22)无解，表明此时环路不能锁定。因此，$\Delta\omega_i = K$ 是使环路由失锁进入锁定所允许的最大固有频差，故捕捉带

$$\Delta\omega_p = K \tag{7-24}$$

若环路已经锁定，逐渐加大固有频差 $\Delta\omega_i$，由式(7-22)同样可以看到，维持环路锁定的最大固有频差也为 K，故同步带

$$\Delta\omega_H = K \tag{7-25}$$

一阶锁相环路的捕捉带等于同步带，这是因为它没有环路滤波器的缘故。

7.2.4 锁相环路的基本特性

锁相环路之所以获得广泛的应用，是因为它具有下述的基本特性。

(1) 锁定特性

在没有干扰的情况下，环路一经锁定，其输出信号(即 VCO 振荡信号) 的频率等于输入信号的频率，二者没有剩余频差，只有不大的剩余相差。因此，如果输入信号是一个频率稳定度很高的基准信号，则 VCO 输出的将是一个高频率稳定度且输出功率较大的信号。

(2) 跟踪特性

锁相环路在锁定时，其输出信号频率 ω_o 能在一定范围内跟踪输入信号频率 ω_i 的变化，最终使 $\omega_o = \omega_i$。跟踪特性可分为载波跟踪特性和调制跟踪特性。**载波跟踪特性**又称窄带跟踪特性，它指锁相环路可以实现对输入信号载波频率变化的跟踪，此时环路滤波器是窄带滤波器。**调制跟踪特性**又称宽带跟踪特性，它指锁相环路可以跟踪输入宽带调频信号的瞬时频率(或相位) 的变化，此时环路滤波器是宽带滤波器。

(3) 窄带滤波特性

环路锁定时，鉴相器输出的误差电压 $u_D(t)$ 是一个能顺利通过环路滤波器的直流信号。如果此时输入信号中混有干扰成分，则干扰信号在鉴相器输出端产生差拍电压，其差拍频率等于干扰频率与环路锁定时的 VCO 振荡频率之差。显然，差拍干扰电压中只有小部分差拍频率低的成分能够通过环路滤波器，而大部分将被滤除。于是，VCO 输出信号中的干扰成分大为减少，它可看作是经过环路提纯了的输出信号。换句话说，环路只让输入信号频率附近的频率成分通过，而离输入信号频率稍远的频率成分则被滤除掉。因此，环路相当于一个高频窄带滤波器。这个滤波器的通带可以做得很窄，例如在几百兆赫的中心频率上实现几赫的

窄带滤波，这是其他的滤波器难以达到的。

* 7.3　集成锁相环路

随着半导体集成技术的发展，自 20 世纪 60 年代末第一个单片集成锁相环问世以来，集成锁相环的发展极为迅速，其产品种类繁多，工艺日新月异。集成锁相环由于性能优良、价格便宜、使用方便，因而获得广泛的应用。应该指出，集成锁相环往往不含环路滤波器。这是因为环路滤波器的构成简单，并且其特性在很大程度上决定锁相环路的性能，因此通过外接不同 R、C 元件构成的环路滤波器，可以使锁相环路具有不同的性能，以应用于不同的场合。

集成锁相环按其内部电路结构可分为模拟锁相环和数字锁相环两大类，按其用途又可分为通用型和专用型两种。通用型是一种具有各种用途的锁相环，其内部电路主要由 PD 和 VCO 两部分组成，有时还附加放大器和其他辅助电路，也有用单独的集成 PD 和集成 VCO 连接成满足某种需要的锁相环路。专用型是一种专为某种功能设计的锁相环，例如，用于调频接收机中的调频立体声解码电路，用于彩色电视接收机中的色差信号解调电路等。

本节将简单介绍两种集成锁相环。

7.3.1　模拟锁相环 L562

L562 是一种模拟锁相环，其最高工作频率可达30 MHz。L562 只需单电源就能工作（常用电源电压为18 V），而且只需外接两个电容。图 7.11 为 L562 的原理框图，它主要由鉴相器、压控振荡器、三个直流放大器（A_1、A_2 和 A_3）以及限幅器组成的，其中 VCO 的定时电容 C_1 和滤波电容 C_2 是外接的。下面对 L562 作一简单的介绍。

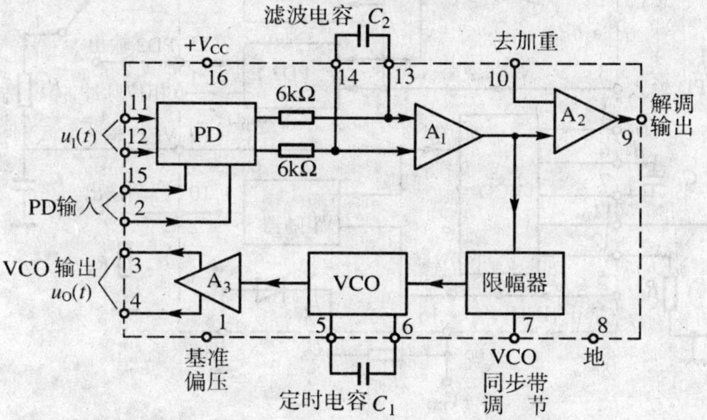

图 7.11　L562 的原理框图

鉴相器是一个模拟乘法器，输入信号 $u_I(t)$ 通过 11、12 脚加入，VCO 振荡信号 $u_O(t)$ 则从 15、2 脚加入，而 13、14 脚则输出它的误差信号 $u_D(t)$。鉴相器内部的6 kΩ 电阻（实际上为集电极电阻）与外接的滤波电容 C_2 共同构成环路滤波器。注意，根据需要的不同，外接元件也可以是其他形式的阻容网络。

环路滤波器的输出信号被 A_1 放大后，经限幅器送到 VCO 上，作为 VCO 的控制电压。压控振荡器就是图 7.8 所示的射极耦合型 VCO，它是一个典型的射极耦合多谐振荡器。控制电压控制 VCO 外接定时电容 C_1（接在 5、6 脚之间）的充放电电流的大小，从而改变了 VCO 的振荡频率。VCO 的输出电压经 A_3 放大后由 3、4 脚输出（双端输出）。注意，VCO 的输出端（3、4 脚）与鉴相器的输入端（15、2 脚）没有相接，使用时根据需要可以分别相接或在它们之间接入分频器等电路。

当 L562 用于调频波的解调时，A_2 为解调电压放大器。A_1 输出信号经 A_2 放大后，在其输出端（9 脚）得到调频波的解调信号。注意，此时 9 脚与地之间须接15 kΩ 的负载电阻，而 10 脚与地之间则接去加重电容。

图中的限幅器可限制鉴相器经 A_1 放大后的输出电压（控制电压）的大小。当 7 脚注入（或拉出）的电流变化时，可改变限幅器的限幅电平，从而改变环路的直流增益，起到调节环路同步带的作用。一般说来，当 7 脚注入的电流增加时，环路同步带减小；反之，则增大。

L562 还设有偏置和温度补偿电路，以保证环路能稳定工作。其中 1 脚输出的为稳定的基准电压，它通过外接电阻加到 15 脚和 2 脚，为鉴相器中的双差动管提供合适的基极偏置电压。

7.3.2 数字锁相环 CC4046

CC4046 是一种数字锁相环，它采用 CMOS 电路，最高工作频率约1 MHz。CC4046 的电源电压为 5 ~ 15 V，功耗极低（仅0.6 mW 左右），其振荡输出电平可与 TTL 或 CMOS 数字电路的电平兼容。图 7.12 为 CC4046 的原理框图，它主要由压控振荡器、源极跟随器、稳压器、放大和整形电路 A 以及两个鉴相器组成。

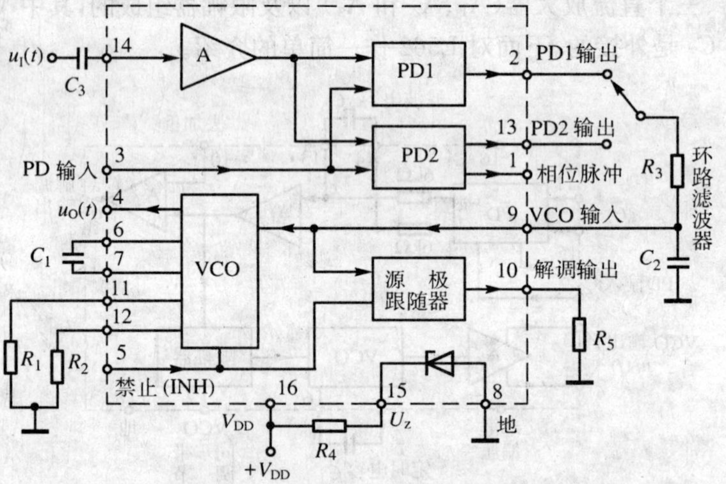

图 7.12 CC4046 的原理框图

鉴相器 PD1 就是图 7.4 所示的异或门鉴相器，而 PD2 为存储式边缘触发数字鉴相器。由于输入信号 $u_1(t)$（它经 C_3 接到 14 脚）一般较小，不符合上述两种数字鉴相器对输入信号电平的要求，而且波形也不规则，因此输入信号要先经放大和整形电路 A，使其电平和波形均满足 PD1 和 PD2 的要求。两个鉴相器分别由 2 脚和 13 脚输出，可根据需要进行选择。PD2 还有另一个输出端（1 脚），可作为环路锁定状态的指示。环路滤波器采用外接的阻容网络（R_3、

C_2)，其输出的控制电压接至 VCO 输入端(9 脚)。

压控振荡器是交叉充放电型 VCO，接在 6、7 脚之间的 C_1 是它的充放电电容。VCO 的 11、12 脚分别通过电阻 R_1、R_2 接地，改变 R_1、R_2，可分别改变 VCO 的最高和最低振荡频率。VCO 的输出端(4 脚)与 PD 的输入端(3 脚)没有相接，使用时根据需要可以相接或在它们之间接入分频器等电路。

当 CC4046 用于调频波的解调时，环路滤波器输出的控制电压经源极跟随器，在其输出端(10 脚)得到调频波的解调信号。注意，10 脚与地之间须接负载电阻 R_5。

图中 5 脚为禁止端(INH)。当 5 脚接低电平时，VCO 和源极跟随器正常工作，二者有信号输出；当 5 脚接高电平时，VCO 停振，源极跟随器也不工作。这种作用就是"禁止"功能或 INH 功能，也叫片选功能。

CC4046 还有一个由稳压管(稳压值 $U_Z = 5 \sim 8$ V)构成的稳压器。当 CC4046 与 TTL 电路匹配时，U_Z 可作为辅助电源。注意，稳压管的限流电阻 R_4 经常是外接的，U_Z 由 15 脚输出，16 脚则接电源 V_{DD}。

7.4　锁相环路的应用简介

由于锁相环路具有优良的特性，所以它在通信、电视、广播、空间技术、仪器仪表和频率合成等方面均获得广泛的应用，本节将简单地加以介绍。

7.4.1　调频与解调

用锁相环路组成的调频电路，可以得到中心频率稳定度很高的调频信号。图7.13 为锁相调频电路的组成框图，其中环路滤波器的通频带较窄(小于最低调制频率)，而调制信号 $u_\Omega(t)$ 通过相加器加到 VCO 上，从而实现频率调制。这样，虽然鉴相器输出的误差电压 $u_D(t)$ 包含调制信号所引起的分量，但该分量将被环路滤波器所滤除，滤波器输出的控制电压 $u_C(t)$ 只反映了 VCO 信号的中心频率不稳定所引起的分量，故锁相环路只起稳定 VCO 输出信号 $u_O(t)$ 的中心频率的作用。因此，加到 VCO 的控制信号 $u_C(t)$ 和调制信号 $u_\Omega(t)$ 中，前者将稳定 $u_O(t)$ 的中心频率，后者将实现频率调制。显然，当环路锁定时，$u_O(t)$ 的中心频率将锁定在晶振频率上，VCO 的输出信号 $u_O(t)$ 将是一个中心频率稳定度很高的调频信号，这就克服了直接调频电路的中心频率稳定度不高的缺点。

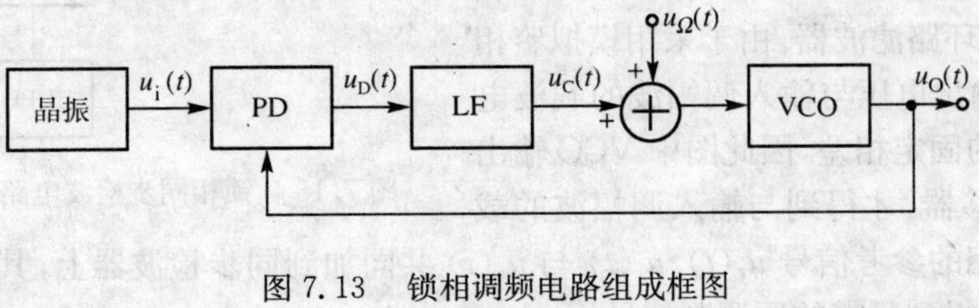

图 7.13　锁相调频电路组成框图

用锁相环路也可以实现调频波的解调。图 7.14(a) 为锁相鉴频电路的组成框图，其中环路滤波器的通频带足够宽(大于最高调制频率)，使鉴相器输出的误差电压能顺利地通过。前面已指出，这时锁相环路具有调制跟踪特性，即当输入为调频波 $u_{FM}(t)$ 时，只要环

路的捕捉带大于 $u_{FM}(t)$ 的最大频偏，VCO 就能精确地跟踪输入 $u_{FM}(t)$ 的瞬时频率的变化。既然 VCO 振荡信号与输入 $u_{FM}(t)$ 的瞬时频率变化规律相同，则 VCO 的控制电压 $u_C(t)$ 与原调制信号的变化规律也相同，或者说环路滤波器输出的控制电压 $u_C(t)$ 就是所需的解调电压 $u_\Omega(t)$。

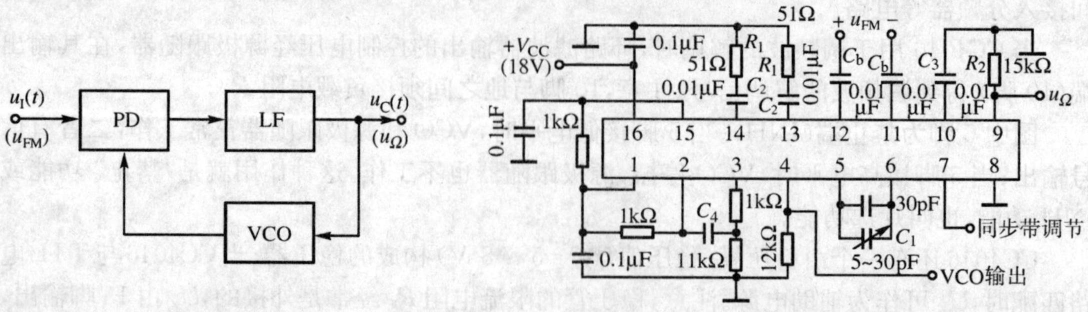

(a) 原理框图　　(b) L562组成的实际电路

图 7.14　锁相鉴频电路

图 7.14(b) 为采用单片集成锁相环 L562 组成的调频波锁相解调的实际电路，它可解调10.7 MHz 的调频中频信号。图中，输入调频信号 $u_{FM}(t)$ 通过两个 C_b（耦合电容）以双端输入方式加到 L562 的 11、12 脚，VCO输出电压从 3 脚取出，经耦合电容 C_4 以单端方式加至 2 脚，15 脚则交流接地；1 脚的稳定基准电压经两个1 kΩ 电阻分别加至 2 脚和 15 脚，作为偏置电压；定时电容 C_1 由30 pF 的固定电容和 5 ～ 30 pF 的可调电容并联而成，调节 C_1 使 VCO 中心频率等于调频波的载频；两个 R_1 和 C_2（分别接在 13、14 脚与地之间）为环路滤波器的外接阻容网络，C_3 为去加重电容，R_2 为负载电阻，其上输出调频波的解调电压。

7.4.2　调幅信号的同步检波

由 5.4 节知，实现调幅波同步检波的关键，在于引入的参考信号 $u_r(t)$ 必须与输入调幅波的载波电压同频同相。显然，利用锁相环路的载波跟踪特性，就可以从输入的普通调幅波或带有导频的单边带信号中恢复同频同相的载波信号，作为同步检波器的参考（或同步）信号。图7.15 示出了锁相同步检波电路的原理框图，其中 LF 为窄带环路滤波器。由于采用模拟鉴相器时，VCO 的输出电压与输入调幅波的载波电压之间有 π/2 的固定相差，因此图中 VCO 输出电压经 π/2 相移器，才得到与输入调幅波的载波电压同频同相的参考信号 $u_r(t)$。$u_I(t)$ 与 $u_r(t)$ 共同加到同步检波器上，其输出经低通滤波器 LPF，就能得到所需的原调制信号。

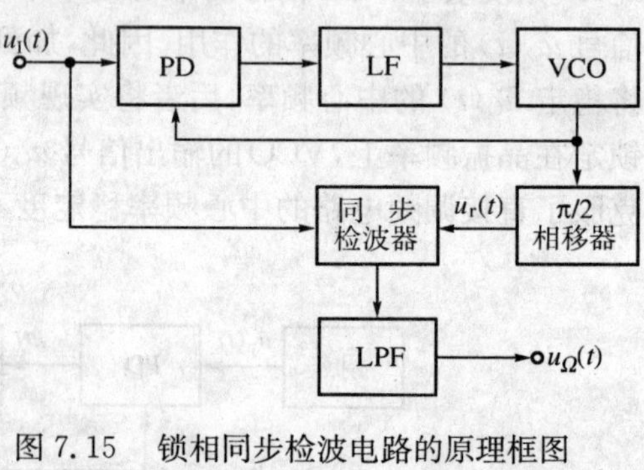

图 7.15　锁相同步检波电路的原理框图

常用的同步检波器就是模拟乘法器。近年来，某些产品把模拟乘法器、π/2 相移器也集成在锁相环路的同一硅片上，构成专用的电路。必须指出，在许多场合需要提取同步信号，如彩色电视接收机中的彩色副载波信号、数字通信中的同步信号等，这些信号的提取也都是利用锁相环路的载波跟踪特性。

7.4.3 频率合成

1) 概述

频率合成技术是利用一个(或若干个)高稳定度和高准确度的晶体振荡器，产生出一系列等间隔的、与晶体振荡器具有相同稳定度和准确度的频率信号，它在现代通信系统和其他电子系统中得到广泛的应用。早期，频率合成器(Frequency Synthesizer)都是采用直接合成(Direct Synthesis)法，它是利用混频、倍频、分频和带通滤波器等电路，直接由一个或多个晶体振荡器产生一系列等间隔的频率信号。直接合成法的缺点是电路复杂、体积大、成本高和调试比较繁琐，且产生的信号频率数目又不能太多，目前几乎已被间接合成(Indirect Synthesis)法所取代。间接合成法又称为**锁相环路法**，它是利用锁相环路的频率无误差跟踪特性，由 VCO 产生大量与某一晶体振荡器(作为环路的输入信号)具有相同稳定度和准确度的频率信号。近年来，又提出了直接数字合成(Direct Digital Synthesis, DDS)法，它是利用计算机和数模变换器直接由一个晶体振荡器产生一系列频率的信号。

频率合成器的使用场合不同，对它的技术指标的要求也不完全一样。大体说来，频率合成器的主要技术指标有下述几种：

(1) 工作频率范围　这是指由最高和最低输出频率确定的频率范围。

(2) 频率间隔　指两个相邻频率之间的最小间隔，又称**分辨率**。

(3) 频率转换时间　指频率转换后，达到稳定工作状态所需要的时间。

(4) 频率稳定度和准确度　其概念见 3.1.3 节，不再重复。

(5) 频谱纯度　指输出信号接近正弦波的程度，用输出端的有用信号电平与各种干扰、噪声总电平之比的分贝数表示。

在采用锁相环的间接频率合成器中，锁相倍频和锁相混频是两个基本的组成电路(它们本身就是最简单的频率合成器)。下面先介绍这两种电路，再介绍一般频率合成器的电路。

2) 锁相倍频电路

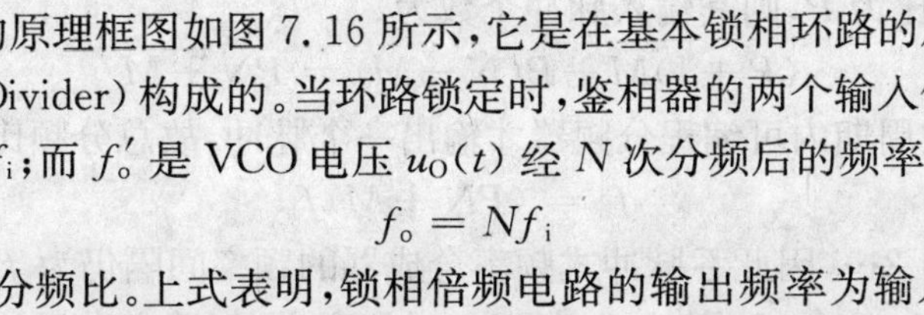

图 7.16　锁相倍频电路的组成框图

锁相倍频电路的原理框图如图 7.16 所示，它是在基本锁相环路的反馈支路中插入一个分频器(Frequency Divider)构成的。当环路锁定时，鉴相器的两个输入信号 $u_i(t)$ 和 $u'_O(t)$ 的频率相等，即 $f'_o = f_i$；而 f'_o 是 VCO 电压 $u_O(t)$ 经 N 次分频后的频率，则 $f'_o = f_o/N$，故

$$f_o = Nf_i \tag{7-26}$$

式中，N 为分频器的分频比。上式表明，锁相倍频电路的输出频率为输入频率的 N 倍。一般情况下，输入信号 $u_i(t)$ 是由晶体振荡器产生的，故 f_i 具有很高的稳定度和准确度；又电路采

用了可编程分频器(Programmable Divider),只要改变分频器的分频比 N,就可得到一系列频率间隔为 f_i 的标准频率信号输出。

应该指出,在输出频率 f_o 很高的情况下,可编程分频器由于其输入频率 f_o 太高,往往不能正常工作。为此,常在可编程分频器与 VCO 之间插入固定分频器 —— 高速前置分频器 $(\div P)$,以降低可编程分频器的输入频率,如图 7.17 所示。显然,此时输出频率 $f_o = NPf_i$,频率间隔增大为 Pf_i。

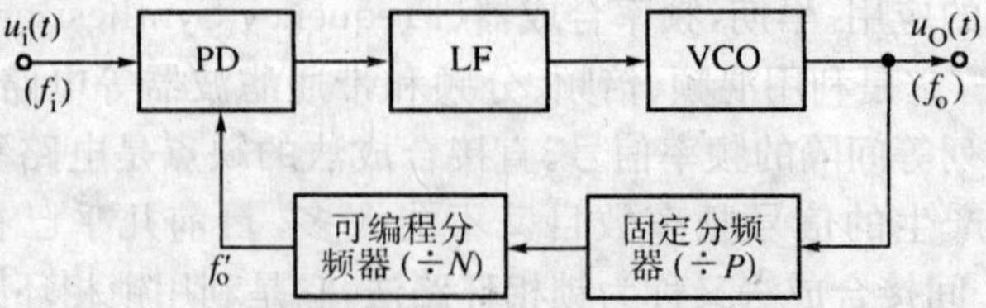

图 7.17　具有高速前置分频器的锁相倍频电路框图

由于图 7.17 电路的频率间隔增大为 Pf_i,因此采用**吞脉冲式频率合成器**以减小频率间隔,其组成框图如图 7.18 所示。图中,双模前置分频器具有 P 和 $(P+1)$ 两种的分频比,且由模式控制电路的输出电平决定其分频比:高电平时为 $(P+1)$,低电平时为 P。吞食计数器实际上也是一个可编程分频器,其分频比为 M,且 $M < N$。当一个计数周期开始时,模式控制电路输出高电平,故双模分频器的分频比为 $(P+1)$。当吞食计数器计满 M 个脉冲后,它送出一个脉冲至模式控制电路,使其输出变为低电平,则双模分频器的分频比变为 P,直到可编程分频器计满 N 个脉冲,它送出一个脉冲使模式控制电路的输出又回到高电平,才开始进入下一个计数周期。

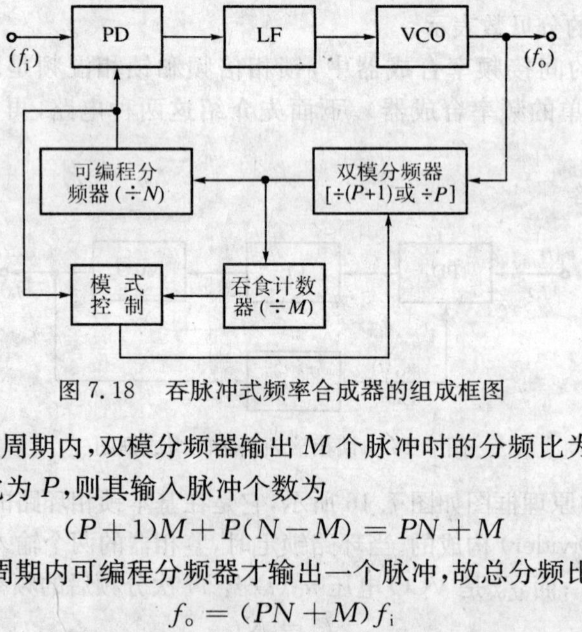

图 7.18　吞脉冲式频率合成器的组成框图

显然,在一个计数周期内,双模分频器输出 M 个脉冲时的分频比为 $(P+1)$,输出 $(N-M)$ 个脉冲时的分频比为 P,则其输入脉冲个数为

$$(P+1)M + P(N-M) = PN + M$$

由于在一个计数周期内可编程分频器才输出一个脉冲,故总分频比为 $(PN+M)$,即

$$f_o = (PN+M)f_i \tag{7-27}$$

式中 $M = 0, 1, 2\cdots$,因此吞脉冲式频率合成器的频率间隔仍为 f_i。

如果 $P = 10$, $M = 0 \sim 9$,则 $f_o = (10N+M)f_i$,即 M 为总分频比的个位,故吞食计数器又称为个位计数器。

3）锁相混频电路

锁相混频电路是一种频率变换电路，其组成框图如图 7.19 所示，它是在基本锁相环路的反馈支路中插入混频器和中频放大器而构成的。由于加到混频器的信号是频率为 f_l 的本振信号 $u_l(t)$ 和频率为 f_o 的 VCO 信号 $u_O(t)$，而混频器的输出频率（中频）f_g 采用差频，故 $f_g = f_l - f_o$ ①。该信号经中频放大器后，与输入信号 $u_i(t)$ 同时加到鉴相器上。当环路锁定时，$f_i = f_g = f_l - f_o$，故 $f_o = f_l - f_i$，即这个电路实现了 $u_i(t)$ 和 $u_l(t)$ 这两个信号的混频作用。

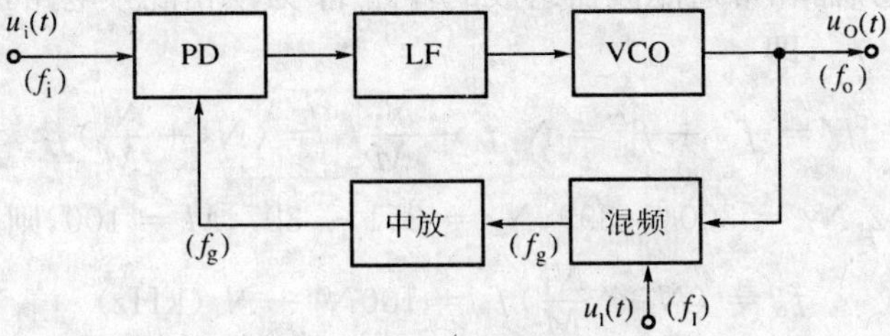

图 7.19　锁相混频电路的组成框图

如果用普通混频器对 $u_i(t)$ 和 $u_l(t)$ 进行混频，则混频器的输出既含有所需的差频 $(f_l - f_i)$ 分量，又含有无用的和频 $(f_l + f_i)$ 分量。当 $f_l \gg f_i$ 时，由于这两个分量靠得太近，混频器的输出滤波器很难做到在取出差频分量的同时又抑制和频分量，特别是当 f_l 和 f_i 在一定范围内变化时，上述要求更难实现。而在锁相混频电路中，当 $f_l \gg f_i$ 时，输入到混频器的信号频率 f_l 和 f_o 都很大，则差频 $(f_l - f_o)$ 与和频 $(f_l + f_o)$ 相差很大，因此混频器的输出滤波器很容易取出差频分量和抑制和频分量。考虑到锁相环路的频率跟踪作用，显然，锁相混频电路特别适用于 $f_l \gg f_i$、且 f_l 和 f_i 可能在一定范围内变化的场合。

4）频率合成器举例

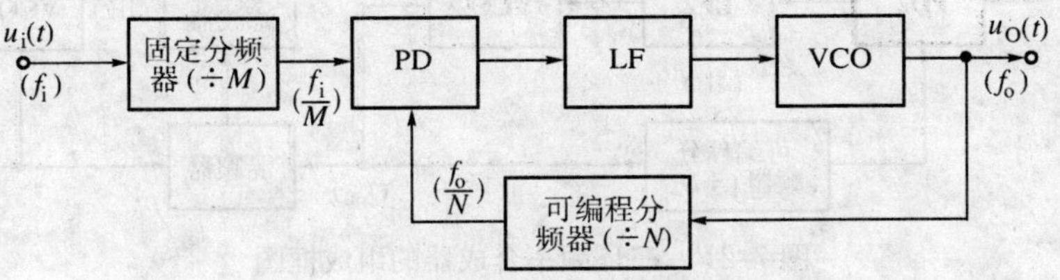

图 7.20　简单频率合成器的组成框图

图 7.20 为一简单（单环）频率合成器的组成框图，它是在图 7.16 所示的锁相倍频电路的基础上，在输入信号与鉴相器之间插入固定分频器（÷ M）而构成的。由图可见，当环路锁定时，$f_o/N = f_i/M$，于是

$$f_o = \frac{N}{M} f_i \tag{7-28}$$

上式表明，当改变可编程分频器的分频比 N 时，该电路可得到一系列频率间隔为 f_i/M 的标准信号，即频率间隔减小了。但是，由于 PD 的输入信号频率降为 f_i/M，则 LF 的带宽也

① 这是指 $f_l > f_o$ 的情形。若 $f_l < f_o$，则 $f_g = f_o - f_l$，相应地 $f_o = f_l + f_i$。

要相应地减小，故频率转换的时间变长(因为捕捉时间变长)。因此，图 7.20 所示的简单频率合成器存在着减小频率间隔和缩短频率转换时间的矛盾。

解决上述矛盾可采取多种措施，其中比较有效的一种措施是采用多环的方案。作为举例，图 7.21 示出了三环频率合成器的组成框图。图中，由 PD1、LF1、VCO1 和可编程分频器($\div N_1$)组成的环路 Ⅰ 为锁相倍频电路，环路锁定时输出频率 $f_{o1}=N_1f_i$；由 PD2、LF2、VCO2 和可编程分频器($\div N_2$)组成的环路 Ⅱ 也为锁相倍频电路，环路锁定时输出频率 $f_{o2}=N_2f_i$；环路 Ⅰ 的输出信号经固定分频器($\div M$)后，输出频率 $f'_{o1}=f_{o1}/M=N_1f_i/M$；由 PD3、LF3、VCO3、混频器和带通滤波器组成的环路 Ⅲ 为锁相混频电路，由于 $f_o>f_{o2}$，故环路锁定时 $f'_{o1}=f_o-f_{o2}$，即

$$f_o=f_{o2}+f'_{o1}=N_2f_i+\frac{N_1}{M}f_i=(N_2+\frac{N_1}{M})f_i$$

若 $f_i=100\text{ kHz}, N_1=300\sim399, N_2=351\sim397, M=100$，则由上式可得

$$f_o=(N_2+\frac{N_1}{M})f_i=100N_2+N_1(\text{kHz})$$

由上式知，当 $N_2=397$、$N_1=399$ 时，$f_o=f_{omax}=40\,099\text{ kHz}=40.099\text{ MHz}$；当 $N_2=351$、$N_1=300$ 时，$f_o=f_{omin}=35\,400\text{ kHz}=35.4\text{ MHz}$；当 N_2 不变而 N_1 变动为 1 时，f_o 的变化为 1 kHz，即频率间隔为1 kHz。因此，图 7.21 所示的三环频率合成器的工作频率范围为 35.4～40.099 MHz，频率间隔为1 kHz，共有4 700 个离散频率点。

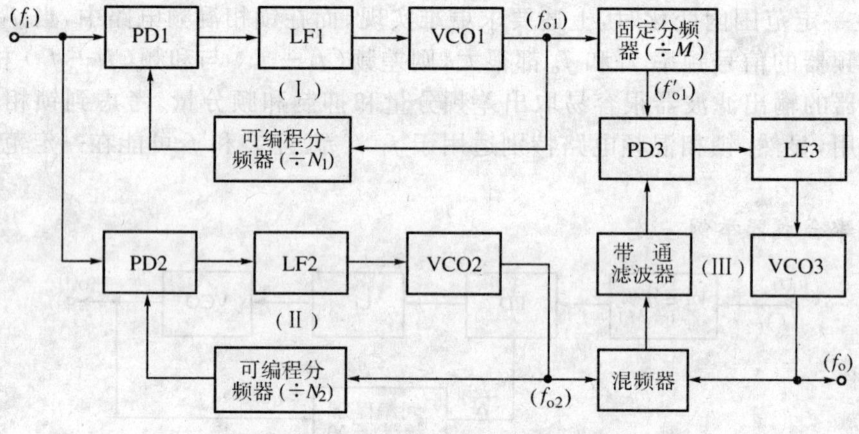

图 7.21　三环频率合成器的组成框图

应当指出，上述的多环频率合成器性能优异，但存在电路复杂、需用很多滤波器的不足。因此，目前在许多场合下人们更乐于采用吞脉冲式频率合成器。

频率合成器已实现集成化，它包含参考振荡器、鉴相器、各种分频器、各种逻辑控制电路等，如 MC145 系列的集成频率合成器，它的最高工作频率可达 2GHz(MC145200)。MC145 系列中，MC145106 可组成收发信机的频率合成器，MC145152 和双模分频器 MC3393P 等可组成吞脉冲式频率合成器(分频比 N:3～1023；M:3～127)。限于篇幅，这里不再赘述。

小结

(1) 锁相环路是一个相位负反馈系统，它主要由鉴相器、环路滤波器和压控振荡器组成。锁相环路进入锁定状态时，压控振荡器的振荡频率等于输入信号频率，二者的相位差等于某一恒定值(剩余相差)。

(2) 锁相环路的基本特性有锁定特性、跟踪特性和窄带滤波特性，正是这些优良的特性，使其在通信、广播、电视和空间技术等方面获得广泛的应用，如调频与解调、调幅信号的同步检波、频率合成等。

(3) 衡量锁相环路性能优劣的主要指标有捕捉带、捕捉时间和同步带等，它们都与环路滤波器的频率特性有关，因此在实际应用时必须选择适当的环路滤波器以满足不同的需要。

(4) 随着集成技术的发展，集成锁相环和集成频率合成器(实际上它是专用型锁相环)的品种繁多，价格便宜，性能优良，使用方便，因此应用的范围越来越广泛。

习题七

7-1　锁相环路和 AFC 电路都起稳频作用，试比较二者的异同点。

7-2　画出锁相环路的相位模型，并大致说明其工作过程。

7-3　什么是锁相环路的捕捉过程和跟踪过程?什么是捕捉带和同步带?

7-4　若某一阶锁相环，其正弦特性鉴相器的 $K_d = 2$ V，压控灵敏度 $K_o = 15$ kHz/V，VCO 的固有振荡频率 $f_r = 2$ MHz。问：当输入信号分别为频率 $f_i = 1.98$ MHz 和 2.04 MHz 的载波信号时，环路能否锁定?稳态相位差各为多少?

7-5　已知一阶锁相环的正弦特性鉴相器的 $K_d = 0.63$ V，压控灵敏度 $K_o = 20$ kHz/V，VCO 的固有振荡频率 $f_r = 2.5$ MHz，且在输入载波信号作用下环路锁定，控制频差等于 10 kHz。求输入信号的频率 f_i、环路控制电压 $u_C(t)$ 和稳态相位差 $\varphi_{e\infty}$。

7-6　锁相环路中的环路滤波器为低通滤波器，为什么说整个环路相当于一个高频窄带滤波器?

7-7　一锁相环变频电路如图 P7.1 所示。若输入信号频率 $f_i = 50$ Hz，输出信号频率 $f_o' = 60$ Hz，M 分频器的分频比 $M = 60$，求 N 分频器的分频比 N。

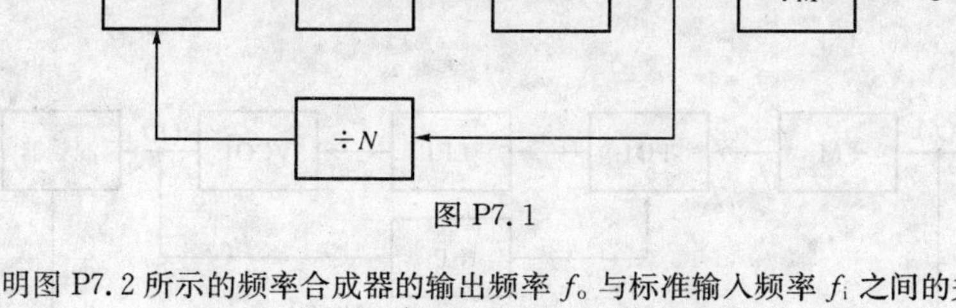

图 P7.1

7-8　试证明图 P7.2 所示的频率合成器的输出频率 f_o 与标准输入频率 f_i 之间的关系为

$$f_o = \left(\frac{N_3}{N_2} - \frac{1}{N_1}\right) f_i$$

7-9　图 P7.3 为采用前置混频器的频率合成器的原理框图。设 $f_o > f_i$，且混频器的输出频率为 $(f_o - f_i)$，试求 f_o 和频率间隔。

7-10　在图 P7.4 所示的频率合成器中，若可编程分频器的分频比 $N = 760 \sim 860$，固定分频器的分频比 $M = P = 10$，输入的晶体振荡器频率 $f_i = 100$ kHz，试求工作频率的范围及频率间隔。

7－11　在图 7.21 所示的三环频率合成器中，$f_i = 100\ \text{kHz}$，$N_1 = 300 \sim 389$，$N_2 = 351 \sim 397$，$M = 100$。为了得到38.912 MHz 的输出频率，分频比 N_1 和 N_2 各应为多大？

7－12　某频率合成器如图 P7.5 所示。图中，晶体振荡器频率 $f_i = 2\ \text{MHz}$，固定分频器的分频比 $M_1 = 20$，$M_2 = 200$，可编程分频器的分频比 $N = 200 \sim 300$，试求输出频率范围及频率间隔。

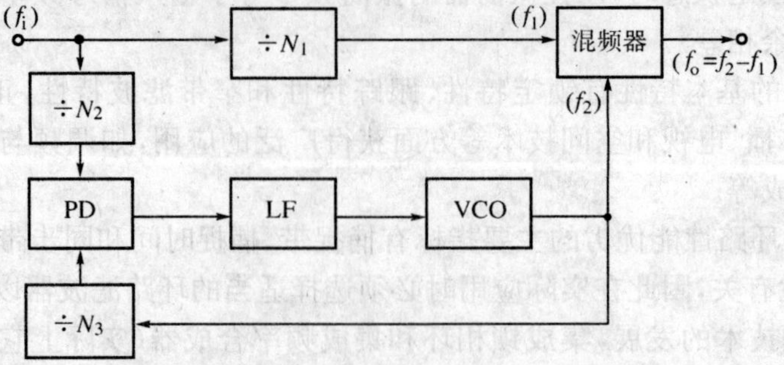

图 P7.2

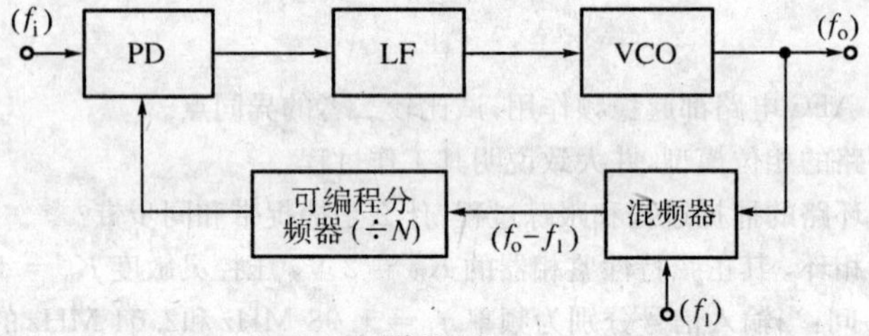

图 P7.3

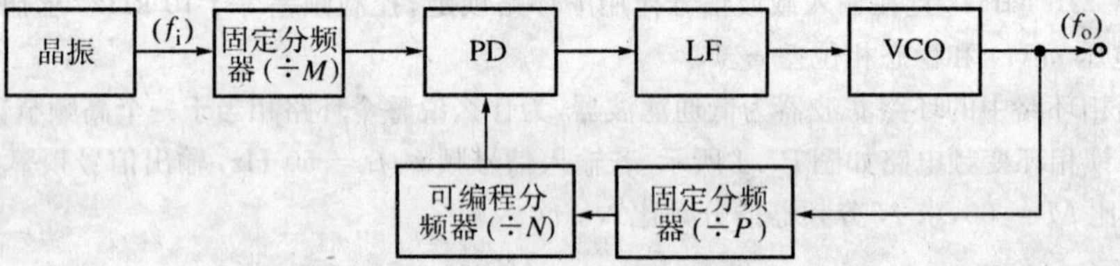

图 P7.4

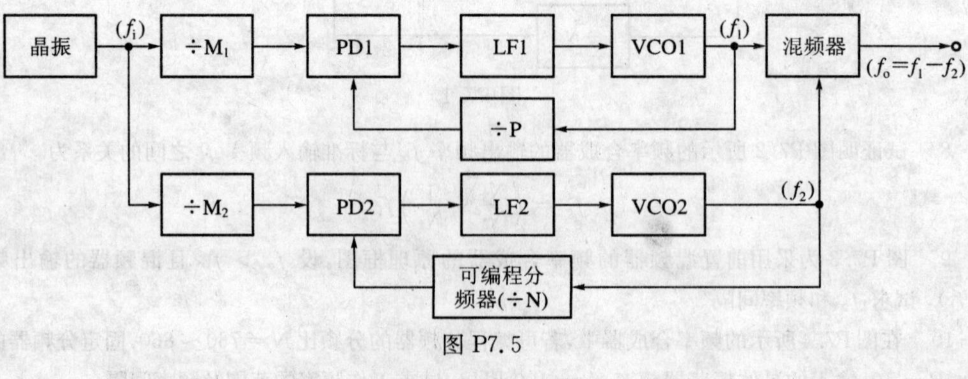

图 P7.5

* 8 数字调制与解调

由于数字通信具有许多模拟通信所不能比拟的优点，因此获得了广泛的应用。本章首先介绍数字通信的一些基本概念，接着简单讨论三种基本的数字调制与解调电路。

8.1 概述

8.1.1 数字信号

时间上和数值上都是不连续（离散）的信号称为**数字信号**，它在某一瞬间的状态（取值）是有限或可数的。

由于实际的信号大都是模拟信号，因此在数字通信系统中必须把模拟信号转换为数字信号，即进行 A/D 转换。脉冲编码调制（PCM）是目前实现 A/D 转换的常用方法，它包含**取样**（把时间上连续的模拟信号转换为时间上离散、取值上连续的取样信号）、**量化**（把取样信号取整，转换为时间上离散、取值上也离散的数字信号）、**编码**（把量化的数字信号用数字代码表示）三个过程。A/D 转换在《数字电路》中已作了介绍，不再赘述。应该指出，数字代码的形式很多，有二进制码、八进制码、十进制码、十六进制码等，而常用的是二进制码。模拟基带信号经过 PCM 处理后，所形成的数字序列信号称为**数字基带信号**，即数字调制信号，其频谱是从零频或低频开始的。数字序列信号的基本单元称为**码元**。

8.1.2 基带传输和频带传输

数字信号的传输可以分为基带传输和频带传输两种。

基带传输适用于短距离传输，它是数字基带信号不经过调制而直接进行传输的方式。为了满足基带传输的实际需要，应选择合适的波形来表示数字基带信号的数字代码，这种波形称为**传输代码**或**码型**。因此，基带传输中传输的是以传输代码表示的数字基带信号。

频带传输适用于长距离传输，它是数字基带信号经过调制，把它的频谱搬移到载频频带再进行传输的方式。数字信号对正弦载波的调制称为**数字调制**，又称为**键控**，与模拟调制一样，它有振幅、频率和相位三种类型的键控，相应地就有三种类型的数字解调。本章只介绍二进制的数字调制与解调。

8.1.3 数字通信系统

图 8.1 表示一个采用频带传输的数字通信系统的模型。图中，调制器和解调器都采用了数字调制和解调技术。

信源编码器的作用是：若信号源送来的是模拟信号，则它将进行 A/D 变换使其数字化；若信号源送来的是数字信号，则它将进行数据压缩编码，降低信息的多余度。

信道编码器又称为差错控制编码，其作用是在信源编码器输出的码流中，人为地按一定规则加入多余的码元，以便在接收端发现错码或纠正错码。注意，不是所有的数字通信系统都必须设置信道编码器。

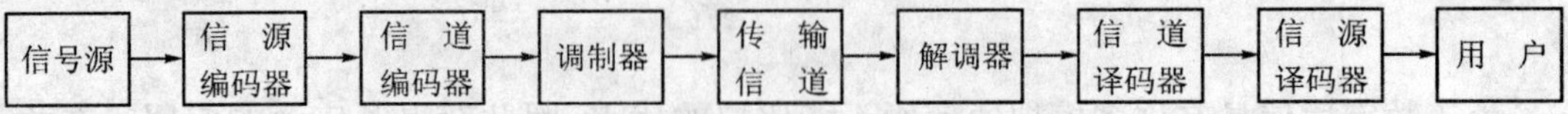

图 8.1 数字通信系统的模型

信道译码器和信源译码器则是相应编码器的逆变换，是为恢复原来的信息而设置的。当然，有些通信系统为了保密，就要在发送端和接收端分别设置加密器和解密器。此外，在任何的数字通信系统中，同步系统都是不可缺少的，图 8.1 中并未画出。

8.1.4 数字通信的特点

与模拟通信相比，数字通信具有下述的特点。

(1) 数字信号容易产生、存储和交换，便于和计算机联用；

(2) 抗干扰能力强，且无噪声积累，从而提高了通信的可靠性；

(3) 便于加密，提高通信的保密性；

(4) 差错便于发现和纠正；

(5) 通信设备容易实现集成化、小型化和智能化；

(6) 占用频带宽，需要严格的同步系统。

8.2 数字调幅与解调

数字振幅调制简称数字调幅，又称为移幅键控（ASK），是指用数字信号控制载波振幅的变化。本节介绍二进制移幅键控(2ASK)信号的产生和解调。2ASK 信号中，传送 0 码时的载波振幅为 0，传送 1 码时的载波振幅不为 0，即载波传输变为时通时断。

8.2.1 2ASK 信号的表达式和波形

设数字基带信号 $m(t)$ 为下式所示的单极性随机矩形脉冲序列

$$m(t)=\sum_k a_k g(t-kT_s) \tag{8-1}$$

式中，a_k 为随机变量，它在二进制中代表 1 和 0 的两种状态，第 k 个码元为 1 时，a_k 等于 1；而第 k 个码元为 0 时，a_k 等于 0；$g(t)$ 是码元的波形，在这里为矩形脉冲波；T_s 为码元的宽度，其倒数称为**码速**，单位为比特/秒（bit/s）。应该指出，码元除采用矩形脉冲波外，为了克服码间的干扰，还广泛采用其他的波形，例如升余弦脉冲波、钟形脉冲波等。

若载波信号 $u_c(t)=U_{cm}\cos\omega_c t$，则 2ASK 信号可表示为

$$u_{ASK}(t)=U_{cm}m(t)\cos\omega_c t=U_{cm}\sum_k a_k g(t-kT_s)\cos\omega_c t \tag{8-2}$$

由于 $m(t)$ 中含有直流分量，则由式(8-2)知，2ASK 信号类似于 AM 信号，是一种双边带调幅信号。$m(t)$、$u_c(t)$ 和 $u_{ASK}(t)$ 的波形如图 8.2 所示。

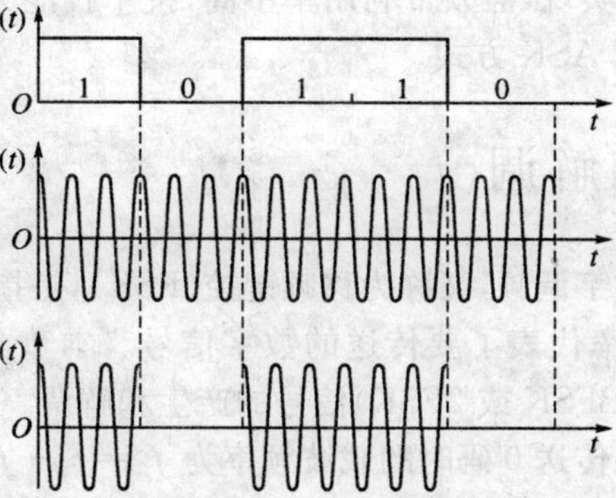

图 8.2　2ASK 信号的波形

8.2.2　2ASK 信号的产生

由式(8-2)不难看出，可以用乘法器产生 2ASK 信号，如图 8.3(a)所示。此外，由图 8.2所示的 2ASK 信号的波形可以看出，它可通过载波受一个开关的通断控制而获得，因此得到图8.3(b)所示的用键控实现的电路。图中，$m(t)=1$ 时控制开关接通，输出载波信号；$m(t)=0$ 时控制开关断开，输出信号为 0。

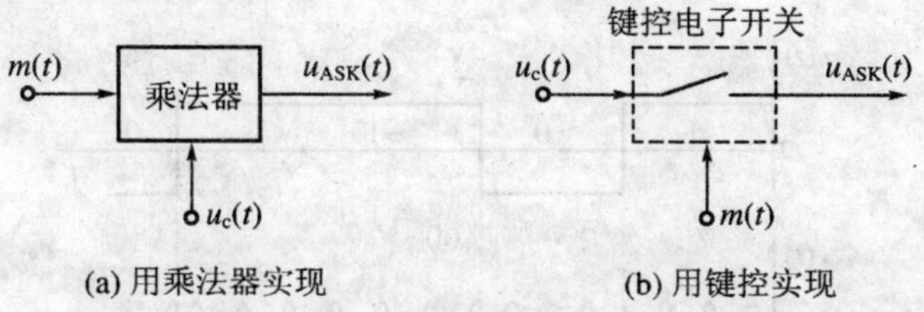

图 8.3　产生 2ASK 信号的原理电路

8.2.3　2ASK 信号的解调

与模拟调幅信号一样，2ASK 信号也有两种解调方法：包络检波(非相干解调)和同步检波(相干解调)，如图 8.4 所示。图中，带通滤波器恰好使 2ASK 信号完整通过。由于低通滤波器(包络检波器中也含低通滤波器)的作用，使它输出的波形不是矩形脉冲序列，为此设置了取样判决器。其中定时脉冲是周期为 T_s 的窄脉冲，通常位于每个码元的中间位置，使取样判决器在每个码元的中间位置进行取样，并判决为"1"或"0"，从而恢复原来的数字基带信号。

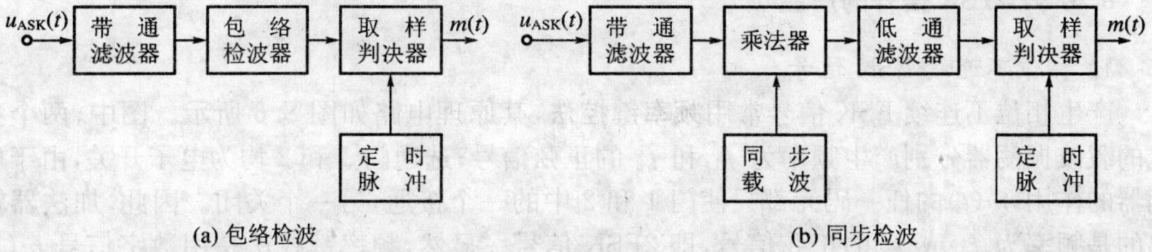

图 8.4　2ASK 信号解调的原理电路

ASK 比较简单，容易实现，但频带利用率不高，抗干扰能力差。早期的无线电报、某些低速数据传输设备多采用 ASK 方式。

8.3 数字调频与解调

数字频率调制简称数字调频，又称为移频键控(FSK)，是指用数字信号控制载波频率的变化，即调制后的载波频率代表了要传送的数字信号。本节介绍二进制移频键控(Binary Frequency Shift Keying，BFSK 或 2FSK)信号的产生和解调。2FSK 信号中，传送 1 码时的载波频率为 $f_1=f_c+f_d$，传送 0 码时的载波频率为 $f_2=f_c-f_d$。

8.3.1 2FSK 信号的波形

设数字基带信号 $m(t)$ 为下式所示的双极性随机矩形脉冲序列

$$m(t)=\sum_k b_k g(t-kT_s) \tag{8-3}$$

式中，b_k 也为随机变量。上式与式(8-1)的区别在于，第 k 个码元为 0 时，b_k 等于 −1 而不是 0；而第 k 个码元为 1 时，b_k 仍等于 1。

用 $m(t)$ 对载波调制得到的 2FSK 信号的波形有两种：相位不连续 FSK(DPFSK)信号和相位连续 FSK(CPFSK)信号，如图 8.5 所示。

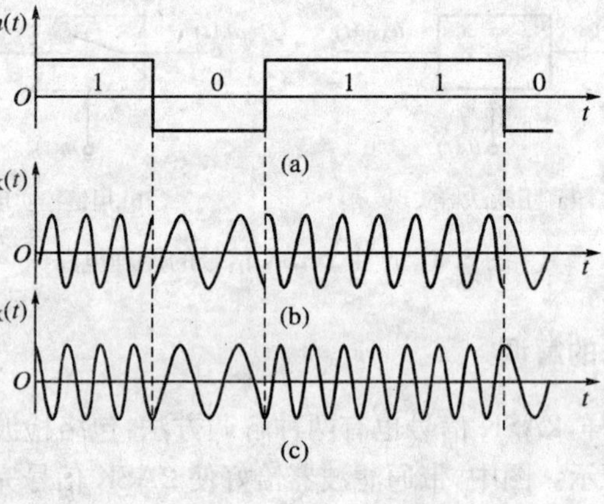

(a) 数字基带信号　(b) 相位不连续 FSK 信号　(c) 相位连续 FSK 信号

图 8.5　2FSK 信号的波形

8.3.2 2FSK 信号的产生

1) 相位不连续 FSK 信号

产生相位不连续 FSK 信号常用**频率键控法**，其原理电路如图 8.6 所示。图中，两个独立的载波振荡器分别产生频率为 f_1 和 f_2 的正弦信号；选通门 1 和 2 均为电子开关，由于反相器的作用，$m(t)$ 的任一码元都只使门 1 和 2 中的一个接通，另一个关闭。因此，加法器输出的是频率为 f_1 或 f_2 的正弦信号，即 2FSK 信号。显然，频率键控法是用数字信号 $m(t)$ 控制电子开关，使其在两个载波振荡器之间转换，即分别接通两个载波振荡器，得到 2FSK 信号。由于两个振荡器是独立的，因此在码元变号时相位是不连续的，即存在跳变。

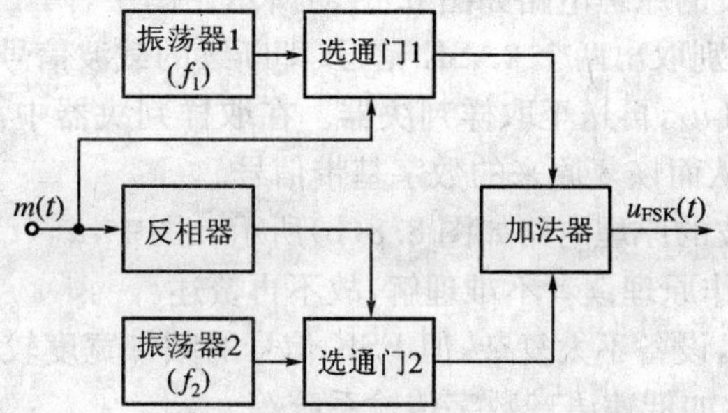

图 8.6　用频率键控法产生相位不连续 FSK 信号

2)相位连续 FSK 信号

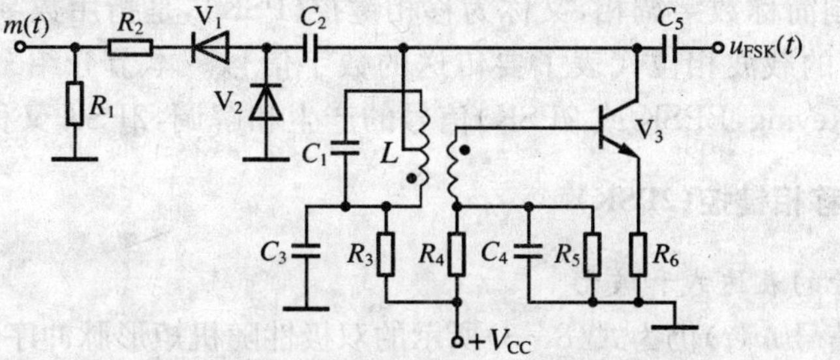

图 8.7　用直接调频法产生相位连续 FSK 信号

产生相位连续 FSK 信号常用**直接调频法**,其电路如图 8.7 所示,这是一个变压器耦合的 LC 调频振荡器。该电路是用数字基带信号 $m(t)$控制振荡回路电容的大小,从而实现振荡频率的改变。当 $m(t)=1$ 时,二极管 V_1、V_2 截止,振荡频率 f_1 由 L 和 C_1 决定;当 $m(t)=0$ 时,V_1、V_2 导通,振荡频率 f_2 由 L、C_1 和 C_2 决定。显然,振荡器输出的是 FSK 信号。由于相位是频率的积分,因此,虽然振荡频率随 $m(t)$为 1 或 0 而变化,但相位却是连续的。

8.3.3　2FSK 信号的解调

作为频率调制的 2FSK 信号,当然可以采用第 6 章介绍的模拟鉴频法进行解调。此外,由图 8.5 不难发现,2FSK 信号可以看成是两个 2ASK 信号的叠加,所以可采用 2ASK 信号的解调方式(包络检波和同步检波)进行解调,如图 8.8 所示。

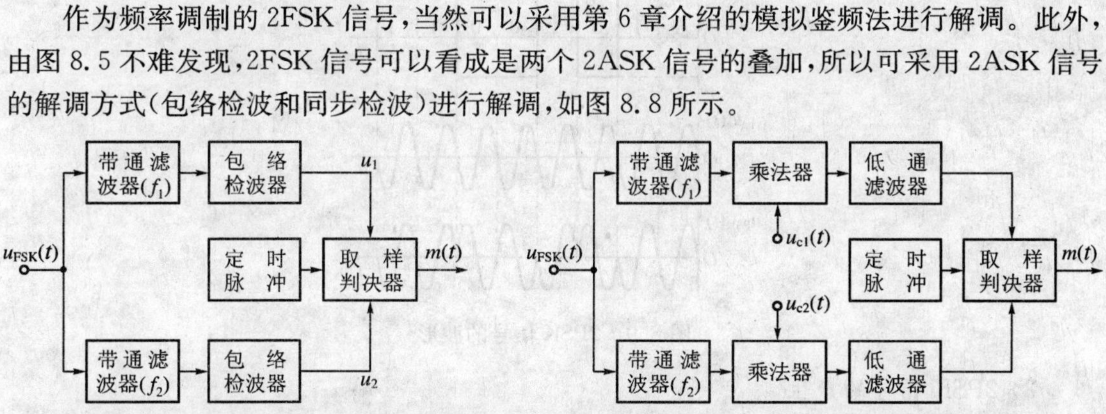

图 8.8　2FSK 信号解调的原理电路

2FSK 信号包络检波的原理电路如图 8.8(a)所示。图中，两个带通滤波器的中心频率分别为 f_1 和 f_2，它们分别取出两个 2ASK 信号(即断续的载波信号)，然后均通过包络检波器取出它们的包络 u_1 和 u_2，再送至取样判决器。在取样判决器中，若 $u_1>u_2$，则判决为 1；若 $u_1<u_2$，则判决为 0，从而恢复原来的数字基带信号。

2FSK 信号同步检波的原理电路如图 8.8(b)所示。图中，$u_{c1}(t)$ 和 $u_{c2}(t)$ 为两个本地的同步载波。该电路的工作原理读者不难理解，故不再赘述。

FSK 比较容易实现，设备不太复杂，但 FSK 信号的频带宽度较宽。FSK 方式多用于速度较低的数据传输系统，如低速语音数字传输系统等。

8.4 数字调相与解调

数字相位调制简称数字调相，又称为移相键控(PSK)，是指用数字信号控制载波相位的变化，即调制后的载波相位代表了要传送的数字信号。本节介绍二进制移相键控(Binary Phase Shift Keying，BPSK 或 2PSK)信号的产生和解调，2PSK 又称为二相移相键控。

8.4.1 二相移相键控(2PSK)

1) 2PSK 信号的表达式和波形

设数字基带信号 $m(t)$ 仍为式(8-3)所示的双极性随机矩形脉冲序列，而载波信号 $u_c(t)=U_{cm}\sin\omega_c t$。2PSK 信号中，传送 1 码时的载波相移为 0，即已调波仍为 $U_{cm}\sin\omega_c t$；传送 0 码时的载波相移为 180°，即已调波变为 $U_{cm}\sin(\omega_c t-\pi)=-U_{cm}\sin\omega_c t$。因此，2PSK 信号可表示为

$$u_{PSK}(t)=U_{cm}m(t)\sin\omega_c t=U_{cm}\sum_k b_k g(t-T_s)\sin\omega_c t \tag{8-4}$$

当码速 $1/T_s$ 与载频 f_c 有整数倍关系时，$m(t)$、$u_c(t)$ 和 $u_{PSK}(t)$ 的波形如图 8.9 所示。可以看出，在 $m(t)$ 由 1 变 0 或由 0 变 1 时，$u_{PSK}(t)$ 存在相位突变。为了使波形中的相位突变看得更清楚，载波采用了正弦信号的形式。

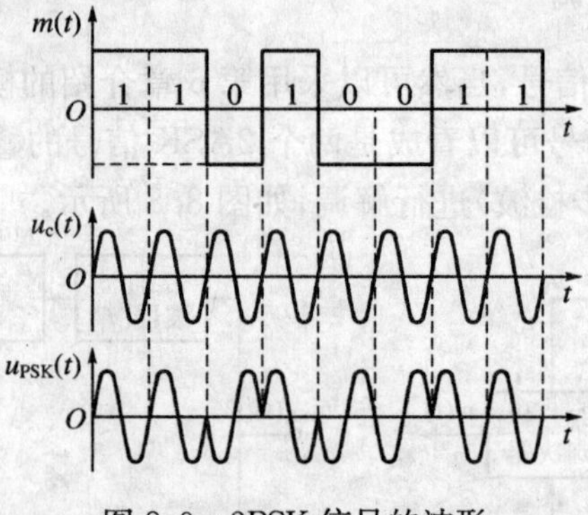

图 8.9 2PSK 信号的波形

2) 2PSK 信号的产生

2PSK 信号的产生有直接调相法和相位选择法。

由式(8-4)或图 8.9 可知，2PSK 实际上可等效为由数字基带信号 $m(t)$ 和载波信号

$u_c(t)$相乘的双边带调幅。因此，可把$m(t)$和$u_c(t)$作为乘法器的输入信号，其输出为2PSK信号，这就是**直接调相法**。**相位选择法**的原理电路如图8.10所示，它用$m(t)$控制两个门电路，分别选择不同相位的载波输出，然后用加法器将它们组合成2PSK信号。其中，$m(t)=1$时，门1接通，门2关闭；$m(t)=0$时，门1关闭，门2接通。

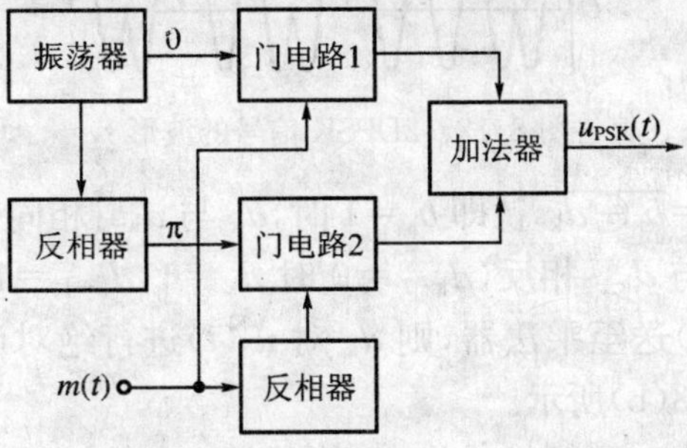

图8.10 相位选择法产生2PSK信号

3) 2PSK信号的解调

2PSK信号的解调一般采用同步检波法，其原理电路如图8.11所示。图中，载波提取电路一般由平方器、带通滤波器、分频器等组成，以产生与输入信号同频同相的载波。

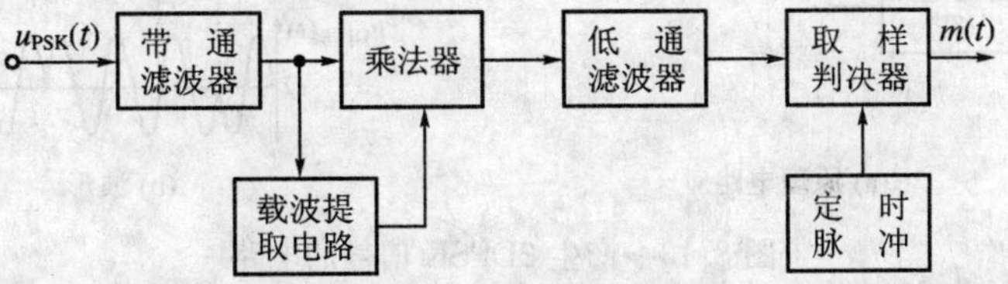

图8.11 2PSK信号解调的原理电路

必须指出，在上述的载波提取实际电路中，产生的载波往往会出现初相位为0或π的不确定情况，即存在**"相位模糊"**。若载波的初相位为0，则解调出的信号与原调制信号$m(t)$一致；若载波的初相位为π，则解调出的信号与$m(t)$相反，即原调制信号1在解调信号中变为0，而原调制信号0在解调信号中变为1。为了解决2PSK信号解调时的相位模糊问题，可采用下面介绍的差分移相键控。

8.4.2 二相差分移相键控(2DPSK)

根据相位变化参考对象的不同，移相键控分为绝对调相和相对调相。**绝对调相**是以未调制的载波相位为基准的移相键控，如上述的PSK就属于绝对调相。**相对调相**则是以相邻的前一码元的载波相位为基准的移相键控，例如，与前一码元的载波相位相比，传送1码时的载波相移为0(同相)，传送0码时的载波相移为180°(反相)。由于是利用前后码元载波相位的相对变化来传递信息的，故相对调相又称为**差分移相键控**(Differential Phase Shift Keying, DPSK)，二相差分移相键控(BDPSK或2DPSK)信号的波形如图8.12所示。

产生2DPSK信号的原理电路如图8.13(a)所示。图中，同或门电路和时延电路(时延为一个码元宽度T_s)组成码变换器，它把输入二进制码b_k的数字基带信号$m(t)$变换为差分

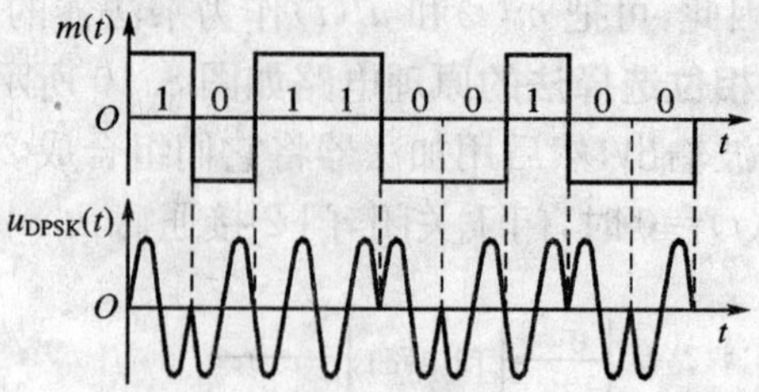

图 8.12　2DPSK 信号的波形

码 d_k[①] 的基带信号，且 $d_k=\overline{b_k \oplus d_{k-1}}$，即 $b_k=1$ 时，d_k 与 d_{k-1} 相同（$d_{k-1}=0$ 时 $d_k=0$，$d_{k-1}=1$ 时 $d_k=1$）；$b_k=0$ 时，d_k 与 d_{k-1} 相反（$d_{k-1}=0$ 时 $d_k=1$，$d_{k-1}=1$ 时 $d_k=0$）。再把差分码 d_k 的基带信号与载波 $u_c(t)$ 送至乘法器，则 d_k 对 $u_c(t)$ 进行绝对调相，于是得到 2DPSK 信号，各信号的波形如图 8.13(b)所示。

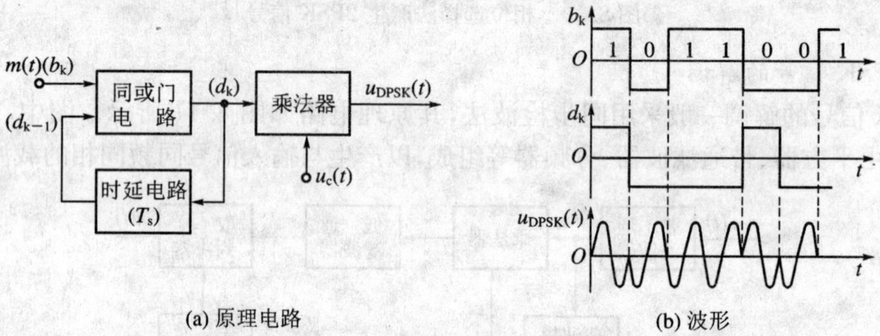

图 8.13　产生 2DPSK 信号的电路

2DPSK 信号的解调有同步检波法和相位比较法（非相干解调）两种。同步检波法是先采用 2PSK 信号的同步检波电路检出差分码 d_k 的基带信号，再由码变换器变换为二进制码 b_k 的数字基带信号 $m(t)$。相位比较法的原理电路如图 8.14 所示，它是利用直接比较前后码元的相位差的原理而构成的，故又称为**差分相干解调法**。图中，2DPSK 信号经时延电路延迟一个码元宽度 T_s 后，与原 2DPSK 信号同时加至乘法器，即把前一码元的载波与后一码元的载波相乘，再通过低通滤波器。若前后码元载波的相位相同（即无跳变），则低通滤波器输出正的直流分量；若前后码元载波的相位相反（即有跳变），则低通滤波器输出负的直流分量。这样，经取样判决器后，它们分别被判为“1”和“0”，这就是原数字基带信号 $m(t)$。由于差分相干解调不需要载波提取电路（也就不存在 2PSK 信号解调时的相位模糊问题）和码变换器，电路十分简单，因此获得广泛的应用。

与 ASK 和 FSK 相比，由于 PSK 的抗噪声性能好，且频带利用率较高，因此广泛应用于数据传输、卫星通信、高速数字通信系统等领域。

应该指出，除了上述的二进制的数字调制与解调外，还有多进制的数字调制与解调。限于篇幅，后者不再介绍，有兴趣的读者可参阅有关文献。

---

① 这里 b_k、d_k 均指码元的取值 1 或 0，而不是前文所说的随机变量的取值 1 或 −1。

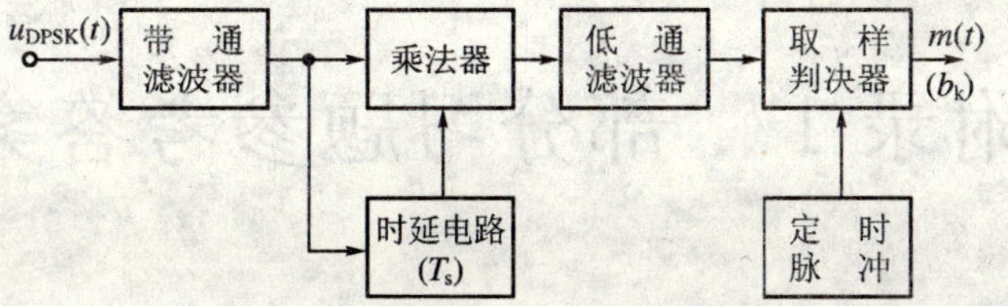

图 8.14　相位比较法解调 2DPSK 信号的原理电路

小结

(1) 由于数字信号容易再生，抗干扰能力强，因此数字通信发展很快。在数字通信系统中，数字信号的传输有基带传输和频带传输两种，后者的数字基带信号要经过调制。数字调制又称为键控，它有移幅键控（ASK）、移频键控（FSK）和移相键控（PSK）三种基本方式。

(2) 2ASK 信号、2FSK 信号、2PSK 信号和 2DPSK 信号均可用同步检波法进行解调，而 2ASK 信号和 2FSK 信号还可用包络检波法进行解调。值得注意的是，在数字解调电路中取样判决器是不可缺少的。

(3) 由于移相键控的性能好，因此它是应用最为广泛的数字调制方式。但是绝对调相的 PSK 因存在载波相位模糊引起的解调出错问题，故实用时多采用相对调相的 DPSK。

习题八

8-1　试述图 8.1 所示的采用频带传输的数字通信系统的模型中各方框的功能。

8-2　若数字基带信号 $m(t)$序列为 11010001，试画出下述条件下 2ASK 信号的波形。

(1) 码元宽度 $T_s=10\ \mu s$，载波 $u_c(t)=2\cos 5\times10^5\pi t$ V；

(2) 码速为 10^3 bit/s，载波 $u_c(t)=5\cos 4\times10^3\pi t$ V。

8-3　若数字基带信号 $m(t)$序列为 011010，码元宽度 $T_s=10^3\ \mu s$，已调信号的频率为 1 kHz 或 2 kHz，试画出 2FSK 信号的波形。

8-4　试述图 8.8(a)所示的 2FSK 信号包络检波电路的工作原理。

8-5　什么是移相键控？什么是绝对调相？什么是相对调相？

8-6　若数字基带信号 $m(t)$序列为 10010111，码元宽度 $T_s=40\ \mu s$，载波频率 $f_c=50$ kHz，试画出相应的 2PSK 和 2DPSK 信号的波形。

附录1　部分习题参考答案

第1章

1-4　(1) $|\dot{A}_{u0}| = 29.2$；(2) $f_{bw} = 16.6\ \text{kHz}$。

1-5　$d_{单} = 18.4\ \text{dB}, d_{双} = 30.8\ \text{dB}$。

1-6　(1) $L \approx 4.0\ \mu\text{H}, Q_e = 89.2$；(2) $R \approx 47.3\ \text{k}\Omega$。

1-7　(1) $Q_e = 65.8, M = 8.84\ \mu\text{H}$；(2) $p_1 \approx 0.39, p_2 \approx 0.10$；(3) $d = 12.3\ \text{dB}$。

第2章

2-3　(1) $P_T = 3.33\ \text{W}, I_{C0} = 347\ \text{mA}$；(2) P_T 减少了 2.08 W。

2-4　(1) 甲、乙、丙三种工作状态的 P_T 分别为 5 W、1.67 W 和 0.88 W；(2) 它们的 P_o 分别为 1 W、3 W 和 5.67 W。

2-5　$P_o = 1.17\ \text{W}, \eta = 76.1\%$。

2-6　电路工作在欠压状态，功率管工作不安全。

2-7　同上。

2-8　$P_V = 6.66\ \text{W}, \eta = 75.1\%$。

2-9　可通过减小 R 或增大 V_{CC}、减小 V_{BB}、减小 U_{bm} 实现。

2-10　工作在欠压状态，应增大 R。

2-11　$P_o = 2\ \text{W}, \eta \approx 74\%$。

2-14　因为 $P_o = 1\ \text{W}$ 的功放工作在欠压区，而 $P_o = 0.6\ \text{W}$ 的功放工作在过压区；可增大 U_{bm} 或 V_{BB}。

2-15　原来工作在过压状态；此时 $P_o = 4\ \text{W}$。

2-16　$C_1 = 221\ \text{pF}, C_2 = 1\,240\ \text{pF}, L_1 = 54\ \text{nH}$。

2-17　$L_1 = 0.8\ \mu\text{H}, C_1 = 6.63\ \text{pF}, C_2 = 2.65\ \text{pF}$。

2-20　R_i/R_L 分别为 1∶16，9∶1，4∶1，16∶1；Z_c 分别为 $R_L/4$，$3R_L$，$2R_L$，$8R_L$。

第3章

3-2　(a) 可能产生振荡，(b)、(c) 不能振荡。

3-4　(a) 仅当 $L_3C_3 < L_1C_1$ 时可能产生振荡；(b) 仅当 $L_2C_2 < L_3C_3$ 时可能产生振荡；(c) 仅当 $1/2\pi\sqrt{L_1C_1} < f_q$ 时可能产生振荡；(d) 可能产生振荡。

3-5　(a)、(d) 可能产生振荡；其余不能振荡。

3-6　(a) 可能产生振荡，属电容三点式，$f_{01} < f_{02} < f_0 < f_{03}$；(b) 可能产生振荡，属电感三点式，$f_{03} < f_0 < f_{02} = f_{01}$；(c) 不能振荡。

3-7　(4) $f_0 = 1.35 \sim 3.52\ \text{MHz}$。

3-8　(2) $f_0 = 644\ \text{kHz}, F_u = 0.052$。

3-10　$C_4 = 14.2 \sim 42.3\ \text{pF}$。

3-11　(1) $\Delta f/f_0 \approx -1 \times 10^{-2}$；(2) $\Delta f/f_0 \approx -1 \times 10^{-3}$。

3-12 $C_1 = 81.4\ \text{pF}, C_2 = 271.3\ \text{pF}$。

3-13 $f_0 = 2.25 \sim 2.91\ \text{MHz}$。

3-14 (1) $f_0 = 83.9\ \text{kHz}$;(2) $k = 0.56$。

3-15 (2) $L = 245\ \mu\text{H}$;(3) $F_u = 0.232$,可取 $C_1 = 462\ \text{pF}, C_2 = 3\,983\ \text{pF}$;(4) 行;(5) 可以;(7) 仪器输入电容的影响,500 kHz 较合理。

3-16 (1) $f_0 = 16\ \text{kHz}$;(2) $R_{\min} = 476\ \Omega$。

3-17 $1/2\pi\sqrt{LC_1} < f_q$ 时才可能产生振荡。

3-18 该电路可能产生振荡,此时 $f_{01} < f_0 < f_{02}$。

3-19 (1) $f_q = 3.184713\ \text{MH}_Z, f_p = 3.184753\ \text{MH}_Z, f_p - f_q \approx 40\ \text{H}_Z, Q_q \approx 4\times 10^7$。

3-20 (a) 不能振荡;(b)、(c) 可能产生振荡。

3-21 各档频率变化范围分别为 $1.8 \sim 22$ kHz,$0.18 \sim 2.2$ kHz,$18 \sim 220$ Hz。

3-22 $R = 3.6\ \text{k}\Omega, R_f$ 略大于 20 kΩ。

3-23 $f_0 = 796\ \text{Hz}, U_{om} = 9\ \text{V}$。

第4章

4-1 $u(t) = 8\cos 2\times 10^6 \pi t\left(1 + \frac{1}{4}\cos 8\,000\pi t + \frac{1}{2}\cos 4\,000\pi t\right)\text{V}$。

4-3 须 $u_{I2} > 0, u_O = \frac{R_1 + R_2}{K_M R_2}\frac{u_{I1}}{u_{I2}}$。

4-5 $u_O = \frac{1}{2}K_M U_{im1} U_{im2}\cos\varphi$;RC 为低通滤波器;该电路具有鉴相功能。

4-6 正常工作条件是 $u_{I4} > 0$。

4-7 该电路具有全波整流的功能。

4-10 $I_0 = 20\ \text{mA}, I_{m1} = 30\ \text{mA}, I_{m2} = 10\ \text{mA}$。

4-11 应选取 $U_Q \gg U_m$。

第5章

5-2 $m_a = 0.25$。

5-3 (1) $P_{sb} = 45\ \text{W}$;(2) $P_{av} = 1\,045\ \text{W}$;(3) $P_{\max} = 1\,690\ \text{W}$。

5-4 频率分布范围为(1 296 ～ 1 304) kHz,$f_{bw} = 8\ \text{kHz}$。

5-5 $m_a = 0.5; P_{av} = 10.845\ \text{W}$。

5-7 (1) $f_c = 5\times 10^4\ \text{Hz}, F = 5\ \text{kHz}, f_{bw} = 10\ \text{kHz}, P_{av} = 2.01\ \text{W}$;(2) $f_c = 10^6\ \text{Hz}, F_1 = 1\ \text{kHz}, F_2 = 10\ \text{kHz}, f_{bw} = 20\ \text{kHz}, P_{av} = 10.72\ \text{W}$。

5-8 (1) $f_{bw} = 6\ \text{kHz}$;(2) 载波分量为 $\sin 10^7\pi t$ A,$P_c = 5\ \text{W}$;(3) 调幅波电流有效值为 0.75 A,$P_{av} = 5.65\ \text{W}$。

5-9 (1) 图 P5.1(a) 电路能实现 DSB 调幅,图 P5.1(b) 电路能实现 AM 调幅;(2) 两个电路都不能实现调幅。

5-10 (1) 普通调幅 AM;(2) 普通调幅 AM;(3) 双边带调幅 DSB。

5-12 $u_O = 20 - 18.75[1 + 0.177\cos(\Omega t - \frac{\pi}{4})]\cos\omega_c t\ \text{V}$。

5-13 (1) $p = 0,\ q = 0,1,2,3,4;\ p = 1, q = 0,1,2;\ p = 2, q = 0$;(2) $p = 0,\ q = 0,1,2,\cdots;\ p = 1, q = 0,1,3,5,\cdots; p = 2,\ q = 0$。

5-14　边频频率为 2 225 kHz。

5-17　(1) 可选 $C_L = 0.01\ \mu F$，而 $R_i = 5\ k\Omega$；(2) 可选 $C_L = 10\ pF$，而 $R_i = 5\ k\Omega$。

5-18　$m_{amax} = 0.77$。

5-19　(1) $R_i \approx 77\ k\Omega$；(2) $U_{\Omega m} = 12\ V$；(3) $U_O = 20\ V$。

5-20　(1) $m_a \leqslant 0.36$；(2) $m_a \leqslant 0.56$；(3) $m_a \leqslant 0.36$。

5-21　$K_d = 0.31, R_i = 9.56\ k\Omega$。

5-22　R_2 动臂在中心位置时，不会产生负峰切割失真，在最高位置时会产生负峰切割失真。

5-27　(1) 镜像干扰；(2) $p = 1, q = 2$ 的组合频率干扰；(3) $p = 1, q = 2$ 的副波道干扰。

5-28　$p = 1, q = 2$ 的副波道干扰，干扰电台频率为 1 400 kHz；$p = 1, q = 3$ 的副波道干扰，干扰电台频率为 1 170 kHz。

5-29　若取 $r \leqslant 3$、$s \leqslant 3$，则对接收频段为 $2 \sim 12$ MHz 的短波收音机，产生互调失真的接收频率有 8 个：2.844 MHz、2.583 MHz、4.653 MHz、4.392 MHz、3.879 MHz、3.618 MHz、3.357 MHz、5.427 MHz。

第 6 章

6-1　(1) $f(t) = 5 \times 10^6 + 10^4 t$ Hz，$f(t)$ 与 t 为线性关系；(2) $f(t) = 5 \times 10^5 + 500\cos 10^3 \pi t$ Hz，$f(t)$ 与 t 的关系是在常数(载频)上叠加一个余弦量。

6-2　(1) $u_{FM}(t) = 5\cos(2 \times 10^8 \pi t + \sin 2 \times 10^3 \pi t + 4\sin 10^3 \pi t)$ V；(2) $u_{FM}(t) = 5\cos(2 \times 10^8 \pi t + \frac{20}{3}\sin 2 \times 10^3 \pi t + \frac{80}{3}\sin 10^3 \pi t)$ V。

6-3　(1) $u_{FM}(t) = 4\cos(5 \times 10^7 \pi t + 25\sin 800\pi t)$ V，$u_{PM}(t) = 4\cos(5 \times 10^7 \pi t + 25\cos 800\pi t)$ V；(2) $u_{FM}(t) = 4\cos(5 \times 10^7 \pi t + 5\sin 4 \times 10^3 \pi t)$ V，$u_{PM}(t) = 4\cos(5 \times 10^7 \pi t + 5\cos 4 \times 10^3 \pi t)$ V。

6-5　(1) $m_f = 250$ rad，$f_{bw} = 150.6$ kHz；(2) $m_f = 25$ rad，$f_{bw} = 156$ kHz；(3) $m_f = 5$ rad，$f_{bw} = 180$ kHz。

6-6　(1) $f_c = 1$ MHz，$F = 1$ kHz，$m = 5$ rad，$\Delta f_m = 5$ kHz，$\Delta\varphi_m = 5$ rad，$f_{bw} = 12$ kHz；(2) 看成调频波时 $u_\Omega(t) = -2.5\sin 2 \times 10^3 \pi t$ V，看成调相波时 $u_\Omega(t) = 5\cos 2 \times 10^3 \pi t$ V。

6-7　(1) $\Delta f_m = 24$ kHz；(2) $m_f = 128$ rad，$m_p = 80$ rad。

6-8　(1) $u_{FM}(t) = 10\cos(2 \times 10^6 \pi t + 10\sin 2 \times 10^3 \pi t)$ V；(2) $\Delta f_m = 10$kHz，$m_f = 10$ rad，$f_{bw} = 22$ kHz，$P_{av} = 50$ W；(3) $\Delta f_m = 10$ kHz，$m_f = 5$ rad，$f_{bw} = 24$ kHz，$P_{av} = 50$ W。

6-9　$u_{FM}(t) = 10\cos(10^8 \pi t - 12\cos 2 \times 10^3 \pi t)$ V。

6-10　(1) FM 时 $f_{bw} = 2.2$ kHz，AM 时 $f_{bw} = 2$ kHz；(2) FM 时 $f_{bw} = 42$ kHz，AM 时 f_{bw} 仍为 2 kHz。

6-12　(2) $L_2 = 0.6\ \mu H$；(3) $\Delta f_m = 1.34$ MHz。

6-13　$u_O(t) = -10\cos(2 \times 10^8 t + 20\sin 10^4 t)$ V，$\Delta\omega_m = 2 \times 10^5$ rad/s，$m_f = 20$ rad。

6-14　(2) $-U_Q = -3.2$ V；(3) $\Delta f_m = 50$ kHz，$U_{\Omega m} = 0.93$ V。

6-15　调频时应 100 次倍频，调相时应 50 次倍频。

6－17　(1) $f_{c1}=6\ \text{MHz}, \Delta f_{m1}=1.5\ \text{kHz}$；(2) $f_{bw1}=33\ \text{kHz}, f_{bw2}=180\ \text{kHz}$。

6－18　(1) 不相同；$F=F_{min}=100\ \text{H}_Z$ 调制分量的调相指数等于 0.5 rad；(2) $\Delta f_{m1}=m_p F_{min}=50\ \text{H}_Z$；(3) 需倍频 1500 次；此时 $f_{c1}=60\ \text{kH}_Z$。

6－20　$m_a=m\Omega/\omega_c$。

6－23　(1) $u_O(t)=U_{cm}\cos(2\times10^6\pi t+10\sin 2\times10^3\pi t)$，为调频电路；

(2) $u_O(t)=U_{cm}\cos(2\times10^6\pi t+10\cos 2\times10^3\pi t)$，为调相电路；

(3) $u_O(t)=0.06\pi A_\varphi \cos\Omega t$，为鉴频电路。

第 7 章

7－4　$f_i=1.98\ \text{MHz}$ 时，环路能锁定，$\varphi_{e\infty}=-\arcsin 2/3\approx-41.8^\circ$；$f_i=2.04\ \text{MHz}$ 时，环路不能锁定。

7－5　$f_i=2.51\ \text{MHz}, u_C(t)=0.5\ \text{V}, \varphi_{e\infty}\approx 52.5^\circ$。

7－7　$N=72$。

7－9　$f_o=f_l+Nf_i$，频率间隔为 f_i。

7－10　$f_o=76\sim86\ \text{MHz}$，频率间隔为 100 kHz。

7－11　$N_1=312, N_2=386$。

7－12　$f_o=2\sim3\ \text{MHz}$，频率间隔为 10 kHz。

附录 2 本书常用符号表

一、基本符号

I,i	电流
U,u	电压
P,p	功率
R,r	电阻
G,g	电导
X,x	电抗
Z,z	阻抗
Y,y	导纳
L	电感
C	电容
M	互感
A	放大倍数,增益
t	时间
f,F	频率
ω,Ω	角频率
NF	噪声系数

二、电流和电压

1. 原则(以基极电流为例)

I_{B}	直流量(静态值)
i_{b}	交流(正弦)瞬时值
I_{b}	交流(正弦)有效值
$\dot{I}_{b}$	交流(正弦)的复数量
I_{bm}	交流(正弦)的最大值或振幅值
i_{B}	总瞬时值
$i_{B(AV)}$	平均值
i_{Bmax}	总的最大值
Δi_{B}	i_{B} 的变化量

2. 其　他

u_{i},i_{i}	输入交流电压、电流的瞬时值
u_{o},i_{o}	输出交流电压、电流的瞬时值
u_{s},i_{s}	交流信号源电压、电流的瞬时值
u_{I},u_{O}	输入、输出电压总的瞬时值
U_{REF},I_{REF}	参考(或基准)电压、电流
u_{f},i_{f}	反馈电压、电流的瞬时值
u_{P},u_{p}	集成运放的同相输入端电压
u_{N},u_{n}	集成运放的反相输入端电压,噪声电压
U_{IO},I_{IO}	输入失调电压、电流
V_{CC}	集电极回路电源对地电压
V_{DD}	漏极回路电源对地电压
u_{Ω}	调制信号电压瞬时值
u_{c}	载波信号电压瞬时值
u_{l}	本振信号电压瞬时值
u_{r}	同步信号电压瞬时值
u_{g},i_{g}	中频电压、电流的瞬时值
u_{AM}	调幅信号电压瞬时值
u_{DSB}	双边带调幅信号电压瞬时值
u_{SSB}	单边带调幅信号电压瞬时值
u_{FM}	调频信号电压瞬时值
u_{PM}	调相信号电压瞬时值
u_{X},u_{Y}	模拟乘法器的输入端电压
u_{ASK}	(二进制)移幅键控信号电压瞬时值
u_{FSK}	(二进制)移频键控信号电压瞬时值
u_{PSK}	二相移相键控信号电压瞬时值
u_{DPSK}	二相差分移相键控信号电压瞬时值

三、功　率

P_o	输出交变功率	P_T	管耗(集电极耗散功率)
P_i	输入交变功率	P_V	电源消耗的功率
P_c	载波功率	P_{av}	已调波平均功率
P_{sb}	边频功率		

四、频　率

f_{bw}	通频带(带宽)	f_c, ω_c	载波频率(载频)
f_H	上限(下降 3dB) 截止频率	f_g, ω_g	中频频率
f_L	下限(下降 3dB) 截止频率	$\Delta f_m, \Delta\omega_m$	调频波的最大频偏
f_0, ω_0	谐振频率,振荡频率	f_k	组合频率
f_l, ω_l	本振频率	f_n	干扰频率

五、阻　抗

R_i	电路的输入电阻	R_0	回路空载谐振电阻
R_o	电路的输出电阻	R	回路有载等效谐振电阻
R_L	负载电阻	Z_c	传输线特性阻抗
R_s	信号源内阻		

六、放大倍数或增益

$\dot{A}$	放大倍数的复数量	$A_{us}, \dot{A}_{us}$	源电压放大倍数及复数量
$A_u, \dot{A}_u$	电压放大倍数及复数量	$\dot{A}_{u0}$	谐振电压增益复数量

七、器件参数

1. 晶体二极管

U_T	温度的电压当量	$U_{(BR)}$	击穿电压
U_{h0}	平衡时 PN 结的内建电位差	I_{sat}	反向饱和电流
U_{on}	二极管(或三极管) 开启电压	V(VD)	二极管
C_j	结电容		

2. 晶体三极管

b	基极	f_α	共基截止频率
c	集电极	f_β	共射截止频率
e	发射极	f_T	特征频率
I_{CEO}	基极开路时 c-e 间的穿透电流	$r_{bb'}$	基区体电阻
I_{CM}	集电极最大允许电流	$r_{b'e}$	发射结微变等效电阻
$U_{(BR)CEO}$	基极开路时 c-e 间的击穿电压	r_{be}	共射接法下 b-e 间微变电阻
$U_{CE(sat)}$	c-e 间的饱和压降	r_{ce}	共射接法下 c-e 间微变电阻
P_{CM}	集电极最大允许耗散功率	$C_{b'e}$	发射结结电容
g_m	跨导	$C_{b'c}$	集电结结电容
β	共射(交流) 电流放大系数	V(VT)	半导体三极管

3. 场效应管

d	漏极	s	源极
g	栅极	I_{DSS}	耗尽型管 $u_{GS}=0$ 时的漏极电流
$U_{GS(off)}$	耗尽型管的夹断电压	P_{DM}	漏极最大允许耗散功率
I_{DO}	增强型管 $u_{GS}=2U_{GS(th)}$ 时的漏极电流	C_{gs}	栅源电容
		C_{gd}	栅漏电容
$U_{GS(th)}$	增强型管的开启电压	r_{ds}	漏极输出电阻
$U_{(BR)DS}$	漏源间的击穿电压		

4. 其　他

A_{od}	集成运放开环电压增益	U_{idmax}	集成运放最大差模输入电压
K_{CMR}	集成运放共模抑制比	U_{icmax}	集成运放最大共模输入电压
I_{IB}	集成运放输入偏置电流	K_M	模拟乘法器的相乘增益

八、其他符号

Q	品质因数,工作点	k	耦合系数,比例常数
Q_0	回路空载品质因数	m	调制度或调制系数
Q_e	回路有载品质因数	m_a	调幅系数(调幅度)
n	变压器的变比	m_f	调频指数
γ	变容管的变容指数	m_p	调相指数
τ	时间常数	ξ	一般失调
THD	非线性失真系数	K_d	检波效率
η	效率,耦合因数	$\Delta\varphi_m$	最大相偏
$F,\dot{F}$	反馈系数及复数量	$K_{r0.1},K_{r0.01}$	矩形系数
$F_u,\dot{F}_u$	电压反馈系数及复数量	p	接入系数
φ	相位角		

参 考 文 献

[1] 谢嘉奎主编.电子线路(非线性部分),第四版.北京:高等教育出版社,2000

[2] 张肃文主编.高频电子线路(第三版).北京:高等教育出版社,1993

[3] 清华大学通信教研组编.高频电路(上、下册).北京:人民邮电出版社,1979

[4] 俞家琦编.高频电子线路(修订版).西安:西安电子科技大学出版社,1989

[5] 谢沅清主编.电子电路与系统(高频电路).北京:中央广播电视大学出版社,1988

[6] 王国定,杨润生主编.中国集成电路大全:集成稳压器与非线性模拟集成电路.北京:国防工业出版社,1989

[7] 电子工程手册编委会集成电路手册分编委会编.标准集成电路数据手册:通信电路.北京:电子工业出版社,1991

[8] 张厥盛等编.锁相技术.西安:西安电子科技大学出版社,1988

[9] 黄如星,朱桂林编著.调频立体声广播技术.杭州:浙江大学出版社,1988

[10] K.K.克拉克,D.T.希斯著;戚诒孙,梁慧君等译.通信电路:分析与设计.北京:人民教育出版社,1981

[11] 沈伟慈编著.通信电路.西安:西安电子科技大学出版社,2004

[12] 王维一编.通信原理.北京:人民邮电出版社,2004